安全信息工程
——以煤矿和交通安全监控为例

张勇　郝生武　蔡辉　著

化学工业出版社
·北京·

本书是作者及其所在团队多年来工程技术实践的总结。全书较为详细地论述了安全信息工程的基本原理、体系结构，阐述了在工业监测、监控过程领域中的设计方法、设计思路，并给出了设计实例。内容主要包括：安全信息工程概述；安全信息工程的体系结构；安全信息工程的设计方法——矿用乳化液矢量自动配比装置研究；安全信息工程的监测监控系统——冲击地压的监测监控与事故分析；煤矿安全监测大数据平台的开发与设计；大数据系统分析方法及在安全预警中的应用；辐射剂量实时监测与预警系统；吊管机智能监控仪的设计；煤矿水文监测系统的设计；煤矿安全信息工程实例；安全信息工程在交通智能管理系统中的应用研究。

本书可作为矿业工程、安全科学与工程、电子信息科学与技术、测试计量技术及仪器、计算机应用技术等领域的工程技术人员和高等院校师生的参考用书。

图书在版编目（CIP）数据

安全信息工程：以煤矿和交通安全监控为例/张勇，郝生武，蔡辉著．—北京：化学工业出版社，2019.1
ISBN 978-7-122-33318-6

Ⅰ．①安…　Ⅱ．①张…②郝…③蔡…　Ⅲ．①煤矿-矿山安全-安全监控系统②交通运输安全-安全监控系统
Ⅳ．①TD76②X951③U491

中国版本图书馆 CIP 数据核字（2018）第 261212 号

责任编辑：项　潋　王　烨　　　　文字编辑：陈　喆
责任校对：王鹏飞　　　　装帧设计：韩　飞

出版发行：化学工业出版社（北京市东城区青年湖南街 13 号　邮政编码 100011）
印　　刷：北京京华铭诚工贸有限公司
装　　订：三河市振勇印装有限公司
787mm×1092mm　1/16　印张 14½　字数 378 千字　2019 年 4 月北京第 1 版第 1 次印刷

购书咨询：010-64518888　　　　售后服务：010-64518899
网　　址：http://www.cip.com.cn
凡购买本书，如有缺损质量问题，本社销售中心负责调换。

定　　价：89.00 元

前言

安全是关乎人民生命财产和幸福生活的头等大事。安全为了生产，生产必须安全。

安全信息工程是计算机技术、电子信息技术、网络与通信技术等在安全领域的具体应用。近年来，随着科学技术的进步，安全信息工程学科得到了长足的发展。但由于它是一门非常年轻的学科，涉及与众多学科知识的交叉融合，在学科建设上又面临一定的滞后性。如何既能充分利用现代化的信息技术手段，又要满足不同安全领域的发展要求，是安全信息工程学科建设面临的重要课题。

安全信息工程涵盖的领域非常宽广。除了安全专业知识外，还包括了信息领域的设计。如硬件设计，包括模拟电子技术、数字电子技术、单片机、DSP、ARM 等；软件设计，包括程序设计、数据库、网络通信、算法等内容；最近风起云涌的大数据理论、云计算、移动互联技术、无人驾驶技术，将会给安全信息工程领域带来一场前所未有的革命。

本书共分为 11 章，具体内容安排如下。

第 1 章，安全信息工程概述。本章阐述安全、信息、安全信息工程的基本概念与原理，安全信息工程建设的主要内容，安全信息工程的实例。结合近年来快速发展的大数据理论、云计算、移动互联技术，给出了安全信息工程的发展趋势。

第 2 章，安全信息工程的体系结构。本章以煤矿三大安全系统为例，进行论述。首先对系统进行分析，确定设计范围和主要内容，进而给出系统设计原理、监测监控的手段及方法、通信的原理，给出了整个系统的完整解决方案。

第 3 章，安全信息工程的设计方法——矿用乳化液矢量自动配比装置研究。矿用乳化液矢量自动配比装置是针对当前煤矿的生产要求来开发和设计的。系统采用了先进的超声波技术和变频调速技术，运用主流单片机对装置进行了设计。系统软件运用结构化设计思想，采用 C51 编程，进行了模块化设计，建立了矢量控制算法，并验证了该模型在实际生产过程中的正确性和可靠性。

第 4 章，安全信息工程的监测监控系统——冲击地压的监测监控与事故分析。本章针对 2015 年 7 月 26 日，曲阜星村煤矿发生的一次冲击地压事故为例，进行论述。3302 工作面震动受构造应力与自重应力影响较为显著。工作面顺槽同时面临深部采动与矿震双扰动，变形大，有较强的冲击地压发生倾向。本章针对 3302 工作面发生事故的原因、机理，结合当时各个监控系统监测参数的预警分析进行探讨。为保证生产安全，预防冲击地压的发生，给出了掘进期间冲击危险监测方案、掘进期间冲击危险防治方案设计及卸压解危方案、回采期间冲击危险监测方案、回采期间冲击地压防治方案设计、回采期间监测危险区域处理措施等。

第 5 章，煤矿安全监测大数据平台的开发与设计。本章介绍了数据库设计、软件设计的原理，给出了软件运行界面，并列出了部分源程序。应用安全监测大数据平台，对顶板和冲击地压数据进行传输、收集、存储，通过大数据平台，对算法进行提炼。应用大数据理论，把微震监测系统、综采压力系统、电磁辐射系统、钻孔应力系统，包括钻屑法等环节获得的数据进行信息融合，运用平台的并行运算处理能力，对算法进行仿真和优化。找出顶板运动、冲击地压等运动变化的规律性，满足煤矿企业瞬息万变的井下环境数据处理能力，实现高效的预警分析，对指导企业的安全生产起到积极的推动作用。

第6章，大数据系统分析方法及在安全预警中的应用。常用的大数据分析方法有：分类、回归分析、聚类分析、关联规则、神经网络方法、Web数据挖掘、支持向量机、随机森林等。本章从3308工作面所获得的200多天的数据着手，进行分析。通过聚类、支持向量机分析，和现场的工程实践进行比较，以期获得和工作面相符的结论，更好地指导工程实践。

第7章，辐射剂量实时监测与预警系统。本章运用已有的煤矿监控系统，嵌入了辐射剂量传感器，并入煤矿井下监测分站，经光纤传入地面监控系统；能对矿井辐射环境中的X、γ射线进行不间断检测。对长期在复杂环境工作的人员所受的辐射剂量进行连续跟踪和风险评估；通过传感器获得井下实时数据，运用SQL数据库对数据进行存储、统计、分析，对超标的辐射环境进行预警，并提醒决策部门、工作人员采取必要的防护措施。

第8章，吊管机智能监控仪的设计。本章论述了监控仪的设计原理，包括传感器、通信协议、硬件设计、软件设计、LCD显示原理及设计，给出了部分源程序。该监控仪具有吊重、吊杆角度、爬坡角度、车体倾斜角度、吊高、工作幅度、力矩百分比等参数显示及报警功能，最后给出了仪器的抗干扰措施。

第9章，煤矿水文监测系统的设计。本章给出了水文监测系统的整体结构、系统组成与工作原理。以煤矿的实际需要为例，给出了详细的设计方案、设备规格明细。

第10章，煤矿安全信息工程实例。本章以济宁鹿洼煤矿的人员定位系统和矿井水文监测系统为例，说明监控系统在企业的应用。这些系统的应用为煤矿的现代化生产、管理起到了保驾护航的作用，也是对第2章和第9章内容的进一步探讨。

第11章，安全信息工程在交通智能管理系统中的应用研究。本章从出租车的智能管理总体方案入手，对终端整体结构进行了设计，明确了终端要实现的具体功能，完成了车载智能终端硬件电路设计——主控模块、液晶屏显示、无线通信模块、语音模块以及接口电路等。软件设计部分实现了Linux嵌入式开发环境和Qt GUI开发环境的搭建、根文件系统以及QT等源码的编译与移植。在嵌入式Linux系统下成功编写了基于AM1808 Linux Qt下的车载智能终端整套嵌入式程序，在QT图形化框架下编写了智能车载终端界面程序，此程序能显示平台的各种通知、文本等信息，还可显示终端本身的各种状态指示，可以通知用户终端的最新动态数据。

本书编写得到国家安监局项目（项目编号：2013097，shandong-0016-2015AQ，shandong-0028-2015AQ)、山东省安监局项目（项目编号：LAJK2013-139，2014-59，2014-94，2015-58，2016-62）资金资助，在此表示感谢。

本书出版之际，感谢我的博士生导师、山东科技大学原副校长宋扬教授；感谢我的硕士生导师闫相宏教授、黄自伟教授；感谢泰山医学院放射学院院长刘林祥教授，孟庆建书记，科研处长李建民教授、刘建波教授；感谢山东省安监局刘桂法处长；感谢山东省济宁鹿洼煤矿的刘岭书记，李浩建工程师，曲阜星村煤矿原副矿长马学春、郑玉友高级工程师，蔡辉工程师；感谢中国矿业大学窦林名教授、王连国教授；感谢北京科技大学姜福兴教授；感谢山东科技大学宋振骐院士、谭云亮教授、杨永杰教授、吴士良教授、林晓霞副教授；感谢山东农业大学朱红梅副教授等。要感谢的人太多，恕不一一列出。

本书在编写过程中得到了闫相宏、张东升、张德新、袁文超、程运福、翟代庆、游敏娟等的帮助，在此对他们的付出表示真诚的感谢。

由于水平和时间所限，以及所述内容的复杂性、多样性，故难免有不妥之处，恳请读者批评指正。

著者

2018 年 7 月　于泰山脚下

目　录

安全信息工程概述

安全信息工程是安全科学与工程专业中一门崭新的学科，是计算机技术、电子信息技术、网络与通信技术等在安全领域的具体应用。近年来，随着科学技术的进步，安全信息工程学科得到了长足的发展。但由于它是一门非常“年轻”的学科，涉及与众多学科知识的交叉融合，在学科建设上又面临一定的滞后，如何既能充分利用现代化的信息技术手段，又要满足不同安全领域的发展要求，是安全信息工程学科建设面临的重要课题。

1.1 安全信息工程概述

1.1.1 安全的基本概念

安全：为预防生产过程中发生人身、设备事故，形成良好劳动环境和工作秩序而采取的一系列措施和活动。无危为安，无损为全。根据现代安全系统工程的观点，安全即是通过人、机、物料、环境的和谐运作，使生产过程中潜在的各种事故风险和伤害因素始终处于有效控制状态，切实保护劳动者的生命安全和身体健康。众所周知，在人类生产过程中，没有100%的绝对安全，将系统的运行状态对人类的生命、财产、环境可能产生的损害控制在人类能接受水平以下的状态，即为安全状态。安全生产，预防为主。安全为了生产，生产必须安全。

2018年4月16日，中华人民共和国应急管理部正式挂牌。考虑到我国灾害多发频发，很多灾害事故又有着复合成因、牵涉多个方面，把生产事故、火灾、地震、水旱灾害等综合协调统一管理，从健全公共安全体系出发，整合优化应急力量和资源，进而提高防灾减灾救灾能力，提升应急管理的灵敏度，是推进国家治理体系和治理能力现代化的必需。应急管理部的主要职责是，组织编制国家应急总体预案和规划，指导各地区各部门应对突发事件工作，推动应急预案体系建设和预案演练；建立灾情报告系统并统一发布灾情，统筹应急力量建设和物资储备并在救灾时统一调度，组织灾害救助体系建设，指导安全生产类、自然灾害类应急救援，承担国家应对特别重大灾害指挥部工作；指导火灾、水旱灾害、地质灾害等防治；负责安全生产综合监督管理和工矿商贸行业安全生产监督管理等。可见，安全和广大人民群众的生产、生活密切相关。

安全涉及社会运行的方方面面。从具体行业来讲，包括的种类就更多了，如矿业安全、建筑安全、化工安全、交通安全、环境安全、核安全、食品安全、机械安全、核安全等。本书涉及的是和工业生产紧密关联的信息安全问题。

安全事故源于生产过程中大量的不安全行为和不安全状态。由于我国人口基数大，安全生产制度落实不健全，部分人法制观念淡漠，安全事故频发，给国家和人民的生命财产造成了重大损失。据国家安全监管总局通报，2016 年上半年，全国共发生各类安全生产事故 23534 起，死亡 14136 人，比去年同期分别下降了 8.8%和 5.3%。其中，较大事故发生了 311 起，死亡 1180 人，同比分别下降了 12.4%和 14.4%；重特大事故发生 15 起，死亡 198 人，同比分别下降了 25%和 23.9%。

从 2012 年到 2015 年死亡 10 人以上的重特大事故，已经从 59 起降到 38 起，但平均每起事故造成的死亡人数是同比上升的，同期每一起重特大事故造成的死亡人数由 15.6 人上升到 20.2 人。重特大事故发生地区较为集中，非法违法行为导致的较大以上事故比例仍居高位，安全生产形势依然严峻。下面举几个典型的案例：

① 2013 年 11 月 22 日凌晨，中石化位于青岛经济技术开发区的东黄复线原油管道发生破裂，导致原油泄漏，部分原油漏入市政排水暗渠。当日上午 10 时 25 分，市政排水暗渠发生爆炸，导致周边行人、居民、抢险人员伤亡的重大事故。本次事故共造成 62 人死亡，136 人受伤。

② 2014 年 8 月 2 日，江苏省苏州市昆山市昆山经济技术开发区的昆山中荣金属制品有限公司抛光二车间发生特别重大铝粉尘爆炸事故，事故造成 97 人死亡，163 人受伤，事故报告期后，经全力抢救医治无效陆续死亡 49 人，直接经济损失达 3.51 亿元。

③ 2014 年 12 月 31 日 23 时 35 分，上海市黄浦区外滩陈毅广场东南角通往黄浦江观景平台的人行通道阶梯处发生拥挤踩踏，造成 36 人死亡，49 人受伤。

④ 2015 年 8 月 12 日，天津滨海新区瑞海公司所属危险品仓库发生爆炸。事故共造成 165 人遇难，8 人失踪，798 人受伤，304 幢建筑物、12428 辆商品汽车、7533 个集装箱受损。截至 2015 年 12 月 10 日，依据《企业职工伤亡事故经济损失统计标准》等标准和规定统计，已核定的直接经济损失为 68.66 亿元。

⑤ 2015 年 12 月 20 日，深圳光明新区的红坳渣土受纳场发生滑坡特大事故，事故造成 73 人死亡，4 人下落不明，17 人受伤，33 栋建筑物被损毁、掩埋，90 家企业生产受影响，涉及员工 4630 人。事故造成直接经济损失为 8.81 亿元。

上述事故充分暴露了安全生产监管体制机制、法制上存在的漏洞，暴露了基础工作的薄弱，对安全工作落实的不到位，教训尤为深刻。

1.1.2 信息的基本概念

我们生活在信息时代，并且是大数据信息时代。各种数据充斥在周围，令人目不暇接，但并不是所有的数据都对人们有用。信息是经过加工的、有一定含义的、对决策有价值的数据。信息反映着客观世界中各种事物的特征和变化，是可以借助某种载体加以传递的有用知识。信息化是当代人类创造的最活跃的生产力，是衡量一个国家现代化水平和综合国力的重要标志。信息具有可度量、可识别、可转换、可存储、可处理、可传递、可再生、可压缩、可利用、可共享等基本特征；并且，信息具有时效性，过时的信息可能就褪变为无用的信息。

1.1.3 安全与信息的关系

安全信息是劳动生产中起安全作用的信息集合，包含生产过程中所产生的监测监控信息、警示信息、分析与决策信息、统计信息、管理信息、安全标志、安全信号、安全法规和标准、安全设备和装备、满足生产要求的基础信息等。现代安全管理就是借助大量的安全信息进行管理，其现代化水平决定信息科学技术在安全管理中的应用程度。只有充分地发挥和

利用信息科学技术，才能使安全管理工作在社会生产现代化的进程中发挥积极的作用。安全信息的获得和利用，能最大限度地提高工作效率，避免伤亡事故、减少工作损失，提高企业的安全生产管理水平，更好地为企业服务。总之，安全信息的合理有效利用，对生产的平稳推进，保证人民群众的生命财产安全，具有深远的意义。

1.1.4 安全信息工程的应用

安全信息工程是安全科学与工程专业一门重要的专业课，是计算机技术、电子信息技术、网络与通信技术等在安全领域的具体应用。其目的是通过安全信息系统的构建，更好地监测、监控、管理、预测安全生产中的事务，保障生产的安全和工作人员的生命健康，提高生产效率，取得良好的经济效益和社会效益，促进社会的和谐发展和进步。

国家高度重视安全信息工程的发展。早在安全生产“十一五”规划和安全科技“十一五”规划中，就把安全生产信息系统建设列为重点工程。在《国家中长期科学和技术发展规划纲要（2006—2020）》中，首次将“公共安全”列为重点领域，将“重大生产事故预警与救援”确定为优先主题，这给安全信息工程的发展指明了方向。与此同时，安全信息工程的学科也得到了快速发展。

安全信息工程与现代科学技术的发展密切相关，但新技术的应用必须服务于本领域的安全需要，因此必须重视本领域的基本理论的学习，注重与学科密切相关的安全知识的积累。以煤矿顶板动态监测为例，众所周知，煤矿开采是一个极其复杂的、动态的过程，影响工作面稳定的因素众多。在采场支护过程中，由于围岩运动不断发展，支架上的工作阻力、超前支承压力、巷道顶板离层的位移量或下沉量等处于不断变化之中，这些量从不同的侧面反映顶板的运动状态，其变化规律在时间先后顺序和采场推进位置上具有本质的联系。这就必须熟悉矿山开采中周期来压的特点，找出各变量之间的有机联系，否则就不能真正理解从矿井收集来的信息，也不能理解信息的真正含义，收集数据的价值就大打折扣。

1.2 安全信息工程建设

安全信息工程一般要经过信息的收集、传输、存储、建模、加工、整改、反馈、重新建模、安全评估等过程。

安全信息工程的基本建设内容为安全监控系统的构建，这样的系统不胜枚举。例如盐化工安全监控系统、数字化城市小区智能安防系统、火灾预警系统、瓦斯监控系统、煤矿顶板动态监控系统、煤矿综合数字化平台、数字工业电视系统等。

以矿业安全为例，早先的信息获取以手工为主，随后被机械式或电子式装置所代替。近年来，随着高产、高效煤矿的建设，采深的不断增加，矿井的现代化程度也日益提高。通过构建全矿区甚至整个集团公司的计算机实时监控系统，人们能及时了解井下瓦斯的浓度、顶板动态参数的变化、大型采煤机械的运行状况、人员位置等，为保障煤矿的安全生产，减少安全事故的发生发挥了越来越大的作用，数字矿山也应运而生。数字矿山是基于信息数字化、生产过程虚拟化、管理控制一体化、决策处理集成化为一体，将当今的采矿科学、信息科学、人工智能、计算机技术、3S技术（遥感技术、地理信息系统、全球定位系统）、虚拟技术的发展高度融合。它将深刻改变传统采矿生产活动和人们的生活方式。

再如停车场抓拍系统。车牌抓拍系统采用高清网络摄像机对进入停车场的车辆进行抓拍，上传计算机处理车牌信息，引导车辆进入，并保存入场记录；在停车场出口通过高清网络摄像机对驶出的车辆进行图像抓拍，经计算机自动识别，与数据库中车牌信息对比，对固定车自动放行，对于临时车根据停车时间进行管理，实现车辆的进出监控、收费和管理。

当然，对每一个领域来说，由于需要检测的参数不尽相同，所需的传感装置也不尽相同，再加之各测量参数之间的直接或间接的关联，必须对有用的信息进行提取，找出各个参数间本质的联系，发掘监控系统的固有规律，才能对安全生产和决策提供科学的指导。

安全信息工程在应用中逐渐发展和完善，一些理论和算法也在不断优化之中，没有十全十美的监控系统。安全信息系统是整个安全领域的一个组成部分。要服务于这个大系统。技术是手段，不是目的。在一切系统工程之中，人是决定因素。若没有发挥好人的主观能动性，再好的安防系统也有失效的时候，也有死角。

1.2.1 安全信息工程建设的主要内容

安全信息工程建设的主要内容包括对生产现场进行数据采集、硬件与网络的建设、数据的集成、软件分析与预测算法的实现、管理软件的编制等。即通过传感器或安全检测装置收集数据，通过传输网络按时间间隔要求对数据自动记录、计算、存储、备份与恢复。在传输过程中要考虑硬件和软件冗余，确保网络的安全。根据专业知识分析收集的数据。如对各相关数据进行单项分析、多项分析、关联分析；通过一定的数据融合算法，找出各个变量参数之间的有机联系，挖掘各个变量之间发展变化的规律性，提供近、中、远期的预测预报，达到“预测、预报、预警、预案”的目的，从而更好地指导企业的安全生产。另外，管理软件的编制使企业的运行更加规范和富有效率。当建设的内容非常复杂时，可以通过 UML 对系统进行分析和建模，以提高代码质量，加快系统的开发进程。

安全信息工程结构框图如图 1.1 所示。

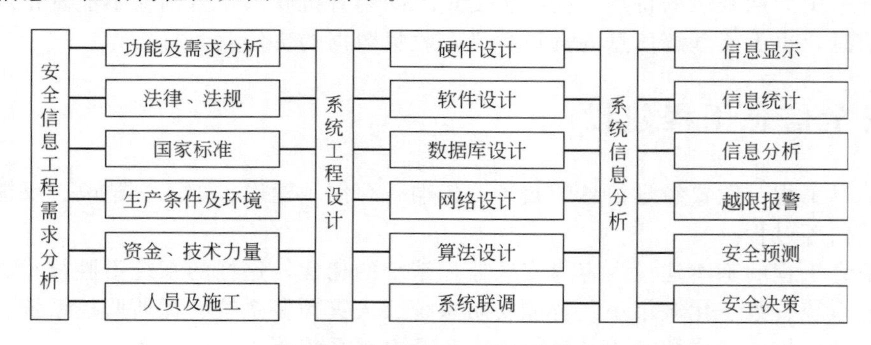

图 1.1 安全信息工程结构框图

1.2.2 安全信息工程的硬件设计

安全信息工程检测和监控的基础是传感器的选用和安装。传感器的种类繁多，如温度、压力、流量、位移、浓度、成分、速度、加速度、倾角、光学、图像等。传感器检测的信号经变送器转化成标准的信号。这其中普遍涉及单片机、ARM 或 DSP 等方面的软、硬件知识。网络的构建可以使各个独立的自动化系统有效集成和有机整合，实现相关联业务数据的综合分析。网络的拓扑结构通常有总线型拓扑、星形拓扑、环形拓扑以及它们的混合型。常使用的总线类型有 RS-232、RS-485、CAN、Ethernet、LonWorks 等。计算机安全监控系统的体系结构有常规安全监控、集散控制系统、现场总线控制系统、PLC 控制系统、工业以太网控制系统、无线传输控制系统等。因此，构建经济、合理的硬件监测系统是安全信息

工程所面临的重要课题。

1.2.3 安全信息工程的软件设计

安全信息工程的软件设计主要涉及三个方面，即下位机的软件编程、上位机的编程（包括网络通信和远程访问）、数据库的建立和维护。下位机的编程软件有汇编语言和C语言等。上位机的编程可用C、C++、VB、Delphi、Java、C#、Python、R等。网络数据库的建立和维护是安全信息工程涉及的非常重要的内容。目前常见的数据库有SQL SERVER、ORACLE、ACCESS、MySQL等。通过对安全监控系统的相关信息进行实时采集、录入、修改、查询、统计、输出报表、预测、预报等，可实现生产系统、安全系统、管理系统的有效集成，达到安全测控的目的。网络的通信原理，以SQL SERVER为例，目前主要有ODBC、OLE、ADO、ADO.NET等多种数据库应用程序接口。如何遵循工业标准（如OPC技术），设计富有效率的安全信息工程的交互式界面对软件工程师来说是一个极大的考验。

1.2.4 安全信息工程的预测与决策算法

安全信息系统的预测与决策算法有很多种，如常见的有加权平均、统计回归、方差分析、时序分析、模糊数学、灰色系统、神经网络、混沌理论、非线性分析、FLAC软件分析、专家系统、多传感器信息融合技术、小波分析、人工智能深度学习算法等。预测与决策算法是安全信息工程的灵魂。算法不一定越复杂越好。简单、实用、适合现场应用的算法，比较受操作人员的欢迎，系统的维护也相对容易。

1.3 安全信息工程举例

1.3.1 尤洛卡（精准信息）煤矿顶板动态监测系统

尤洛卡KJ653煤矿顶板动态监测系统结构图如图1.2所示。

（1）系统功能

① KJ653煤矿顶板动态监测系统主要用于实时、无线监测综采支架工作阻力、巷道围岩和顶板的松动离层量、锚杆/索工作载荷、超前支撑应力及单体支护工作阻力等矿压参数。

② 实时监测和评价回采工作面支架对顶板运动的适应性及巷道现有支护参数的合理性，研究顶板的活动规律和采场防控措施，并对现有矿压监测手段提出可行性改进意见，为确保矿井的安全生产提供依据。

③ 系统传感器层级采用GFSK无线网络技术进行无线自组网通信，内嵌ULKmesh1.2协议，无线组件含有16个通信信道，由组件CPU自动侦测选择信道路由。各无线传感器测点检测相应数据信息，然后根据路由协议将数据传送给网络内的无线数据传输分站。

④ 各传感器测点之间可以自由通信。当网络内部某个无线传感器测点出现故障时，其他测点可以进行网络自组织，选择另外的传输链路，实现网络通信的可靠性。

（2）主要技术特点

① 系统采用国内首创的"433M无线路由自组网模式"。各传感器测点采用的是一种完全分布式、对等的无线自组网。

② 采用多径路由协议，充分利用网络中路由的冗余，使得网络具有优异的自愈性、稳定性和极佳的数据吞吐量，即使在移动的组网环境下也能轻松应对。

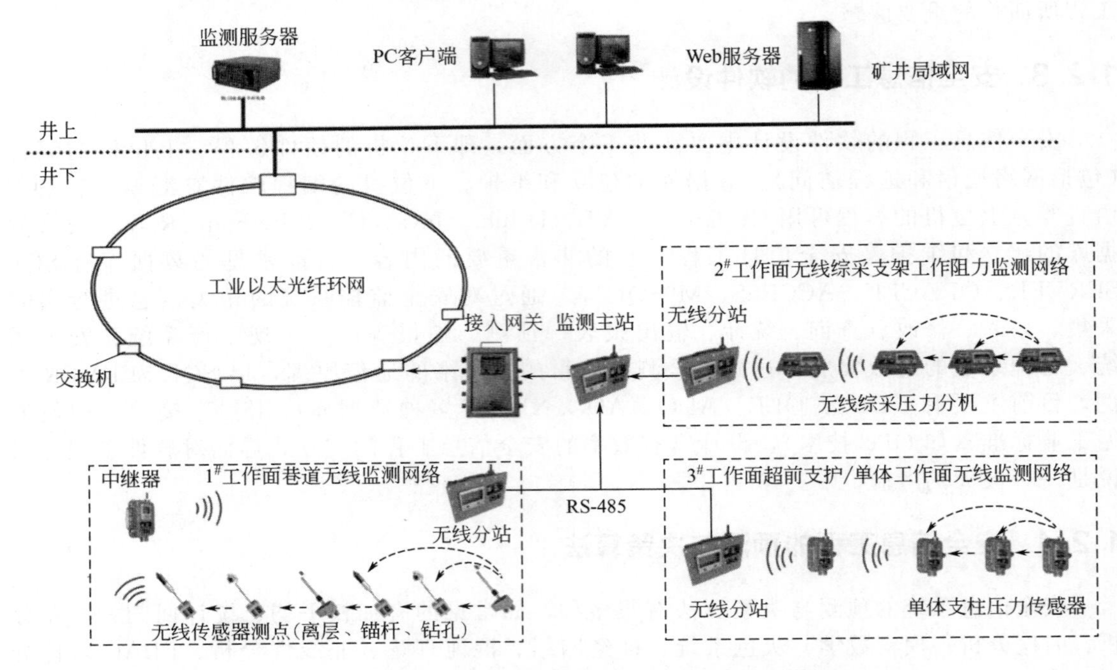

图 1.2 尤洛卡 KJ653 煤矿顶板动态监测系统结构图

③ 多频信道可配置，1 个基本信道和 1～16 个辅助信道；使用时可以随意增减传感器个数；可以移动、互换传感器安装位置。

④ 路由的选择综合考虑信号质量、传感器供电电池电压以及距离等诸多因素。

⑤ 某个节点损坏不会影响整个通信链路。

1.3.2 KJ95N 型煤矿综合监控系统

KJ95N 型煤矿综合监控系统是天地科技股份有限公司的产品，经过多年的开发，技术逐渐成熟，其框架如图 1.3 所示。该系统采用先进的计算机网络技术、ARM 嵌入式技术和 EMC 抗干扰技术，可实现矿井上、下各类环境参数、生产参数及瓦斯抽放过程的监测与显示、报警与控制，广泛应用于大中小各类矿井。系统具有以下功能。

① 监测、显示瓦斯、风速、负压、一氧化碳、烟雾、温度、风门开关等环境参数，并实现故障闭锁和报警、就地和异地超限断电、风电瓦斯闭锁；

② 监测、显示煤仓煤位、水仓水位、压风机风压、箕斗计数、各种机电设备开停等生产参数，并实现故障报警；

③ 监测、显示瓦斯抽放过程；

④ 系统软件具有参数设置、控制、页面编辑、列表显示、曲线显示、柱状态图显示、模拟图显示、打印、查询等功能。

1.3.3 河南义马煤矿工业视频监控

义马煤矿工业电视系统地面部分设备布置图如图 1.4 所示。

煤矿在地面及井下全面采用数字网络视频技术，所有视频集中管理、存储和 Web 浏览，视频服务器支持转码流，将网络中的高清晰图像转换为一般质量的图像，方便某些特定场合。该技术具有视频转发机制和管理能力，能解决信息浏览视频的带宽问题，具有网络组播

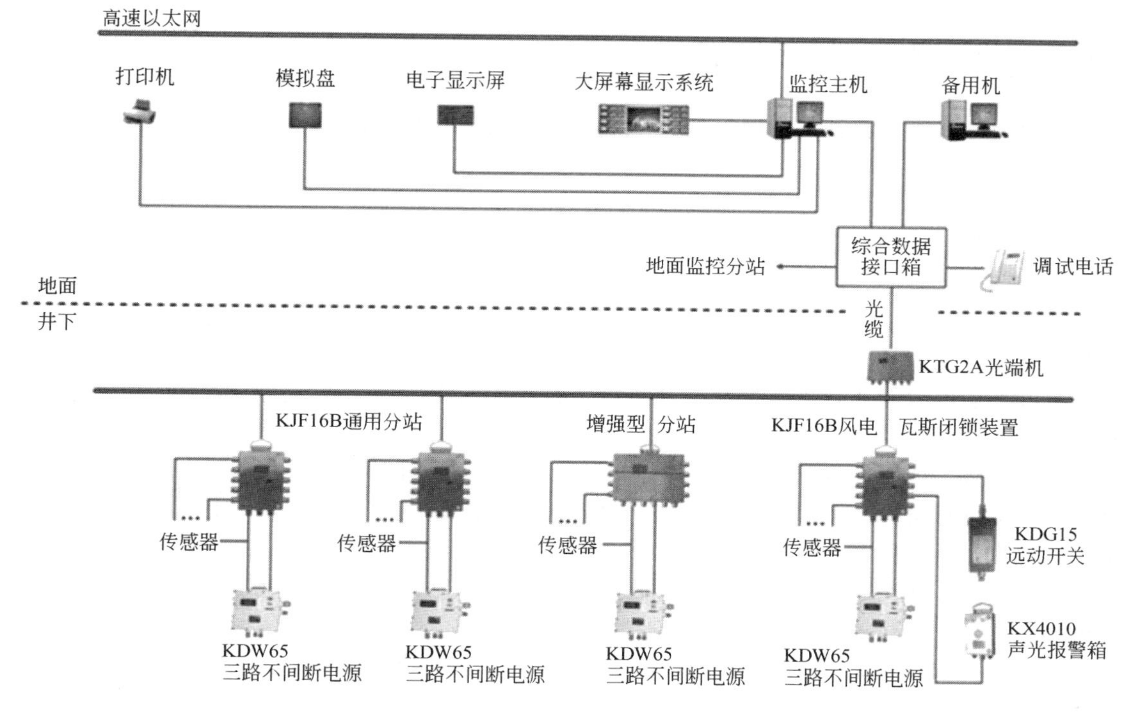

图 1.3 KJ95N 型煤矿综合监控系统框架

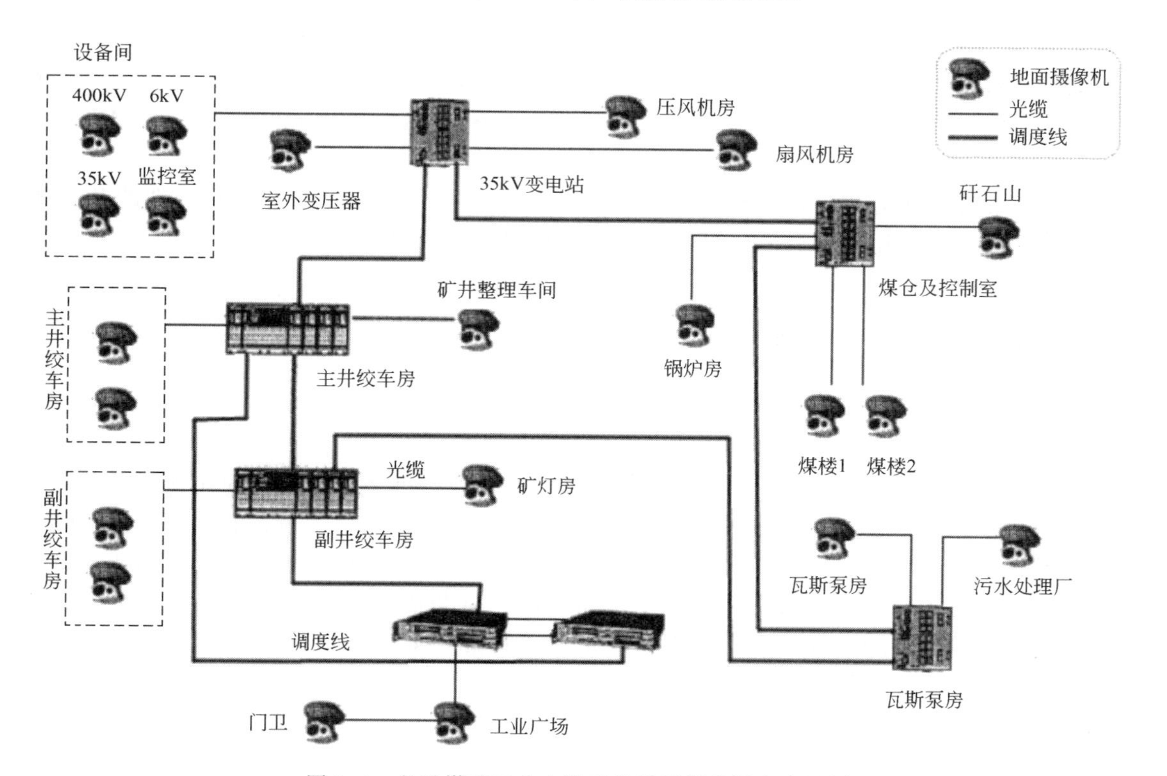

图 1.4 义马煤矿工业电视系统地面部分设备布置图

实施策略，具有用户权限优先级控制机制。视频服务器的每路输出带宽可调，可限制带宽占用，系统的摄像点全部采用光缆传输，系统利用数字矩阵切换器进行视频切换，利用控制软件对云台、镜头控制；系统采用流媒体方式发布，各授权用户可实时调看所有工业电视信号。通过该系统可以实现远程监视、分组切换、视频网络浏览、用户管理、日志管理等。系统主干为千兆高速工业以太环网，核心交换机支持冗余协议，具有网络防火墙和反入侵监测功能。

综合自动化网络系统分三层结构：信息层、控制层、设备层。信息层采用快速以太网交换结构。控制层采用冗余工业以太网技术，带宽1000M，采用环形光纤以太网形成井上、井下的信息高速通道。设备层则通过硬件接口实现子系统和主干网的连接，通过软件接口连接，形成统一的通信协议，实现数据信息的互通。系统健壮、抗干扰能力强，具有优良的安全验证体系，支持系统的安全性恢复，支持数据备份，保证系统安全可靠。

通过工业以太网实现了数据流、视频流、音频流同网传输，可以进行实时查询各种传感器数据、生产设备的在线状态，能综合分析、报警或故障分析，能自动生成系统报表、历史曲线，对区域生产作业环境进行评价或辅助决策。该系统自动化、管理信息、视频高度集成，实现了信息资源共享；提高了管理信息系统数据的准确性、实时性，提高了煤矿的安全生产管理水平，形成集成调度和远程监测监控的作业体系，生产监控数据和管理信息的整合，打通了管控之间的缝隙；统一信息化架构，建立信息集成管理规范，真正实现了“管控一体化”，达到“减员增效”和现代化示范矿井的目标。

另外，海康威视公司生产的智能化安全监控云平台和上述监控系统有着相似的工作原理。

1.3.4 安全监控组态软件

安全监控组态软件用于快速构造和生成上位机监控系统的组态软件系统，主要完成现场数据的采集与监测、前端数据的处理与控制，可运行于Microsoft Windows 95/98/Me/NT/2000/XP等操作系统。

使用安全监控组态软件的目的是快速构造和生成上位机监控系统，提高软件的开发效率。国内安全监控组态软件有MCGS、三维力控和紫金桥等。图1.5是由亚控科技Kingview组态软件生成的煤矿综合自动化监控系统的架构图。

1.3.5 安全管理信息系统

用于管理方面的信息系统就是管理信息系统。设计一个管理信息系统，通常要经过系统规划、系统分析、系统设计、系统实施、系统运行、系统维护六个阶段。管理信息系统有五个基本部分：人员、管理、数据库、计算机软件和计算机硬件系统。随着现代化政府、企事业制度的构建，管理信息系统的环境、目标、功能、内涵等均发生了很大的变化。管理信息系统通常包括人员、财务、生产、销售、库存、计划、预算、工作安排、采购、调度、绩效考核、决策支持系统、业务支持系统、知识库等，它需要强大的数据库系统作为支撑。例如：安全管理信息系统涉及本单位、本行业的基本信息，如单位信息、人员信息、管理文件、安全检查、隐患筛查等，设计时应严格遵循国家法律、法规和安全生产管理监督部门制定的相关规章、标准。安全管理信息系统的有效运行可以为安全生产管理部门开展安全生产检查、落实、监督等工作提供便利的服务。

图1.6为安全管理信息系统的框图。

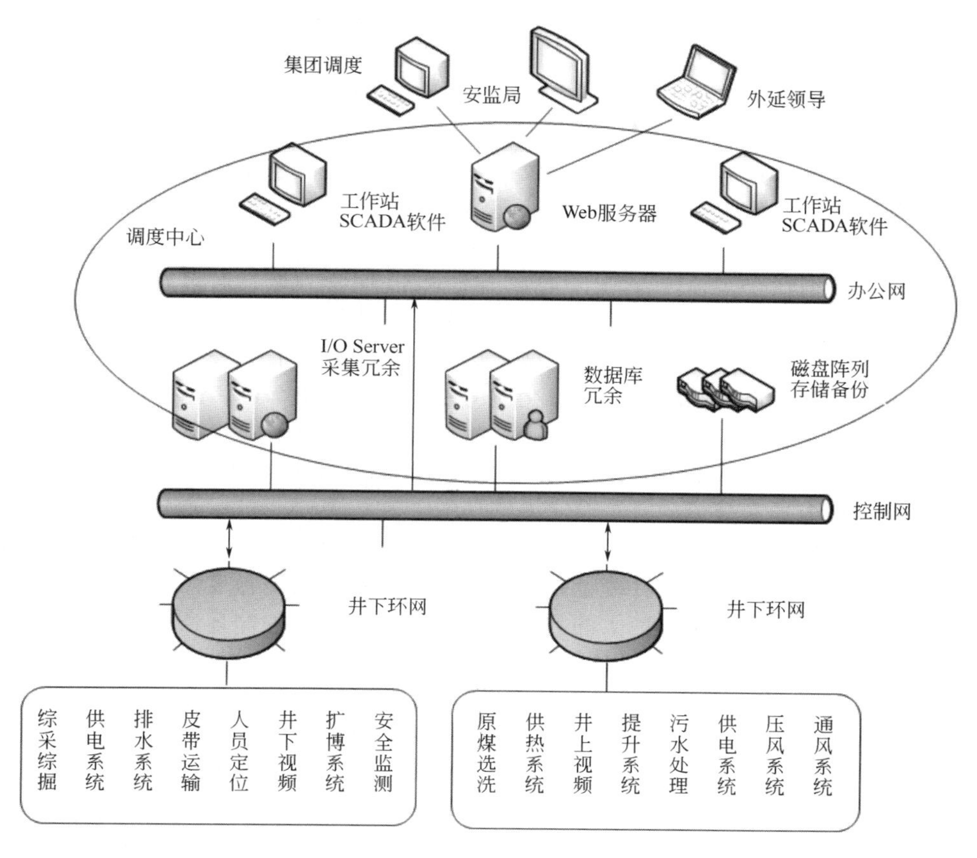

图 1.5 煤矿综合自动化监控系统的架构图

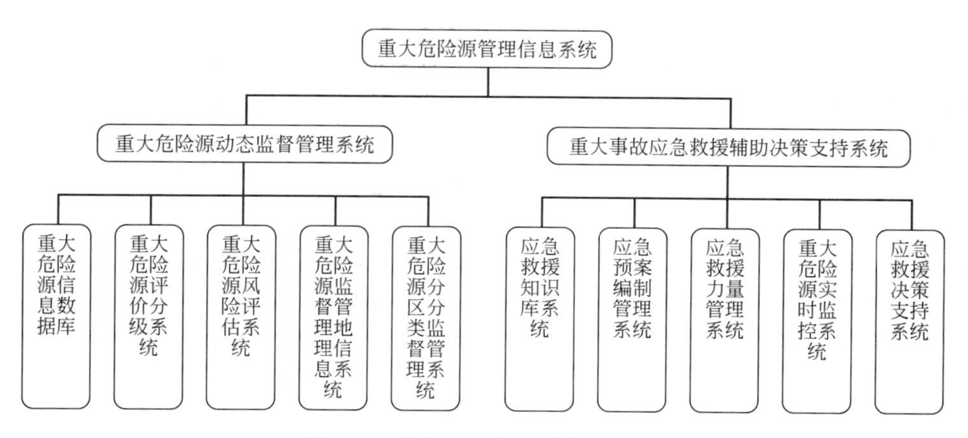

图 1.6 安全管理信息系统的框图

1.4 安全信息工程的发展趋势

安全信息工程随着“互联网＋”的发展，迎来了前所未有的发展机遇，表现为传统监测、监控、安全管理和新技术的高度融合。新技术的进步主要体现在以下几个领域。

（1）大数据

大数据（big data），或称巨量资料，指的是所涉及的资料量规模巨大到无法通过目前主流软件工具，在合理时间内达到撷取、管理、处理并整理成为帮助企业经营决策更积极目的的资讯。在维克托·迈尔·舍恩伯格及肯尼斯·库克耶编写的《大数据时代》中指出，大数据是指不用随机分析法（抽样调查）这样的捷径，而采用对所有数据进行分析处理的新的数据处理方式。与传统的数据分析相比，大数据分析能力更强，处理速度更快，更适用于互联网时代下，各行业对海量数据快速分析、处理的需要，因而近年受到全球重视。大数据通常包含四个特点：大量（volume）、高速（velocity）、多样（variety）、价值（value）。

近年来，大数据在众多领域得到了应用。例如，在医学领域，通过对DNA测序、医学影像、健康档案、医学文献等典型实例大数据的分析和建模，实现疾病的人工智能诊断。通过对大数据时代生物多样性信息学的关键技术以及典型应用，提出学科发展的趋势和挑战。北斗组网技术的成熟，将智慧城市、智慧交通的发展引入了快车道。通过对智慧城市的大数据分析系统，能合理调度城市的交通运行状况，及时掌握城市治安状况，有利于平安中国的建设；通过对春运人口的大数据统计分析，能综合掌握人们出行的趋势，合理加开临时列车，及时进行人员疏导、分流。

当然，与大数据在众多领域中的应用相比较，大数据理论在煤矿企业的成熟应用还有待提高。这和煤矿煤炭资源储存条件复杂，煤矿企业的经营现状等有很大的关系。事实上，大数据技术的战略意义不在于掌握庞大的数据信息，而在于对这些含有意义的数据进行专业化数据处理、分析、挖掘，在于提高对数据的“加工能力”，通过“加工”实现数据的“增值”，有利于企业的安全管理，为企业的安全生产保驾护航。

以煤矿企业为例，在安全生产过程中，每天都要产生众多的大数据。例如：监测监控、人员定位、供水施救、压风自救、通信联络、紧急避险六大避险系统；对于其中的子系统来说，具体有工业电视系统、井下皮带运输系统、调度室大屏幕显示系统、提升系统、瓦斯抽放系统、综采工作面压力检测系统、矿震检测系统、冲击地压预报系统、地面筛分系统、井下供电系统、井下皮带运输集控系统、通风机在线监测系统等，不胜枚举。

矿井综合自动化平台将需要接入的各子系统信息通过标准的数据交换方式与综合监控中心进行数据存取，并将各子系统的信息进行综合处理。矿井综合自动化系统将实时、历史及综合分析后的信息提供给系统中的用户。如何及时处理海量的大数据，对监控系统来说，是一项巨大的挑战。

对于大数据处理的研究是计算机领域研究的热点之一。其常规软件工具是Hadoop，它是分布式文件系统，具有高容错性的特点，并且设计用来部署在低廉的硬件上；它提供高吞吐量用于访问应用程序的数据，特别适合那些有着超大数据集的应用程序，可以以流的形式访问文件系统中的数据。Hadoop的框架最核心的设计就是：HDFS和MapReduce。HDFS为海量的数据提供了存储，而MapReduce为海量的数据提供了计算。

（2）云计算

随着IT规模越来越大，数据规模呈几何级数增长，已经超出了传统技术方法所能解决的范畴。通过云计算来实施海量数据处理解决方案，实现以更小的成本来处理更大规模数据的目标。云计算表现了强大的解决问题的能力和海量的数据存储与处理能力。如阿里云，2017年“双十一”每秒钟处理32.5万个订单请求，对比2016年增加了15万个订单。支付宝在峰值时，每秒处理25.6万笔交易，较2016年水平提高了41%。菜鸟网络当天数据显示，系统处理物流订单量达8.12亿件，超过90%的包裹在四天内发货完毕。无论是德国的“工业4.0”，还是“中国制造2025”，都需要云计算来突围。工业云计算的成功运用案例是三一重工。该企业的树根互联平台已接入30万台设备，实时采集一万个过程参数。通过建立大数据分析预测模型，为客户提供精准的大数据分析、预测、运营支持及商业模式创新服

务。移动云的普及使我们用手机实时监控工业现场的运行状态成为可能。煤矿企业已实现了这一应用。

(3) 人工智能

近年来，人工智能引爆了全世界。从深蓝到 AlphaGo，深度神经网络得到了应用，机器学习日益成熟。无人机、无人驾驶技术得到了突飞猛进的发展，三维高精地图得到进一步优化。人工智能加速了物联网的普及。中国测控网认为，数据分析是推动智能工厂发展的重要引擎。在制造企业的车间，生产系统不断产生大量的实时数据，如运动轴状态（电流、位置、速度、温度等）、主轴状态（功率、转矩、速度、温度等）、机床运行状态数据（温度、振动、PLC、I/O、报警和故障信息）、机床操作状态数据（开机、关机、断电、急停等）、加工程序数据（程序名称、工件名称、刀具、加工时间、程序执行时间、程序行号等）、传感器数据（振动信号、声发射信号等），对这些状态信息的采集可以让企业对出现的任何异动进行分析和诊断。将来，人工智能必将在安全信息工程领域得到越来越广泛的应用。

1.5 安全信息系统的可靠性

安全信息技术中数据的可靠性包括检测的可靠性、数据传输的可靠性、数据接收的可靠性及分析预测的可靠性等。例如：数据库的安全性主要包括用户管理、身份验证和存取权限控制等方面。数据库备份的内容分为系统数据库和用户数据库两部分。通过在企业内部网与 Internet 之间构筑防火墙，可监测、限制、更改跨越防火墙的数据流，实现网络的安全保护，来防止 Internet 的用户对企业内部信息的窃取以及外界病毒的侵入。

总之，安全信息工程学科的构建不是一蹴而就的，需要多学科知识的积累和融合。相信随着安全信息工程的不断发展和完善，其内容和方法会日臻成熟，在安全技术及工程领域中会发挥越来越重要的作用。

安全信息工程的体系结构

本章以康家湾矿为例，从用户需求的角度，对矿山“三大安全系统”（人员定位、无线通信、监测监控），特别是井下人员定位系统进行分析。人员定位系统可以实时查询井上、井下人员的详细信息，显示井下区域环境的状态、人员分布，实现人员的考核、调度、避险、短信收发、精确定位、工作时间统计、非法入侵信息等功能。系统以网络交换机或光纤交换机、计算机组成网络平台，在井下设立无线通信分站，根据矿井需求数量和通信距离进行安装布置。

2.1 系统分析

系统分析，首先针对工程提出问题，分析理解问题，提出问题的数学模型、方案，优化最终方案，并确定最终实施方案的过程。

2.1.1 需求分析

以煤矿井下人员定位系统为例，系统必须具备的功能如下：

① 对井下工作人员、设备、车辆进行实时跟踪和定位；

② 调度室广播、井上与井下、井下与井下人员的通话、工作路线或活动轨迹；

③ 安全管理、考勤、报表；

④ 统计井下人数、当前位置、相对位置；

⑤ 危险场所调度、预警、安全提示；

⑥ 根据井下巷道规划图，安排人员撤离及逃生路线；

⑦ 井下被困人员的定位与营救。

2.1.2 系统设计的原则

系统设计应遵循以下原则：

① 实用性；

② 可靠性；

③ 可扩充性；

④ 符合国家标准。

设计中应充分考虑应用当前较为先进的射频技术、GIS地理信息系统、通信技术、计算机算法、数据处理技术等。

2.2 设计方案

2.2.1 设计范围

根据康家湾矿目前的生产情况，主要生产中段的9～13中段为重点设计，康家湾矿生产布置情况如下：

（1）井下

出入井通道为副井竖井、斜坡道；井下作业范围有4～13中段，其中4～8中段都是从斜坡道进入各中段，且无作业，系统只需对斜坡道内各中段出入口处进行设计，9～12中段为康家湾矿主要井下开采作业范围。

（2）地面

出入井口及办公室、调度室等场所有副井出入井口、斜坡道出入井口；办公室、调度室有矿办公室区域、工区楼区域、供应科楼区域、堆矿坪等四大区域范围；需要将现有的通信系统和监控系统整合到新的系统中。

（3）主要设计范围

① 以主要生产中段9～13中段为重点设计，需对5个中段的整个开采作业范围进行设计；4～8中段为基本设计，只需对进入各中段出入口的整个斜坡道进行设计即可。

② 系统信息控制中心建设。

③ 现有监控系统和通信系统整合到人员定位、无线通信、监测监控（简称定位、通信、监测监控）“三大系统”。

2.2.2 主要内容

① 监测监控系统（包括斜坡道车辆监控）。

② 人员定位系统。

③ 通信联络系统（新建井下100门程控交换机系统）。

④ 系统整合：将已有的监控系统、通信联络系统、尾矿库在线监测系统并入安全系统平台，实现统一控制管理。

⑤ 系统融合控制平台设计。

2.2.3 设计原则

康家湾矿安全“6＋1”系统建设遵循以下设计原则。

（1）规范性

根据矿山的实际情况，依据国家规范要求和相关行业标准设计。

（2）实用性

满足公司矿山安全生产的需求，实现各系统信息收集、处理、查询、统计、分析等功能，系统简单实用，易于掌握，人机界面友好。

（3）可靠性

在硬件选型、网络设计、支撑环境、应用系统的建设过程中，尤其是网络系统设计中，必须充分体现可靠性原则，必须提高网络运行的容错性，保证系统在一个节点出现意外时整个系统仍能运行。系统采用冗余备份设计，保证整个系统运行可靠、故障率低、维护方便、修改灵活。

(4) 经济性

系统建设要充分考虑经济性，多系统共用传输平台和数据平台，充分利用现有资源，在保证系统完整性、可靠性的前提下最大限度地为客户节约成本。

(5) 先进性

充分利用飞速发展的计算机和自动化网络技术，全面准确地体现用户的管理思想及操作方式，建立一个符合金属非金属矿山标准的、开放的、易于管理的综合信息系统。

(6) 开放性

要在符合通用标准的前提下，兼容多种标准的接口，实现子系统最大限度的信息共享。系统结构合理，便于今后的功能拓展。

2.2.4 设计依据

①《国务院关于进一步加强企业安全生产工作的通知》(国发〔2010〕23号)。

②《国务院安委会办公室关于贯彻落实〈国务院关于进一步加强企业安全生产工作的通知〉精神进一步加强非煤矿山安全生产工作的实施意见》(安委办〔2010〕17号)。

③《金属非金属矿山安全规程》(GB 16423—2006)。

④《金属非金属地下矿山监测监控系统建设规范》(AQ 2031—2011)。

⑤《金属非金属地下矿山人员定位系统建设规范》(AQ 2032—2011)。

⑥《金属非金属地下矿山通信联络系统建设规范》(AQ 2036—2011)。

⑦《工业电视系统工程设计规范》(GB 50115—2009)。

⑧《视频安防监控系统工程设计规范》(GB 50395—2007)。

⑨《安全防范工程技术标准》(GB 50348—2018)。

⑩《民用闭路监视电视系统工程技术规范》(GB 50198—2011)。

⑪《矿山安全标志》(GB 14161—2008)。

⑫《公用计算机互联网工程设计规范(附条文说明)》(YD/T 5037—2005)。

⑬《1000Mbit/s以太网标准》(IEEE 802.3)。

⑭《矿用一般型电气设备》(GB 12173—2008)。

⑮《电力通信运行管理规程》(DL/T 544—2012)。

⑯《矿山电力设计规范》(GB 50070—2009)。

⑰《转发〈国家安全监管总局关于切实加强金属非金属地下矿山安全避险“六大系统”建设的通知〉》(湘安监非煤函〔2011〕176号)。

2.2.5 整体方案

矿山“三大安全系统”采用三网合一的整体集成方案，一体化设计的理念，人员定位、无线通信、监测监控(定位、通信、监测监控)三网合一，三大系统间是一个相对独立而又相互融合的环网大系统，网与网之间的联络都是通过环网交换机来实现的，将新建的井下程控交换机系统与现有的有线程控交换机系统、视频监控系统(康家湾矿和选矿厂)、尾矿在线监测系统通过地面指挥监控中心的网络交换机融合于“三大安全系统”之中。

矿井先建立工业环网网络平台，以最合理的工程建设费用来进行主干环网的设计，满足公司矿山安全生产的需求。井下无线基站通过光缆或网络接口就近接入井下交换机，井下无线基站可作为人员定位系统、监测监控系统、通信联络系统的接收分站，通过工业环网平台将数据上传至地面数据中心，通过通信控制终端对井下设备进行集中管理，通过人员定位/监测服务器对人员(斜井内车辆运行)定位和监测数据进行存储和查询显示。

建设从选矿车间到康家湾矿控制室的主干传输光缆（现有的线路与其他系统共用）；建设从矿山控制室机房至矿山井下各中段的环网主干光缆，做成回路传输网络。从环网铺设支干光缆至相应的中段主巷，建设井下中段传输网络，所有系统的数据传输均使用同一网络传输。

实施标准为采用矿用阻燃光缆，主干传输网络形成环网回路，所有网络传输根据资源开采实际情况做合理的容量预留；各种信息系统数据传输采用同一网络，不再重复建设新的传输网络，光纤网络在各中段设置一个信息基站接口，为各中段传输作数据接入。

2.3 系统设计

系统的设计原理如下。

① 人员随身携带的标识卡，采用 ZigBee 技术。读卡器接收到标识卡，通过读卡分站，上传至井上计算机。

② 信息平台设计是建立一个“三大安全系统”指挥控制中心系统，设置一套广播系统。

③ 康家湾矿调度室建设安全监控指挥中心，通过系统的网络交换机将获取生产作业场所的相关信息，如视频图像、人员物资调度部署情况、实时监测数据等汇集整合并利用电视墙、投影幕等形式呈现；指挥中心通过实时收集的数据，能在第一时间内迅速、准确地掌握本区域的安全生产动态情况，达到生产指挥、后勤保障、应急调度等功能。

2.3.1 系统平台设计原则

① 在满足安全系统建设规范的基础上，坚持实用、可靠、简练、经济的原则。

② 主干环网的设计，采用千兆工业以太环网交换机数据传送为主体，通过千兆光缆将井下、地面的交换机衔接起来，建立井下、地面的千兆环网高速信息传输平台。

③ 在充分分析和研究现代通信技术的基础上，选择数据传输、语音通话和人员定位三网合一的通信技术和媒介，建立系统可靠、技术先进的综合信息平台。

④ 设备选型采用通过安全认证的设备和技术产品，使系统建设满足《金属非金属矿山安全规程》的相关规定。

2.3.2 系统平台主要技术要求

设计以有线程控交换机系统为主，无线通信为辅的井下通信系统，同时通过建设人员定位、无线通信、监测监控三网合一的井下环网系统，在指挥监控中心将有线程控交换机系统融合为一体，建立起稳定可靠的井下、无线、有线互联的立体通信网，并具备良好的可扩展性。

完全基于 TCP/IP 架构，采用光纤作为综合基站之间的通信介质，在拓扑结构上灵活多样，可以完全按照井下巷道的树形、星形结构搭建网络传输体系。系统具有 WiFi 性能，使其可以作为无线信号覆盖源，在其上可以实现无线数据传输和 VOIP（即 IP 电话）功能。

地面调度中心机房，实现双机热备份。所有系统主机和备机备用电源达到 2h 以上。矿井下使用设备与产品，必须具有矿安认证标志，满足相关专业领域的规范和要求。

2.3.3 系统平台总体布置

设计采用三合一的无线基站，井下无线基站是井下人员定位、通信系统、监测监控等数据传输的转换、中继接入设施，设计无线基站的安装与分布的覆盖范围，为井下的各生产中段及人员活动大巷和重要场所提高安全保障。

2.3.4 康家湾矿井下拟建信号覆盖区域分析

康家湾矿井下生产系统主要集中在9～12中段，13中段还没有进行采矿生产。4～8中段基本没有作业。康家湾矿下井人数为850人左右，主要分布在9～12中段。

康家湾矿井下重要设备设施分布状况表见表2.1，井下每班最大下井人数及分布表见表2.2，主要井口人员出入情况表见表2.3。

表2.1 康家湾矿井下重要设备设施分布状况表

中段号	重要设备设施名称
9中段	水泵房、卷扬机房、抽风机房、配电室、炸药库
10中段	配电硐室、炸药库
11中段	配电硐室、炸药库
12中段	水泵房、卷扬机房、配电硐室、炸药库
13中段	水泵房、配电硐室

表2.2 井下每班最大下井人数及分布表

序号	作业地点	作业人数
1	9中段	80人
2	10中段	90人
3	11中段	90人
4	12中段	90人
合计		350人

表2.3 主要井口人员出入情况表

序号	出入窿口	出入人员数	备注
1	副井罐笼	260人	
2	斜坡道	90人	汽车运矿出入及人员出入

本实施方案主要以所要监测监控的重点设备、区段、硐室和人员活动区域为对象，拟建信号覆盖上述的重点监测监控点的分布区域及人员活动区域。

2.3.5 系统总体布置及主干环网设计

图2.1为井下环网网络连接结构图。在主干环网基础上，以交换机为起点，将井下各个中段子区的基站连接成一个一个环，构成小的冗余环网，以提高综合信息平台的可靠性。对每个子区，根据需要网络通信和无线信号覆盖的范围，每隔一定距离，在巷道岔口或重要监测地点附近安装一台基站，基站之间以支线光纤连接。

2.3.6 光纤线路和基站布置

主干线光缆第一路敷设从调度室→副井井筒中→12中段，中间敷设至所经由9～12中段的各个站。

第二路敷设从调度室经过斜坡道敷设至4中段→5中段→6中段→7中段→8中段→9中

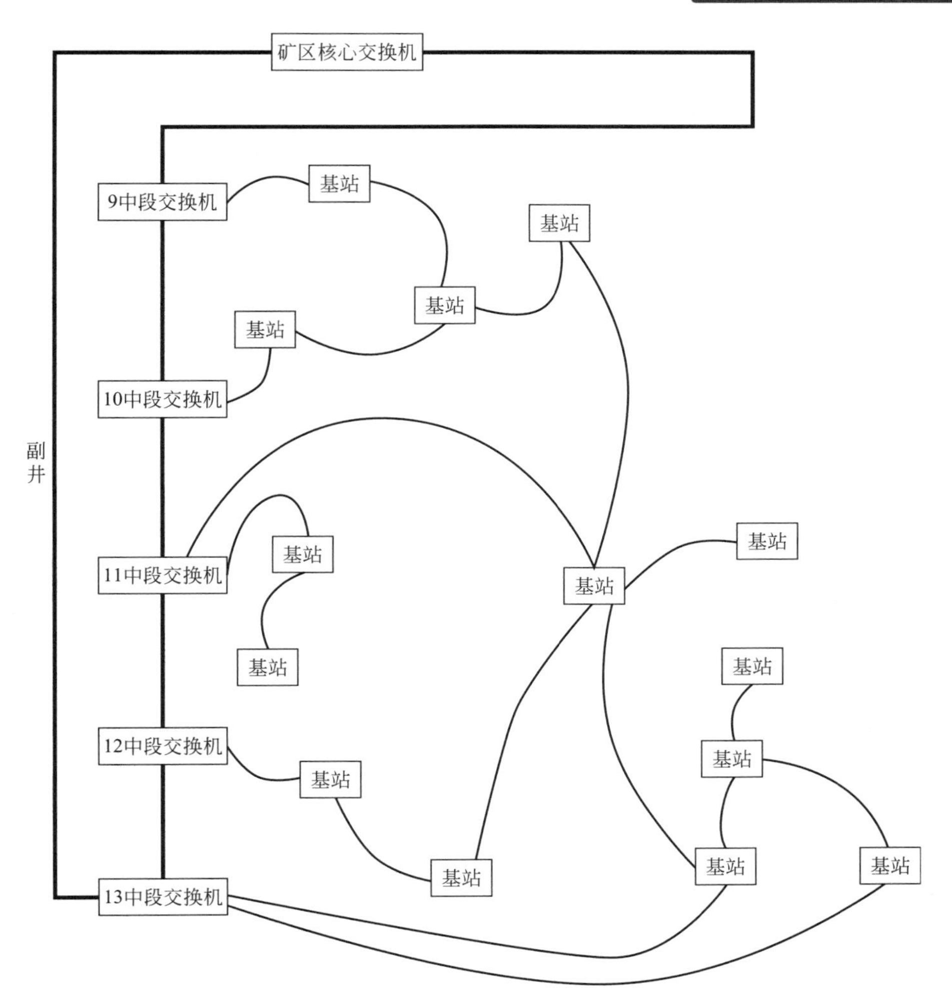

图 2.1 井下环网网络连接结构图
（图中粗线为干线光纤环网，细线为支线光纤）

段，经由以上各中段的分站再敷设至本中段的各站。

两路光缆经过线路：9 中段→9—10 中段下山→10 中段→10—11 中段下山→11 中段→11—12 中段下山→12 中段→12 中段副井井口，在 9 中段或者 12 中段进行衔接，通过地面交换机形成环网。

2.3.7 平台部分千兆交换机中段布置

地面 2 台（其中副井和斜坡道出入口各设置 1 台），监控指挥中心设置 1 台，井下接入层共 15 台，合计 18 台。

2.3.8 大屏拼接显示系统

指挥监控中心设计采用 LCD 液晶拼接墙技术或者近年来的最新技术产品，大屏拼接显示系统由中央显示系统和两边液晶监视器两大部分组成。

（1）中央显示系统

中央显示系统，大屏拼接墙显示系统，可选购自市场最新产品。

(2) 两边液晶监视器

① 现有监视点位 64 个，拟增设 22 个点位，合计 86 个（并入选矿监视系统及尾矿库监控系统监视系统）。

② 根据康家湾的实际监视点位与拟增设的监视点位，并考虑生产持续发展的需求余量，每个屏设计 4 个显示画面，两边由 2×5×2 共 20 块液晶监视器组成。

③ 指挥监控中心机房的建设设计，根据基建工程设计。

④ 大屏拼接显示系统尺寸

a. 中央拼接显示系统由 3×3 共 9 块 46 寸液晶拼接屏组成，实际需要尺寸为：

长：3×1025.7=3077.1(mm)

高：3×579.8=1739.4(mm)

b. 两边由 2×5×2=20 块液晶监视器组成，实际需要尺寸为：

长：2×658×2=2632(mm)

高：5×412=2060(mm)

c. 指挥监控中心房间尺寸为：宽 12m；长 8m；高 4.5m。

2.4 监测监控系统

2.4.1 系统设计要求

监测监控系统建设应符合 AQ 2031—2011《金属非金属地下矿山监测监控系统建设规范》的要求。

① 通风系统监测、有毒有害气体监测、视频监测的内容，符合设计方案和国家规范要求。

② 监测监控系统，按照国家规范来设计矿区实际监测监控位置。

③ 监测监控终端设备应按规范要求的点位进行布置安装。

拟设计新增一套监测监控系统，实现通风系统监测、有毒有害气体监测、视频监控。将现有的视频监控系统（康家湾矿和选矿厂）、尾矿在线监测系统通过地面指挥监控中心的网络交换机融合于“三大安全系统”之中。

2.4.2 系统主要监测监控方案

安全监控系统由监控主机、监控软件、传输接口及传输通道、UPS 电源、打印机、分站及电源、各种传感器（如一氧化碳、温度、风速、设备开停、馈电状态等）及断电器、执行器、电缆和接线盒等组成。

2.4.3 监测监控的技术要求及达到的功能

采用 A/D（模/数）转换技术，将一氧化碳、温度、风速等传感器检测的各种电模拟量通过 A/D 模块转换成数字量输入至综合基站，再通过系统工业以太网络传送至中心站进行监测监控。具体来讲：

① 监控主机。主机选用工控微型计算机、双机备份。

② 传输接口。将计算机非本安的 RS-232 口的信号转换成可与分站进行运算及通信的本安 RS-485 或其他信号。

③ 传感器。传感器是监测系统的感觉器官，它将风速、一氧化碳、温度、设备运行状态等物理量转换成标准的电信号供分站采集，传感器的工作电源通过分站提供，也可由电源

直接提供。

④ 本安电源。本安电源将井下工业用电转换成本安直流电源输出，给分站及传感器提供电源，并具有维持电网停电后，正常供电不小于2h的蓄电池。

⑤ 断电器。用矿用电缆与分站相连，根据分站输出的控制信号控制被控开关馈电或断电。

2.4.4 主要监测监控设备

在监测监控系统设计过程中，对4～13等9个中段进行分析，根据实际生产情况，分别对9～13等5个中段设计了监测网络，监测监控位置，汇总了上述监测网络布置情况。监测监控系统设备情况可参见表2.5。

2.5 通信联络系统

2.5.1 系统设计要求

通信联络系统建设应符合AQ 2036—2011《金属非金属地下矿山通信联络系统建设规范》要求。

本设计采用三合一的无线基站，井下无线基站是井下人员定位、通信系统、监测监控等数据传输的转换、中继接入设施。设计无线基站的安装与分布的覆盖范围，重点聚焦在井下的各生产中段及人员活动巷道和重要场所，其他场所无须覆盖。此外，井下还设置了一套广播系统。

2.5.2 系统设计方案

设计以有线程控交换机系统为主、无线通信为辅的井下通信系统，同时通过建设人员定位、无线通信、监测监控三网合一的井下环网系统，在指挥监控中心将有线程控交换机系统融合为一体，建立起稳定可靠的井下、无线、有线互联的立体通信网，并具备良好的可扩展性。

设计新增一套完整的通信联络系统。有线通信（康家湾矿区已设置的有线程控交换机系统，通过地面指挥监控中心的网络交换机融合于“三大安全系统”之中）与无线通信两种通信联络方式同时设计。有线通信分设两条线路进入井下。建立井下有线通信联络系统，在井底车场、马头门、井下运输调度室、主要机电硐室、井下变电所、井下各中段采区、主要泵房、主要通风机房、提升机房、井下爆破器材库、装卸矿点等处安装有线固定通信电话。

矿井无线通信联络系统实施方案中，要求下井管理人员和作业工人配备矿用WiFi手机或安装有WiFi语音通信程序的智能手机，同时在综合信息平台上接入IP语音网关（路由器）、SVP SERVER等硬件设备。

在语音服务器上安装通信管理软件，可以实现手动或自动地进行电话录音、储存备份通信历史记录并可进行查询的功能。专用的WiFi手机或安装有WiFi语音通信程序的智能手机，支持对讲、群呼、一键求助、强插、强拆功能，同时因手机采用WiFi方式，可以根据所在的热点，确定其在井下的位置，辅助队组或人员的定位功能。

有线与无线通信联络系统，合并进入综合数字信息平台集中管理，实现由控制中心发起的组呼、全呼、选呼、强拆、强插、紧呼及监听功能。

根据需要增加无线通信联络方式，新增无线联络WiFi手机30部。

2.5.3 主要有线通信设备

根据康家湾矿井下通信联络系统布置情况确定设备位置和数量，系统设备情况见表2.5。

2.6 人员定位系统

2.6.1 系统设计要求

井下人员定位系统建设应符合AQ 2032—2011《金属非金属地下矿山人员定位系统建设规范》的要求。

拟设计新增一套人员定位系统。以主要生产中段9～13中段为重点设计，4～8中段为基本设计。在井口安装读卡分站，实现人员出入井定位功能。在副井乘罐区、斜坡道出入口分别设置一套人员定位的门禁与人脸识别系统。

① 依据国家规范及设计方案，定位信号覆盖范围有窿口、主巷、作业面、机电硐室、马头门、运输巷、巷道分支路口等，盲区不大于10m。

② 为所有下井人员配备符合要求的定位标识卡。

2.6.2 人员定位系统功能实现

① 携卡人基本信息：登记携卡人的基本个人信息，例如姓名、卡号、身份证号、出生年月、职务或工种、所在单位等信息。

② 人员实时定位：定位系统根据读卡分站传回的数据，可以准确地记录每个人的实时坐标，当管理者需要查询某个人员的具体位置时，可实时定位查找。

③ 行动轨迹回放：定位系统完整记录每人的运行轨迹，管理者可以对某个人员的历史运行轨迹进行查询并回放。

④ 重点区域监测：定位系统可以让管理者设置几个区域作为重点监测的区域，当有人进入该区域时，系统会立即发出报警信息通知管理者。

⑤ 井下人数统计：定位系统可以实时统计当前井下的人员数量，并可分区域进行统计，方便管理者对生产作业的人员情况进行跟踪与了解。

⑥ 下井时间统计：定位系统能够对所有人的下井时间与次数进行统计，并可以导出或打印。

⑦ 未升井人员提醒：根据预先设置的井下工作时长，当某个人员下井后超时未升井，系统自动统计，并可以通过系统内置的提醒功能，将异常信息发送给管理者。

⑧ 井下报警求救：识别卡具备报警功能，一旦发生事故或需要地面救助时，工人只需按下报警按钮，地面控制中心就能立即显示定位基站所在位置的人员数量、人员信息等情况，大大提高抢险效率和救护效果。

⑨ 蜂鸣报警提示：当井下出现险情时，地面控制中心可以向井下人员发送报警信号，识别卡接收到信号时会发出蜂鸣声音。

⑩ 定位设备台账：定位系统完整记录各通信设备的信息，并形成台账表。例如：读卡器编号、安装位置、IP地址、网络端口等信息。

⑪ 设备巡检记录：定位系统具备自动巡检设备工作状态的功能，巡检周期不超过30s，并将巡检结果保存于系统中形成报表。报表中包含定位服务器的工作状态、读卡器的工作状态等信息。

⑫ 设备故障记录：定位系统自动记录设备的故障信息，并通过短信平台或声光报警器第一时间通知设备维护人员及时进行检修。

⑬ 设备检修记录：维护人员可以将设备检修的过程写入系统中并形成报表，可供日后跟踪检查。

2.6.3 定位卡总数及分配

按照《金属非金属地下矿山人员定位系统建设规范》的要求，康家湾矿井下布置情况如下：人员定位系统要求为每位经常下井的管理人员和作业工人配备定位卡1张，同时根据需要预留10%定位卡，定位卡总数为880张。

2.7 项目评分表

煤矿井下人员定位系统、通信联络系统、监测监控系统建设项目评分如表2.4所示，该项评标内容计分，由评标委员会集体评议，评委根据集体评议意见，做出书面评价意见并自主计分。基本分为100分。

表2.4 项目评分表

项目	具体内容	评分标准	评分		
整体设计方案（60分）	1. 有对水口山康家湾矿现状的调研和分析并出具详细方案	8			
	2. 方案技术的资料齐全规范、方案技术阐述通俗清楚	6			
	3. 方案有详细项目实施计划书	8			
	4. 方案有整体设计图和各信号采集点的分布图等详细技术资料	6			
	5. 方案有系统软件、应用软件、集成系统的详细信息	4			
	6. 系统达到的目标和实施效果说明	4			
	7. 本行业技术发展趋势、成熟度说明	4			
	8. 方案技术平台和集成平台的先进性、开放性、兼容性、可操作性、扩容性	8			
	9. 方案在项目的实施经验、可升级性、维护性和技术服务的说明和承诺	8			
	10. 集成平台具有实际成功案例，并获得相关部门认可证明	4			
软件和硬件部分的技术特性（40分）	1. 信息系统采用一体化软件，在同一平台实现定位、通信、监测、监控四大系统功能	4			
	2. 系统有主要设备设施（光纤、服务器、交换机、本安电源、摄像头等）的生产厂商的授权书和质保书	4			
	3. 系统井下主设备品牌、参数和稳定性说明	3			
	4. 系统地面主设备品牌、参数和稳定性说明	3			
	5. 系统各大软件系统采用的技术、参数和稳定性的说明	3			
	6. 软件系统开发平台可操作性、开放性的说明（特别是集成平台的开放性和技术转移等）	4			
	7. 软件所有模块可以开放通信协议，软件可以捆绑其他信息系统终端设备的通信协议	3			
	8. 井下网络采用千兆环网和百兆环网（含综合分站）相结合的网络架构	4			

续表

项目	具体内容	评分标准	评 分		
软件和硬件部分的技术特性(40分)	9. 定位地图采用标准2D或3D电子地图(非图片地图)并且可导入更新	2			
	10. 传输设备具有光纤以太网接口、以太网电接口(RJ45)和RS-485总线接口等	2			
	11. 系统有备份、容灾和安全的设计	4			
	12. 系统有布线系统、电源部分和机房建设的设计	4			
评价意见:					

2.8 建设工程项目工程量清单

康家湾矿井下人员定位系统、通信联络系统、监测监控系统工程量清单如表2.5所示。

表2.5 建设工程项目工程量清单

编号	设备名称	设备型号	单位	数量
1	主服务器	3650M2	台	2
2	阵列存储器	IBM	台	1
3	网络存储硬盘	sas(300G)	个	8
4	监控定位通信主备机	E5500 19寸液晶 键鼠套装 充足的PCI PCI-E	套	6
5	监视主机	工控	套	1
6	语音服务器		台	2
7	视频服务器		台	1
8	地面核心交换机		台	3
9	井下接入层交换机		台	15
10	企业级路由器		个	1
11	UPS	20kV·A/2h(1台)10kV·A/2h(1台)	个	2
12	门禁人面识别系统		套	2
13	WiFi手机		台	30
14	定位芯片		张	880
15	一体化基站		台	121
16	读卡基站		台	30
17	本安电话		台	25
18	有毒有害气体报警仪	便携式	个	60
19	风速传感器		个	6
20	风压传感器		个	2
21	温度传感器	便携式	个	2
22	开停机传感器		个	40
23	馈电传感器		个	2
24	摄像头		个	22
25	主光纤	矿用阻燃 MGTS-48	m	7200

续表

编号	设备名称	设备型号	单位	数量
26	支线光纤	矿用阻燃 MGTS-12	m	16200
27	地面光纤	GTS-12	m	3500
28	选矿-康矿光纤		m	3500
29	电话线	MHY32	m	2500
30	液晶拼接幕墙		套	1
31	井下紧急广播系统		套	1
32	音箱		套	1
33	程控交换机		套	1
34	信号防雷设备	信号设备及信号传输等需要防雷设计的集合为一套核算	套	1
35	电源防雷设备	电源防雷设计,集合为一套核算	套	1
36	本安分线盒	矿用本安型	台	250
37	本安电源	矿用本安型	台	60
38	电源箱	矿用本安型	台	60
39	网络配线机柜		台	2
40	服务器机柜		台	1
41	人员定位系统软件		套	1
42	通信联络系统软件		套	1
43	监测监控系统软件		套	1
44	综合信息集成平台	包括各系统集成及调度平台	套	1
45	其他	辅材、电缆、其他配件等	件	1
46	服务器操作系统	win2008 企业版	套	1
47	车载定位系统		套	1
48	备份软件		套	1
49	原监控系统并网		套	1
50	数据库	由承建方提供正版	套	1
51	安装调试费		项	1

3 安全信息工程的设计方法——矿用乳化液矢量自动配比装置研究

3.1 概述

3.1.1 问题的提出及研究的目的和意义

煤的生产是关系国计民生的大事，是关系国家可持续发展的重要战略物资。煤矿企业是一个复杂的系统工程，所谓复杂是指：①生产地质条件复杂；②人员结构复杂；③影响生产及安全的不确定因素较多。液压支架是综合机械化采煤的主要设备之一，它的工作性能对综采工作面的生产率、安全性等经济技术指标有很大的影响。乳化液是液压支架和液压支柱的传动介质，在液压系统中起血液作用。对乳化液的浓度控制是采煤工作面生产的一个质量控制环节。乳化液浓度是否适当直接影响液压支架、液压支柱以及其他液压元件的寿命和生产成本。《煤矿安全规程》规定：乳化液的浓度一般在3%～5%之间。浓度过低，液压元件将受到水的直接侵蚀而生锈，导致元件失效，造成液压系统事故多且频繁发生。现场使用情况表明，除因地质条件和操作不当造成少数液压支架的金属构件开焊和变形外，液压支架的故障大多数出现在其液压传动系统中。最常见的故障现象是液压元件表面磨损严重，而乳化液质量的好坏，是造成液压元件磨损程度的主要原因之一。反之浓度过高，会使乳化油的消耗量增加，从而导致生产成本上升。为了保护液压系统各元件和延长其使用寿命，乳化液的配制方式就显得非常重要。

3.1.2 国内外概况及技术发展趋势

目前，我国煤矿企业仍采用手控配液方式或简易机械定量配液方式，这种方式依靠人工观测液位，靠开关控制水、油比例调节浓度。对于乳化液浓度的检测，我国目前绝大多数矿井采用的检测手段主要包括：糖量计法、折光仪检验法和破乳法等。这些检测方法都需要人工取样与目测读数，而且都不能在线检测乳化液浓度的变化。煤矿的生产条件十分复杂，井下环境恶劣，工作人员责任心因人而异，由于操作者不易掌握，故配制的乳化液精度很差。

1980年以后，我国引进了国外的一些泵站，但以电液控制为原理的控制系统不易维持和掌握，弃置不用者居多。对于乳化液浓度的配比，国内外泵站的配液方式，已经由人工地面混合、手控配液，发展到自动配液。自动配液代表了乳化液配制方法的发展趋势。配制合理、稳定浓度的乳化液是国内外生产厂家设计研究的课题。

1990年以后，随着计算机技术突飞猛进的发展，煤矿的计算机控制水平获得了长足进步。随着我国煤矿高产高效综采、综放工作面的不断涌现，综采工作面及生产工艺也在不断

提高，为了进一步挖掘机电设备的内在潜力，提高生产能力，对综采工作面设备的管理提出了更高的要求。乳化液泵站作为综采工作面设备的重要组成部分，监测的参数包括压力、流量、液位、温度，泵站流量测量选用特殊的涡轮流量传感器。分站对检测参数综合处理后，根据预置控制流程，对配液过程自动控制，并对欠压力、漏液等故障现象进行报警，就显得尤为重要。目前，国外多数新生产的乳化液箱都装有自动配液装置，但其自动化程度低，价格昂贵，仅限于各种液控阀或者电磁阀，在一定程度上还依靠手动调节，不能保证测量精度。

2000年以来，煤矿乳化液自动配比系统研制引起了我国煤矿企业的高度重视，国内的一些大学、科研机构和生产厂家也相继研制了一些乳化液配比装置。

但乳化液的浓度配比受很多因素的影响，包括水压、温度、流量、配比装置准确度等。现有的乳化液配比装置配制精度不高，配制效率低，受人为因素影响，且操作人员的劳动强度较大。

综上所述，国外的此类装置操作复杂，价格昂贵，不适合中国的国情；国内的自动配比装置存在上述许多问题，不能满足现有煤矿生产企业的生产要求。

因此，根据客户的需求，我们开发设计了矿用乳化液矢量自动配比系统。具体性能要求如下：

① 满足煤矿企业乳化液自动配比的要求，减轻工人劳动强度，提高工作效率；

② 系统的实时响应较好，能完成在线测量；

③ 有良好的人机界面，便于现场操作；

④ 有完备的报警及自动闭锁功能。

因此本系统在前人研究成果的基础上，结合煤矿自身特点，设计开发了具有较高性能价格比的矿用乳化液矢量自动配比系统，较好地满足企业的生产要求。

3.1.3 研究工作的设想

3.1.3.1 乳化液简介

乳化液是乳化油与水按一定比例配制而成的。水与乳化油互不溶解，当它们均匀混合时，其中一种液体以极微小液滴均匀分散在另一种液体中，形成一种乳白色液体，故称乳化液。乳化液基本为不燃液体，价格低廉，具有一定的润滑性能，黏度很小，对钢、铜、锌各部件均有防锈作用，同时对橡胶密封没有腐蚀性。乳化液一般分为两类：一类是水包油型，乳化油2%～15%，水为98%～85%；一类是油包水型，乳化油60%～85%，水为40%～15%，主要成分中油多于水。液压支架多采用水包油型乳化液。《煤矿安全规程》规定：乳化液的浓度一般在3%～5%之间。本装置的目标是使乳化液的浓度控制在4%±0.1%。

乳化液的使用量大，要求配比要及时。由于供水量处于不断变化之中，乳化油的供给量也处在不断变化之中。乳化液的浓度受温度等因素的影响较大，如何实现温度的自动补偿也是一个问题。同时要考虑到乳化液的回流问题，对一个复杂的机、电、液装置，如何使系统处于动态稳定之中，需要考虑很多因素。

矿井下存在着瓦斯等易燃、易爆气体，且存在粉尘、电磁干扰，设备经常受到拉、挂、碰、撞等损坏，使用环境潮湿，并有淋水的情况发生。因此，装置应有较高的防护性能、防爆措施和抗干扰措施。

3.1.3.2 研究内容

① 研究制造出能满足煤矿企业使用的乳化液自动配比装置，满足企业的要求。

② 研究单片机系统的设计方法和工程实践，对整个系统的功能进行优化设计。

③ 引入超声波技术对乳化液浓度进行检测，实现系统温度的自动补偿和校正，实现浓度的在线显示。

④ 研究变频调速技术对乳化油的流量的控制方法。

⑤ 研究和井下智能通信分站计算机通过 RS-485 总线互联的方法。研究自动配比装置接入矿井工业以太网的方法。

⑥ 研究整个配比装置的编程方法，并用 C51 语言实现。

⑦ 整个装置应符合 GB 3836—2000 防爆要求。

⑧ 可靠性和抗干扰性措施研究和设计。

3.2 总体研究方案

矿用乳化液自动配比装置是机、电、液一体化的系统。系统结构复杂，使用环境恶劣，实时性要求较高。本文不考虑其机械设计部分，而着重讨论系统的硬件和软件方面的设计。硬件设计包括单片机系统、A/D 转换电路、D/A 转换电路、变频调速电路设计、控制输出电路、LCD 液晶显示电路、电源电路部分等的设计。软件设计主要是单片机编程，其编程为 C51。装置通过工业以太网与井上计算机相连，可用 VC＋＋6.0 编程。

3.2.1 系统实现的功能

3.2.1.1 主要实现的功能

① 能实时显示乳化液的当前浓度，根据温度和浓度的变化实现温度的自动补偿和校正，从而实现了计算机闭环控制，配比后的浓度控制在 4％±0.1％。

② 可实时显示中文信息及各项检测数据，并具有 LED 背光功能。

③ 系统具有故障诊断功能。

④ 超限报警、自动闭锁控制输出功能，由继电器输出。

⑤ 对装置进行功能扩展，通过 RS-485 总线使之能与矿井下智能通信分站相连，继而通过工业以太网和井上计算机相连，有利于生产过程的管理和监控。

3.2.1.2 技术指标

(1) 测量范围

乳化液浓度：0～8％。

液位：0～1.5m。

流量：0～40m^3/h。

(2) 测量精度

乳化液浓度：2.5％。

液位：2.0％。

流量：1.0％。

(3) 环境参数

温度：0～40℃。

湿度：小于 85%。

3.2.1.3 工艺要求

① 防爆性能：符合 GB 3836 的要求。
② 防护性能：IP65。
③ 装置体积：在安装空间许可的条件下，尽量增加装置的内部空间。
④ 外壳与外观：选用高强度钢外壳，并进行抗震性处理。

3.2.2 系统的总体设计说明

3.2.2.1 乳化液配比装置的工作描述

乳化液配比装置的工作原理如图 3.1 所示。乳化油从乳化油箱经计量泵、流量开关到混合器，和来自自来水管道的清水混合，混合后的乳化液流到乳化液箱。涡轮流量计用来检测清水的流量，清水的供给是充足的，并用电磁阀调节进水量。本装置通过变频器来调节计量泵电机的转速，从而控制和调节乳化油的进料流量，使混合后的乳化液浓度达到设定值(4%)。乳化油箱里安装了投入式液位传感器检测乳化油的液位。混合后的乳化液在乳化液箱里充分混合。在乳化液箱里装有超声波传感器，用来检测配制好的乳化液浓度，从而构成闭环控制系统。在乳化液容器里还装有投入式液位传感器，用来测量配制后乳化液的液位，并具有液位上、下限报警功能。为防止清水里有杂质，必要时可在电磁阀的阀前增加过滤装置（选用）。

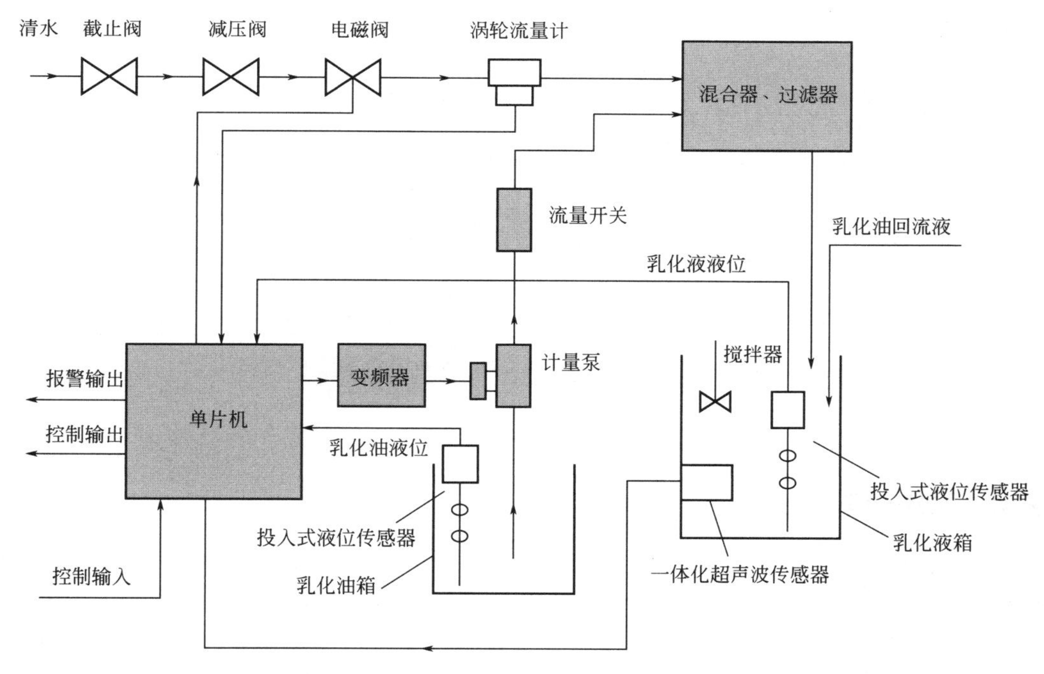

图 3.1 乳化液配比装置的工作原理图

3.2.2.2 系统控制原理图

系统控制原理如图 3.2 所示。传统的乳化液配比装置采用开环工作方式，本装置则采用闭环工作方式，同时也考虑了乳化液的回流问题。装置的另外一个特点是具有较好的实时

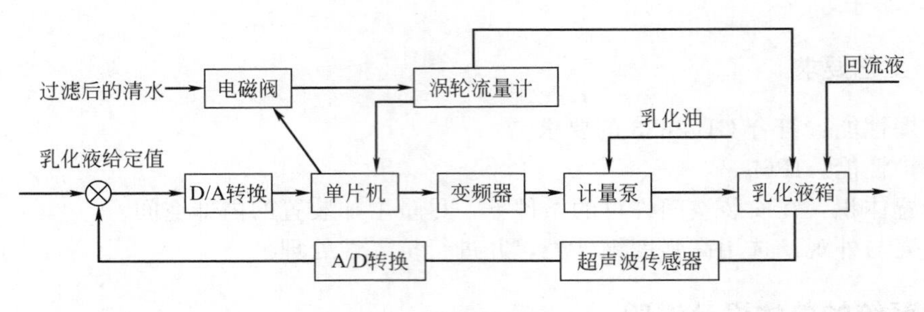

图 3.2　系统控制原理图

性，通过合理选择变频器、电磁阀、涡轮流量计的型号及管道的规格型号，大大提高了系统的响应能力。

3.2.3　系统的硬件设计

本装置是以单片机为核心，机、电、液一体化的设备，装置的硬件结构如图 3.3 所示。对结构图的简单描述如下：系统采用 ATMEL 公司生产的 AT89C52，它是一款低功耗、高性能的 8 位 CMOS 微处理器。单片机接收来自超声波传感器、液位传感器、涡轮流量计的输入信号，完成实际的数据采集工作并根据要求进行必要的处理。系统在事故状态下，具有报警和自动闭锁功能。除 AT89C52 单片机系统外，还有外围扩展的数据存储电路、电源电路、看门狗监控电路、RS-485 接口电路、A/D 转换电路、液晶显示模块、光电隔离及继电器和报警电路等。

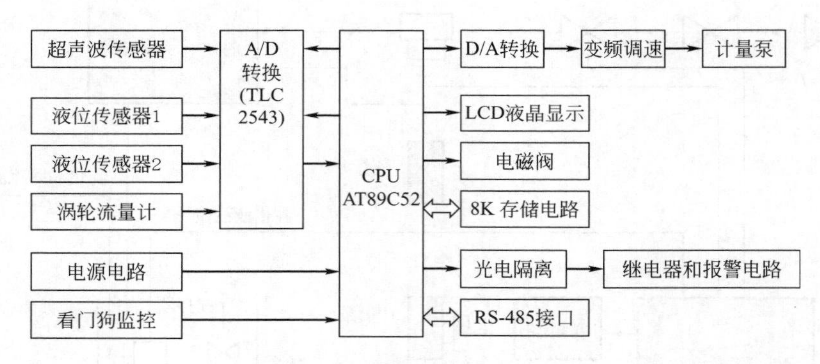

图 3.3　装置的硬件结构

3.2.4　系统的软件设计

本系统软件采用 C51 语言编制，主要包括主程序、A/D 转换子程序、数据采集子程序、LCD 显示子程序、控制信号输出子程序、加权平均值滤波子程序、抗干扰子程序、D/A 转换子程序、增量式 PID 调节子程序、抗积分饱和子程序、报警输出子程序。另外还有各中断子程序，如外部中断、定时中断和串口中断，还包括定时程序等。单片机软件用 C51 语言进行模块化设计。

最后，为了实现整个矿区生产过程的集中监控，对装置进行了功能扩展。通过 RS-485 总线和井下智能数据分站相连，通过矿井以太网与井上计算机相连，为煤矿企业的信息管理和科学决策提供了便利。

3.3　系统硬件模块设计及研究

3.3.1　传感器简介

3.3.1.1　超声波浓度测量方法

本课题采用超声波传感器来在线测量配制好的乳化液的浓度。超声波（$f>20\mathrm{kHz}$）是一种在弹性介质中的机械振荡。它是由与介质相接触的振荡所引起的。通常把这种机械振动在介质中的传播过程称为机械波，也称为弹性波或声波。声波按频率的高低可分为次声波（$f<20\mathrm{Hz}$）、声波（$20\mathrm{Hz}\leqslant f\leqslant 20\mathrm{kHz}$）、超声波（$f>20\mathrm{kHz}$）和特超声波（$f\geqslant 10\mathrm{MHz}$）。振荡源在介质中可产生三种形式的振荡波：横波——质点振动方向垂直于传播方向的波；纵波——质点振动方向与传播方向一致的波；表面波——质点振动介于纵波和横波之间，沿表面传播的波。横波只能在固体中传播；纵波能在固体、液体和气体中传播；表面波随深度的增加而衰减很快。为了测量各种状态下的物理量多采用纵波。声波的频率越高，越与光波的某些性质相似。

超声波在液体中的传播速度为：

$$c=\sqrt{\frac{1}{\rho B_{\alpha}}} \tag{3.1}$$

式中，ρ 为介质的密度；B_{α} 为绝对压缩系数。

由于每种媒质在一定的状态条件（浓度、温度、压力）下具有固定的声速，当媒质的浓度变化时其声速也改变，因此我们应用这一原理通过测量声速来测量被测媒质的浓度。在实际应用中，由于媒质的其他状态如温度、压力的变化也会使声速发生变化，因此必须考虑温度和压力的影响对它们进行补偿。考虑到乳化液的压力变化不大，而且压力对通过乳化液的声速的影响很小，可忽略不计。因而只考虑温度对声速的影响。该传感器不是直接利用声速、温度、浓度之间的关系来测量浓度，而是直接考虑温度、浓度、声时之间的关系，通过预先测量得到温度、浓度、声时关系曲线，把它存入计算机中，然后计算机根据实际测量时测得的温度、声时，利用储存的关系曲线计算出浓度。这样，省去了由声时算声速的步骤，实现了大浓度、温度变化范围内对温度变化的自动补偿。

超声波传感器的工作原理如图 3.4 所示。

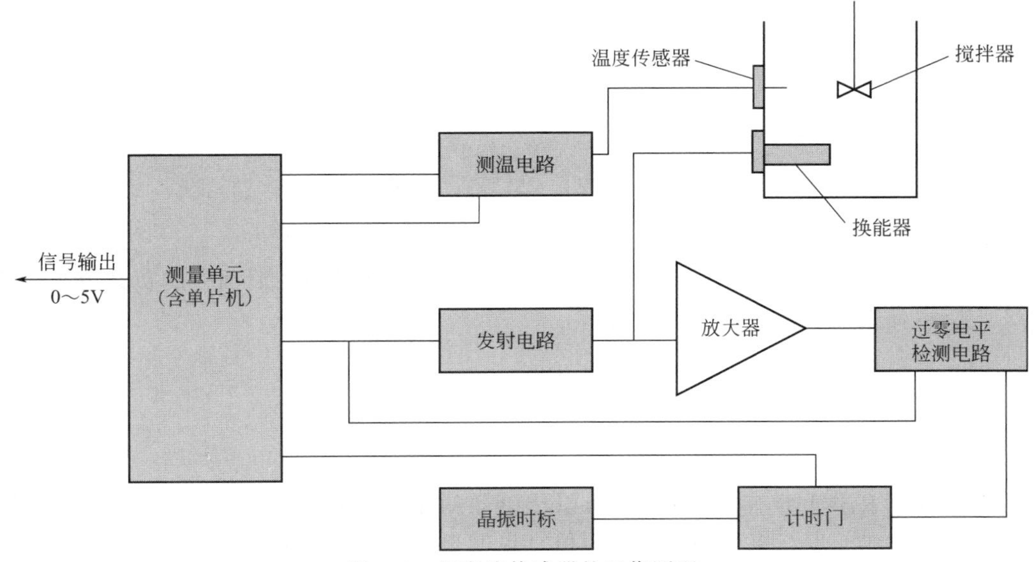

图 3.4　超声波传感器的工作原理

首先由单片机触发发射电路，使超声换能器发出一超声脉冲，超声脉冲信号经反射接收后通过放大器放大，其次由过零电平检测电路检测出接收信号前沿到达的瞬间，最后送入计时门电路。由计数器记录从超声波发射到接收时间间隔内高频时标脉冲的个数，从而得到所需测量的声时。单片机内部存储经过处理了的声时、温度、乳化液浓度关系曲线。存储前对每组数据用最小二乘法拟合，以进一步减少测量中的随机误差。因此，检测出了声时、温度，也就意味着得到了乳化液的浓度。

图 3.4 中，测温电路中的敏感元件采用 Pt100 热电阻。当温度变化时，由 Pt100 组成测量电桥输出差分电压信号，经放大器放大后送入单片机进行处理。测量单元（含单片机）输出 0～5V 信号送 A/D 转换器。

3.3.1.2 液位测量方法

本装置采用投入式传感器测量液位。投入式液位传感器的测量元件是一个压阻式压力传感器。投入式液位传感器对液位的测量的原理，是把与液体深度成正比的液体静压力转换成电信号输出，实现对液位即液体深度的测量。投入式液位传感器采用压阻式压力传感器、不锈钢外壳封装、防水通气电缆与外壳密封嵌装所组成。

传感器的核心是一个扩散硅敏感元件，该元件的膜片上有用离子注入并经激光修正制成的精密敏感电阻形成的惠斯通电桥。如图 3.5 所示，当压力施加在敏感芯片上时，每个桥臂电阻会变化一个 ΔR，从而引起输出端有一差膜电压输出 $U_{sc} \propto U\Delta R$，由于电阻的变化与施加压力成正比，所以：

$$U_{sc}=SPU \tag{3.2}$$

式中，U_{sc} 为输出电压；S 为灵敏度；P 为施加压力；U 为桥压。

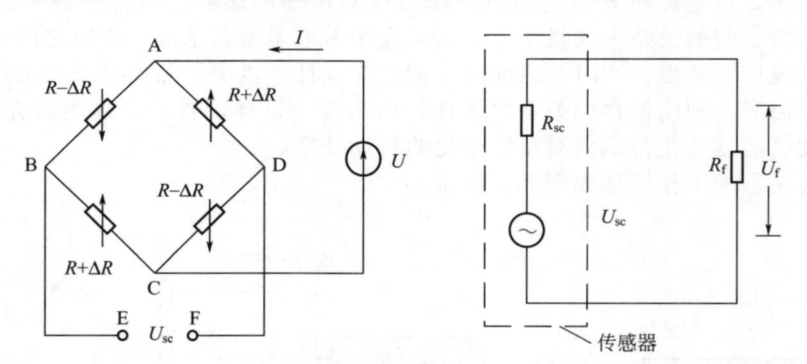

图 3.5 惠斯通电桥及传感器与负载等效电路

上式给出了被测压力与输出电压的关系。

为了获得较大的输出，要考虑与负载电路的匹配，如果传感器后面接的负载电阻为 R_f，如图 3.5 所示，则负载上获得的电压为：

$$U_f=U_{sc}\frac{R_f}{R_{sc}+R_f}=U_{sc}\frac{1}{\dfrac{R_{sc}}{R_f}+1} \tag{3.3}$$

只有在 $R_{sc}/R_f \ll 1$ 时有 $U_f \approx U_{sc}$，所以传感器的输出电阻（等于电桥的桥臂的电阻值）应该小些。设计时一般取电桥的桥臂的阻值（也就是每个扩散电阻的阻值）为 500～3000Ω。压阻式压力传感器具有精度高及温度补偿范围宽（0～70℃）的优点。

投入式液位传感器采用扩散硅敏感元件，利用半导体压阻效应实现力-电转换，输出电信号正比于被测压力，压力与液深的关系为：

$$P=rh \tag{3.4}$$

式中，P 为传感器在安装点所受到的压力；r 为液体的密度；h 为传感器检测点至液面的深度。

令式(3.2) 中：

$$K=SU \tag{3.5}$$

式中，K 为输出灵敏度，即液位传感器满量程输出与量程的比值。

液位传感器的输出信号为：

$$U_{sc}=Krh \tag{3.6}$$

由式(3.6) 可求得测量液体的深度：

$$h=\frac{U_{sc}}{Kr} \tag{3.7}$$

3.3.1.3 流量测量

测量水流量的方法很多，有孔板流量计、涡轮流量计、电磁流量计、椭圆齿轮流量计等。本设计选用涡轮流量计。这是因为和其他流量计相比，它具有精度高、重复性好、结构简单、运动部件少、耐高压、测量范围宽、体积小、重量轻、压力损失小、维修方便等优点。涡轮流量计成本低，工艺设计容易，型号多，线性度高，且具有防爆型产品系列可供选用，符合煤矿对测试装置的防爆要求。

涡轮流量计是以流体动量矩原理为基础的流量测量仪表。涡轮流量计是利用置于流体中的叶轮感受流体平均速度的流量计，与流量成正比的叶轮转速通常由安装在管道外的检测装置检出。涡轮流量计由涡轮流量传感器和显示仪表组成。转子的旋转运动可用机械、磁感应、光电方式检出并由读出装置进行显示和记录。仪表主要包括传感器和显示仪。在一定的测量范围内，涡轮的转速和流体的流速成正比。本装置中用涡轮流量计来测量清水的流量，通过调节进水的电磁阀的开启度来实现流量的调节。流经变送器的流体体积流量 q_V 可用下式表示：

$$q_V= f/K \tag{3.8}$$

式中，f 为电信号的频率，它同叶轮转动频率成正比关系；K 为常数，也称仪表系数。

3.3.2 单片机系统设计

本模块采用的主要芯片是 AT89C52，该单片机是 ATMEL 公司生产的低功耗、高性能的 8 位 CMOS 微处理器，它自带 8K 字节的快速擦写可编程的程序存储器，芯片的制造工艺采用了 ATMEL 公司的高集成固定存储技术，在程序指令的设置与输出方面和工业标准 80C52 相兼容。可擦写的特性是程序存储器在系统中能被重写或者通过一种惯用的固化内存的设备来完成，通过结合一种通用 8 位 CPU 激光擦除功能整合在一个芯片中。AT89C52 是一款功能强大的微处理器，给嵌入式系统提供了较强的灵活性和极为有效的解决方法。AT89C52 内部包含有 1 个 8 位 CPU、振荡器和时钟电路，8K 字节的程序存储器，128 字节的数据存储器，可寻址外部程序存储器和数据存储器（各 64K 字节），21 个特殊功能寄存器，4 个并行 I/O 口，1 个全双工串行口，2 个 16 位定时器/计数器，5 个中断源，提供 2 个中断优先级，可实现二级中断优先级，具有位寻址功能，有较强的布尔处理能力。

监控芯片可为系统提供上电、掉电复位功能，也可提供其他功能，如后备电池管理、存储器保护、低电压告警或看门狗等。“看门狗”计时器电路英文名为 Watch Dog Timer，简称 WDT。其作用是监测单片机的运行，一旦发现“死机”就发出复位信号恢复程序的正常运行。WDT 电路种类很多，但基本原理相同。IMP706 是美国 IMP 公司生产的系统 μP 监控芯片，具有价格低、功能完善、低功耗的优点，而且工作温度范围宽（－40～＋80℃），使用简单。它能在上电、掉电期间或手动情况下产生复位信号，内含一个 1.6s 的看门狗定时器的 4.40V 的电源电压监视器。另外，它还有一个 1.25V 门限的电源故障报警电路，可用于检测电池电压和非 5V 的电源。PFI 为电源故障电压监控输入，当 PFI 小于 1.25V 时，PFO 变为低电平。PFO 为电源故障输出端，通过外接电阻 R1 、R2 可组成不同门限电压监视网络。当电源电压低于容限电压时即视为报警输出。监控电路还具有上电复位输出和外部手动复位输出功能，芯片内部有一个上电比较器，当电源电压上升到可靠的工作电压后，即在 RESET 端输出一个 200ms 的复位信号，保持单片机系统的正常复位。芯片内有一个看门狗定时器 WDT，WDI 为看门狗输入，接单片机 P1.7，其最短的状态改变周期为 1.6s，当 WDI 保持高电平或低电平达 1.6s 时可使内部定时器完成计数，并置 WDO 为低。WDO 为看门狗输出，如果连接到 MR 将会触发复位信号使单片机系统复位。

单片机系统扩展了 DALLAS 公司生产的 DS1225Y 8K 字节的数据存储器，该器件的主要特性：单电源供电＋5V，存储周期为 150ns，读写次数为 10^{10}，无写时间延迟，可靠性高。该器件采用了先进的 ferroelectrics 技术，内部融合了 SRAM 和 EEPROM 两种存储方法，因此芯片内的信息不仅掉电不丢失而且存储操作和接线方法与一般的 RAM 同样方便，特别适用于快速读写的应用系统中。

单片机系统电路原理如图 3.6 所示。该系统采用了 74HC138 译码器。74HC138 是用作地址译码的变量译码器，有两组输入信号，一组是地址输入端 A、B、C，另一组是输入选通端 $\overline{E1}$（低）、$\overline{E2}$（低）、E3，Y0～Y7 是输出端。在同一时间内最多只有一个输出端被选中，被选中的输出端为低电平，其余为高电平。在本设计中，74HC138 的 A、B、C 输入端分别接 P2 口的 P2.5、P2.6、P2.7 引脚。译码后用输出 Y0（低电平）作为 DS1225 数据储存器的片选信号。Y1～Y5 分别和电路图中的 ADDR1～ADDR5 相对应，作为 LCD、控制输出、DAC0830、DIP 开关、报警输出等的选通信号。具体内容请参见以下各部分的电路图。

3.3.3 A/D 转换电路的设计

A/D 转换器的种类很多，目前应用较广泛的主要有 3 种类型：逐次逼近型，双积分型及 V/F 变换式 A/D 转换器。单片机中的 A/D 芯片一般有 3 种：片内 A/D 芯片，许多单片机自带有 ADC；片外串行总线的 A/D 芯片，体积小，占用单片机的端口少，功耗低，性价比高；片外并行总线的 A/D 芯片，测量精度高，转换速度快。

A/D 转换器按输出代码的位数可分为 8 位、10 位、12 位、14 位、16 位、20 位、24 位及 BCD 码输出等多种不同位数的芯片；按照转换速度可分为超高速、高速、中速、低速等几种不同转换速度的芯片；根据输出方式的不同，又可分为串行输出和并行输出等。一般来讲，相同位数的 A/D 转换器，逐次逼近型转换速度较快，双积分型转换速度较慢，精度高，抗干扰性能好；串行输出、并行输出、SPI 输出相比，价格方面也有差异。

选择 A/D 转换器除考虑分辨率、成本、体积等因素外，还应考虑精度、量程转换器的线性误差、转换时间等。如果串行输出能满足条件，就不一定选并行输出的。

基于上述考虑，同时为了满足系统的精度要求，A/D 转换器选用了 TLC2543，其结构

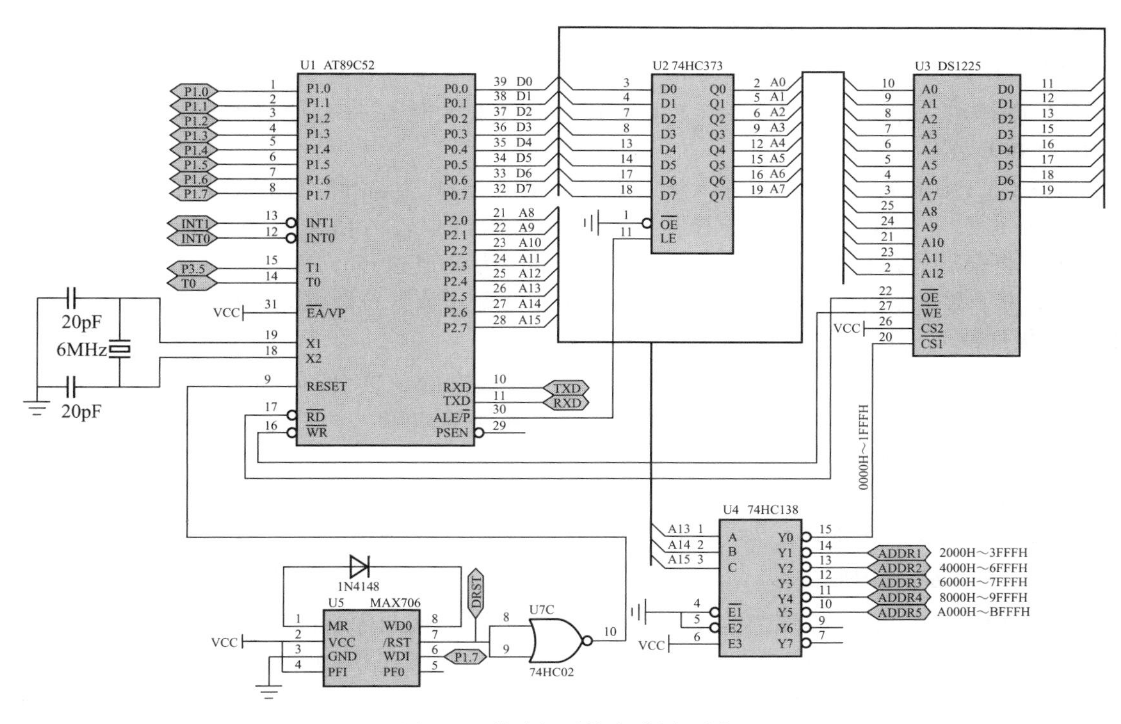

图 3.6 单片机系统电路原理图

图如图 3.7 所示。TLC2543 是 TI 公司的产品，共有 20 个引脚。该器件是带串行控制和 11 通道输入的 12 位串行模数转换器，具有 66ksps 的采样速率，最大转换时间为 10μs；具有 SPI 串行接口，使用开关逐次逼近技术实现 A/D 转换，转换时间为 12 个时钟周期，精度可达到 $1/(2^{12})$，能满足多数较高精度、多通道数据采集的要求。其引脚功能说明如下。

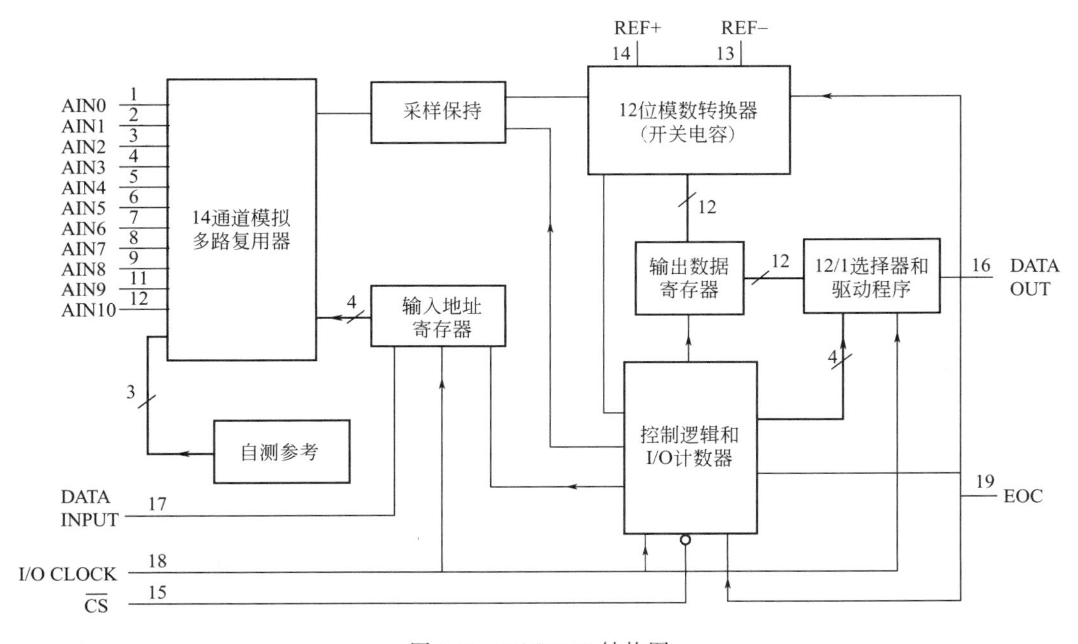

图 3.7 TLC2543 结构图

AIN0～AIN10：模拟输入端，由内部多路器选择。

$\overline{\text{CS}}$：片选端。$\overline{\text{CS}}$由高到低变化将复位内部计数器，并控制和使能 DATA OUT，DATA INPUT 及 I/O CLOCK；$\overline{\text{CS}}$由低到高的变化，将在一个设置时间内禁止 DATA INPUT和 I/O CLOCK。

DATA INPUT：串行数据输入端。串行数据以 MSB 为前导，并在 I/O CLOCK 的前 4 个上升沿移入 4 位地址，用来选择下一个要转换的模拟输入信号或测试电压；之后 I/O CLOCK 将余下的几位依次输入。高 4 位 D7～D4 为通道选择；D3～D2（值 00）选择 12 位；D1 用于数据输出方式的选择，可选高位数据先输出或低位数据先输出；D0 用于设置转换为单极性或双极性。

DATA OUT：A/D 转换结果 3 态输出端。$\overline{\text{CS}}$为高时，该引脚处于高阻状态；$\overline{\text{CS}}$为低时，该引脚由前一次转换结果的 MSB 值置成响应的逻辑电平。

EOC：转换结束端。在最后的 I/O CLOCK 下降沿之后，EOC 由高电平变为低电平，并保持到转换完成及数据准备传输。

I/O CLOCK：时钟输入/输出端。

TLC2543 每次转换和传输使用 16 个时钟周期，且在每次传输周期之前插入$\overline{\text{CS}}$的时序。从图 3.8 中可以看出，在 TLC2543 的$\overline{\text{CS}}$变低时，开始转换和传输过程；I/O CLOCK 的前 8 个上升沿将 8 个输入数据位键入输入数据寄存器；同时它将前一次转换的数据的其余 11 位移出 DATA OUT 端，在 I/O CLOCK 下降沿时数据变化。当$\overline{\text{CS}}$为高时，I/O CLOCK 和 DATA OUT 被禁止，DATA OUT 为高阻态。

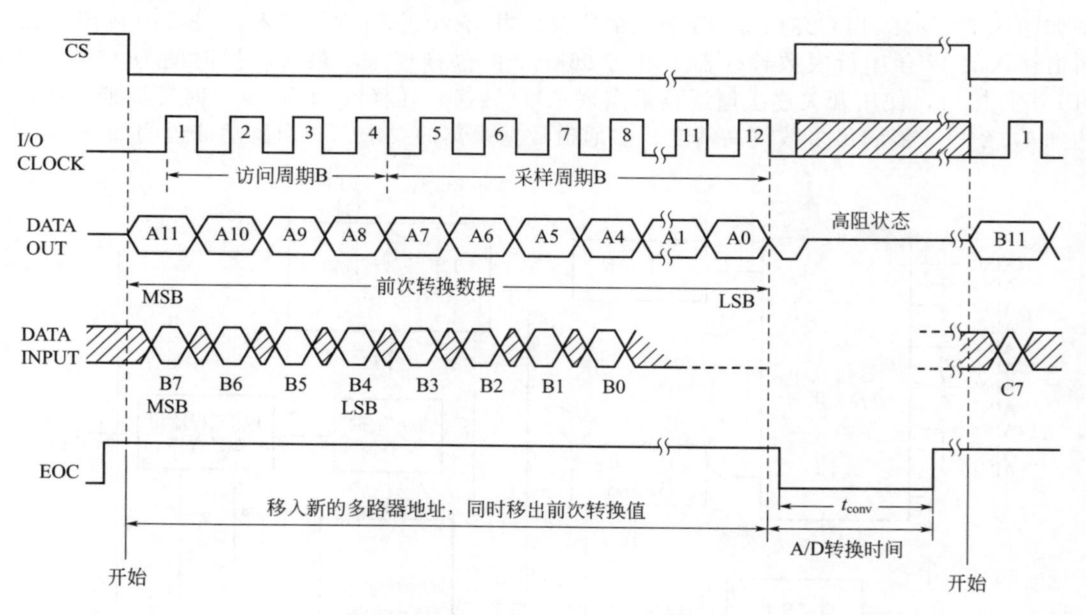

图 3.8　TLC2543 16 个时钟周期转换图

TLC2543 与 AT89C52 连接时电路（图 3.9）比较简单，有四条信号线和单片机直接相连，它们是 I/O CLOCK（时钟控制）、DATA INPUT（数据输入）、DATA OUT（数据输出）、$\overline{\text{CS}}$（片选端），分别连接到 P1.0、P1.1、P1.2 和 P1.3。本装置只用到 4 个输入通道，其他 7 个未用的输入通道需接地。VCC 和地之间应连接一个 1.0μF 左右的电容，以减少电源和地之间的电气联系，降低电磁干扰。

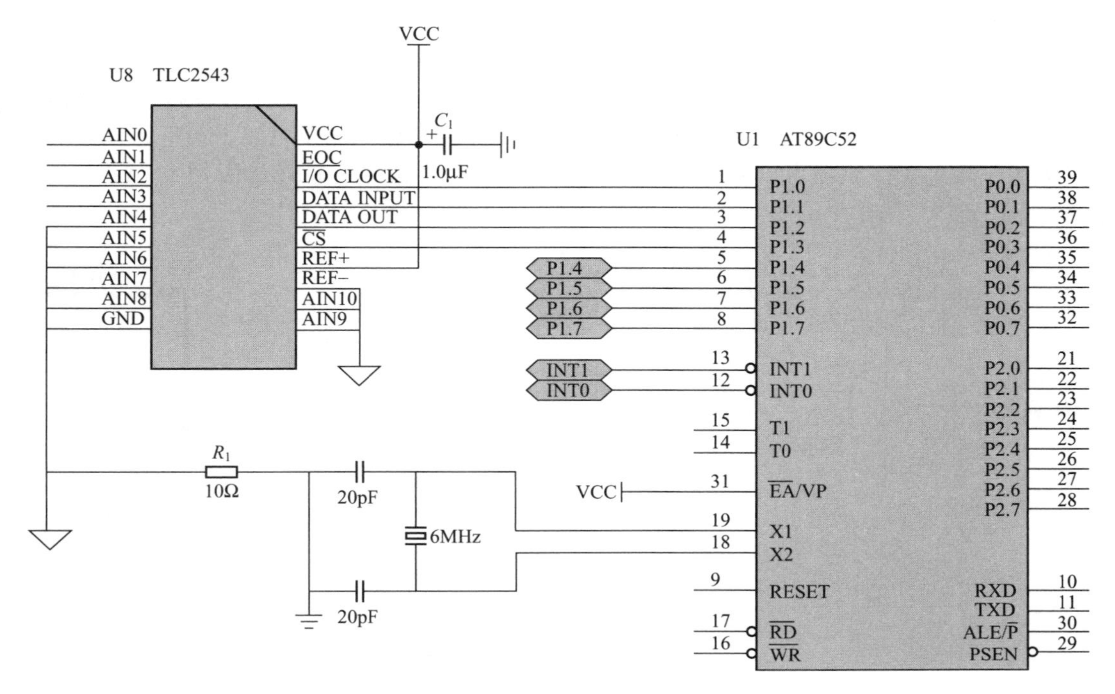

图 3.9 A/D 转换图

3.3.4 D/A 转换电路的设计

D/A 转换器有很多类型，按照输出信号不同，可分为电压输出型和电流输出型；按能否作乘法运算，可分为乘算型和非乘算型；按输出端口分，分为串行输出器件和并行输出器件。D/A 转换器用得最多的是 8 位、10 位、12 位。数据输入多为并行方式，但也有串行方式，以适应远距离控制的要求。模拟输出多为电流型，若要电压型输出，尚需在集成电路外接放大器。就其使用的编码方式而言，一般只接收普通二进制码，双极型输出需要外加电路，一般的方式有改变基准电源的极性，外加符号位控制电路控制输出或通过输出电压放大电路实现双极性。

选择 D/A 转换器时，可以根据以下指标进行选择：分辨率，转换时间，线性度，转换精度，温度系数/漂移等。价格当然也是需考虑的一个重要因素。

基于上述的各种原因，并考虑装置的实际情况，D/A 转换器选用了 DAC0830。

DAC0830 是电流输出型的 8 位 D/A 转换器，采用 CMOS 工艺，20 脚双列直插式封装形式。其引脚含义如下。

DI0～DI7——数字量数据输入线；ILE——数据锁存允许信号，高电平有效；CS——输入寄存器选择信号，低电平有效；WR1——输入寄存器的“写”选通信号，低电平有效；Xfer——数据转移控制信号线，低电平有效；WR2——DAC 寄存器的“写”选通信号；Vref——基准电压输入线；Rfb——反馈信号输入线，芯片内已有反馈电阻；Iout1 和 Iout2——电流输出线，一般在单极性输出时，Iout2 接地，在双极性输出时接运放；VCC——工作电源；DGND——数字地（图中未标出）；AGND——模拟信号地（图中未标出）。

D/A 转换芯片输入是数字量，输出是模拟量，模拟信号很容易受到电源和数字信号等干扰而引起波动。为了提高输出的稳定性和减小误差，模拟信号部分必须采用高精度基准电源 V_{ref} 和独立的地线，一般把模拟地和数字地分开。模拟地是模拟信号及基准电源的参考地；其余信号的参考地，包括工作电源地、数据、地址、控制等数字逻辑都是数字地。

D/A 转换电路如图 3.10 所示，图中的 ADDR3 信号来自 74HC138 中的 Y3 引脚，Aout 输出信号接变频器的 VRF1 引脚。由于 DAC0830 是电流输出型，要获得模拟电压输出时，需要外加转换电路。图 3.10 为两级运算放大器组成的模拟电压输出电路。第一级用于放大，第二级用于微调。变频器可以接受 0～5V 和 0～10V 两种信号，在设计时把 D/A 的输出调整为 0～10V。

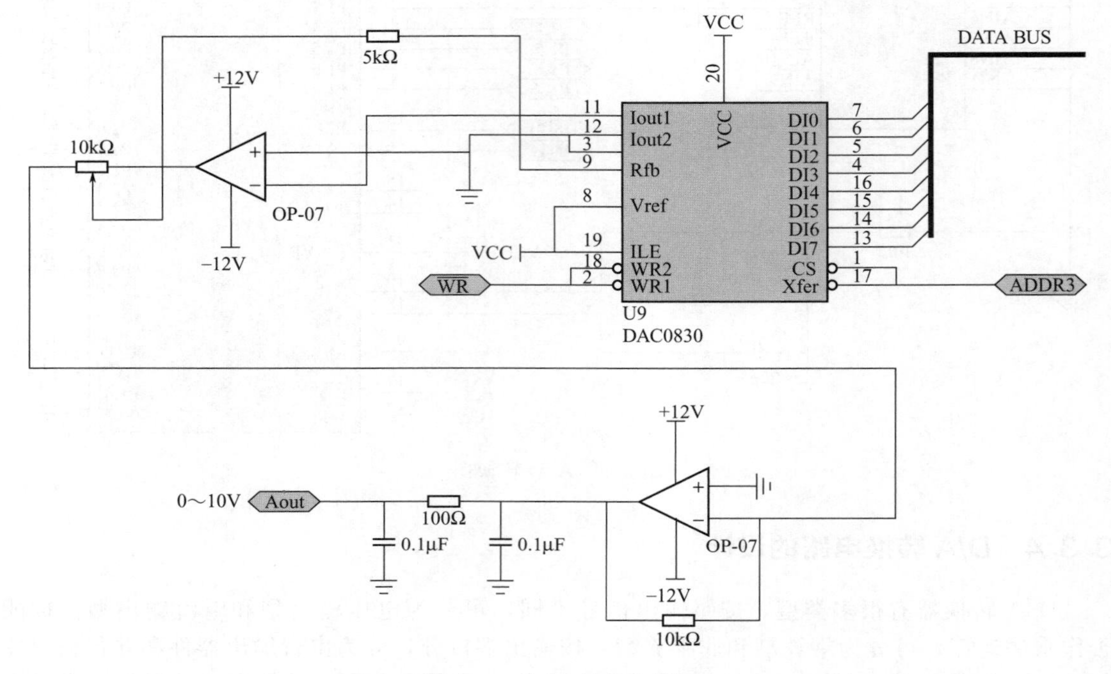

图 3.10　D/A 转换电路图

3.3.5　变频调速电路的设计

变频调速系统的核心部件是变频调速控制器。采用变频调速方式控制电机速度的主要优点：一是变频调速具有良好的电机转矩特性，低速启动平稳，对电网的冲击小、节能明显，适合不同区域的电网要求；二是变频调速控制器具有与计算机连接的接口，不同厂家的产品基本上具有相同的接口规范；三是通过广泛的实践应用证明，它具有较高的使用可靠性和使用寿命；四是与同类直流伺服调速系统相比具有较高的性能价格比。

变频调速原理图如图 3.11 所示。变频调速器与计算机系统的接口方式是模拟量控制和数字量控制相结合的方式，计算机系统输出 0～10V 的控制电压控制变频器 0～60Hz 输出，通过其内部光电和电磁隔离电路后控制变频器的正、反转和启动、停止功能。在控制回路中还设计了变频器故障闭锁控制电路，保护变频器不被损坏。来自 D/A 转换器的 0～10V 信号和变频器的 VRF1 相连。QA1 为常开按钮。按下 QA1，KM1 线圈通电，KM1 常开触点闭合，变频器通电，系统工作。

图 3.11 中，DCM1 为输出信号共用端子；DI1、DI2 为多功能输入端子，与 DCM1 短接时，信号输入开始，与 DCM1 断开时，输入信号关闭；VRF1 为模拟电压输入；FA、FB、FC 为异常报警信号输出端子，正常时 FA-FC 开，FB-FC 闭。FFW 和 FRW 分别接继电器 KJ2 和 KJ3 以控制电机的正转和反转（图中没有用到 FA 引脚，故没有画出）。

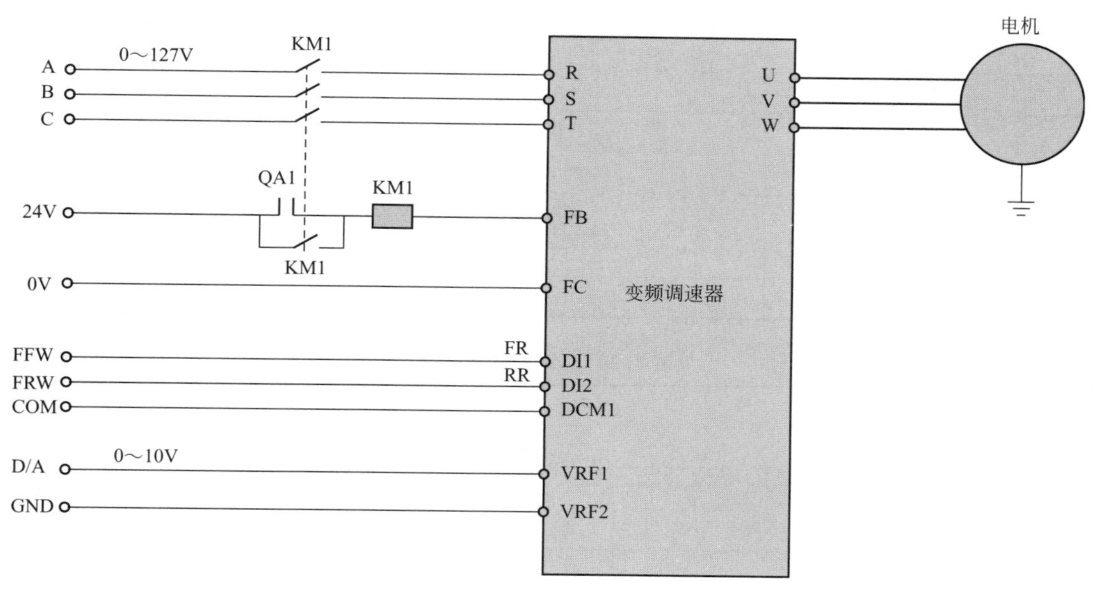

图 3.11　变频调速原理图

在设计时必须考虑变频器的散热问题。变频器的散热通常有两种方法：热交换方式和自然风冷方式。热交换可采用风扇散热；自然风冷不需要外加其他部件。因此，在环境使用条件允许的情况下，尽量增加防爆箱的内部空间，这样也便于工艺上的加工。

限于篇幅，变频器的编程问题不再讨论。另外，须指出的是，该型号的变频器本身不具有防爆能力，必须安装在隔爆箱中，才能达到防爆的目的。这就要求从工艺上去解决这个问题。本设计采用三星力达 SHF 系列变频器。

3.3.6　液晶显示电路设计

选用大连神迅信息股份有限公司生产的 EDM12864B 图形点阵式中文液晶显示器模块。该模块为 128(w)×64(h)全点阵显示方式，显示图形域为 66.52(W)×33.24(H)，带背光显示，非常适合井下使用。LCD 的引脚功能如表 3.1 所示。LCD 的功能是由其指令控制字决定的，其指令控制字如表 3.2 所示。

表 3.1　LCD 的引脚功能

引脚号	引脚名称	电平	功能描述
1	VSS	—	电源地
2	VDD	—	电源电压：+5V
3	VEE	—	液晶显示器驱动电压
4	D/I	H/L	D/I="H"时表示 DB7～DB0 为显示数据 D/I="L"时表示 DB7～DB0 为指令数据
5	R/W	H/L	读写选择，"R"为读，"W"为写
6	E	H. H→ L	使能信号：R/W="L"，CE 信号下降沿锁存 DB7～DB0 R/W="H"，CE="H"，DD RAM 数据读到 DB7～DB0
7～14	DB0～DB7	数据总线	R/W="H"，CE="H"，数据读到 DB7～DB0 R/W="L"，CE="H->L"，数据写到 DB7～DB

续表

引脚号	引脚名称	电平	功能描述
15	CS1	H	高电平有效,CS1=1,CS2=0 选择左半屏,相反则选右半屏
16	CS2	H	高电平有效,CS1=0,CS2=1 选择左半屏,相反则选右半屏
17	RST	L	低电平时复位
18	VEE	—	液晶显示器驱动负电源
19	BL−	—	LED 背光电源地:0V
20	BL+	—	LED 背光正极

表 3.2 LCD 指令控制字

控制功能号	R/W	D/I	DB7	DB6	DB5	DB4	DB3	DB2	DB1	DB0
1	0	0	0	0	1	1	1	1	1	D
2	0	0	1	1	A5	A4	A3	A2	A1	A0
3	0	0	1	0	1	1	1	A2	A1	A0
4	0	0	0	1	A5	A4	A3	A2	A1	A0
5	1	0	BF	0	ON/OFF	RST	0	0	0	0
6	0	1	D7	D6	D5	D4	D3	D2	D1	D0
7	1	1	D7	D6	D5	D4	D3	D2	D1	D0

LCD 模块的控制指令功能如下：

(1) 显示开关控制（DISPLAY ON/OFF）

D=1：开显示（DISPLAY ON）

D=0：关显示（DISPLAY OFF）

(2) 设置显示起始行（SET DISPLAY START LINE）

A5～A0　6 位地址自动送入 Z 地址计数器，起始行的地址可以是 0～63 的任意一行。

(3) 设置页地址（SET PAGE“ X ADDRESS ”）

所谓页地址就是 DD RAM 的行地址。8 行为一页，组件共 64 行即 8 页。A2～A0 表示 0～7 页。

(4) 设置 Y 地址（SET Y ADDRESS）

此指令的作用是将 A5～A0 送入 Y 地址计数器。

(5) 读状态（STATUS READ）

当 R/W=1，D/I=0 时，在 E 信号为高电平的作用下，状态分别输出到数据总线（DB7～DB0）的相应位。

BF：标志位。

ON/OFF：表示 DFF 触发器的状态。

RST：RST=1 表示内部正在初始化，此时组件不接收任何指令和数据。

(6) 写显示数据（WRITE DISPLAY DATA）

D7～D0 为显示数据。此指令把 D7～D0 写入相应的 DD RAM 单元。Y 地址指针自动加 1。

(7) 读显示数据（READ DISPLAY DATA）

此指令把 DD RAM 的内容 D7～D0 读到数据总线 DB7～DB0。Y 地址指针自动加 1。

AT89C52 数据口直接与液晶显示器的数据口连接，液晶显示器的 R/W 接 A11，D/I 引脚接 A10，CS1 和 CS2 分别接单片机的 A8、A9 引脚。LCD 的使能端 E 则取决于 ADDR1、$\overline{WR}$、$\overline{RD}$三个逻辑信号。当进行读写时，$\overline{WR}$和$\overline{RD}$两者之一为低电平，经或非门后，输出低电平；和 ADDR1 低电平一起经下一个或非门后，输出高电平，使能端 E 有效。LCD 的复位信号 RST 低电平有效，DRST 信号经 74LS02 后和单片机的 RST 引脚相连实现复位功能。EDM12864B LCD 和单片机的接口电路如图 3.12 所示。由控制字可知：预置 X、Y 坐标时，处于写指令状态，ADDR1＝0（接 Y1，片选地址为 2000H）；A11＝0，A10＝0，A9＝0，A8＝1（左半部分），初始地址为 2100H，或 A11＝0，A10＝0，A9＝1，A8＝0（右半部分），初始地址为 2200H；同理，写数据时，A10＝1，其余为零，地址变为 2500H 和 2600H；读当前工作状态时，A11＝1，其余为零，地址为 2900H。上述地址为编制程序的依据。顺便指出，LCD 若要显示汉字时，需要借助于专用的字模生成软件。

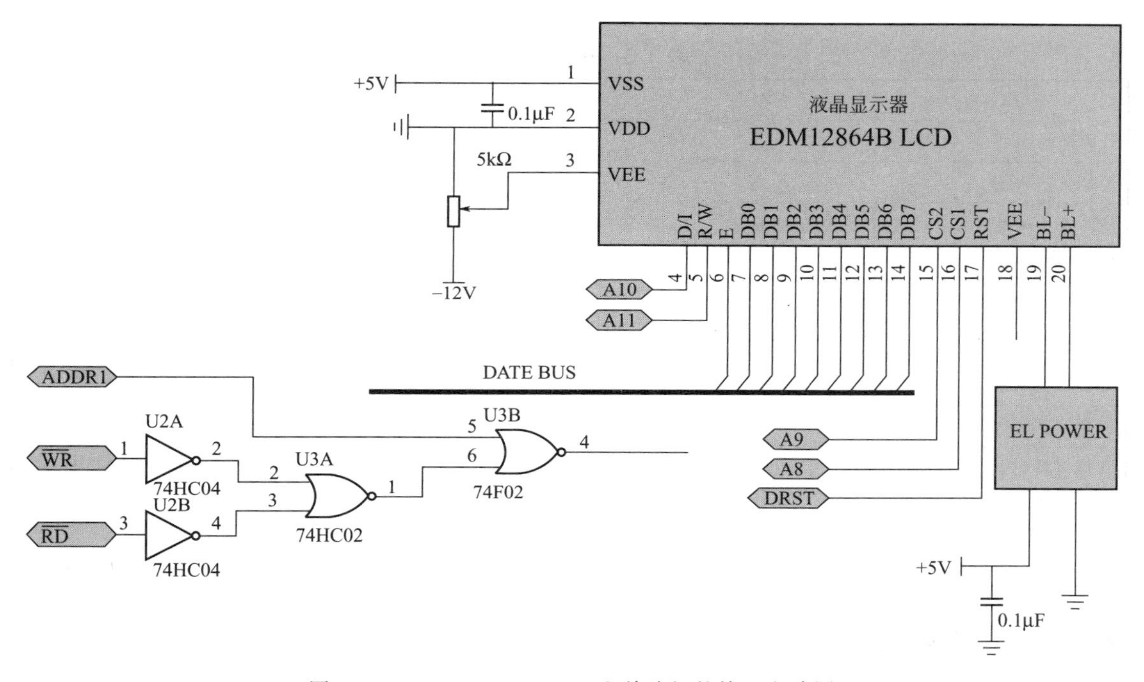

图 3.12　EDM12864B LCD 和单片机的接口电路图

EDM12864B 模块的写时序和读时序如图 3.13 和图 3.14 所示（图中的接口时序参数见表 3.3）。

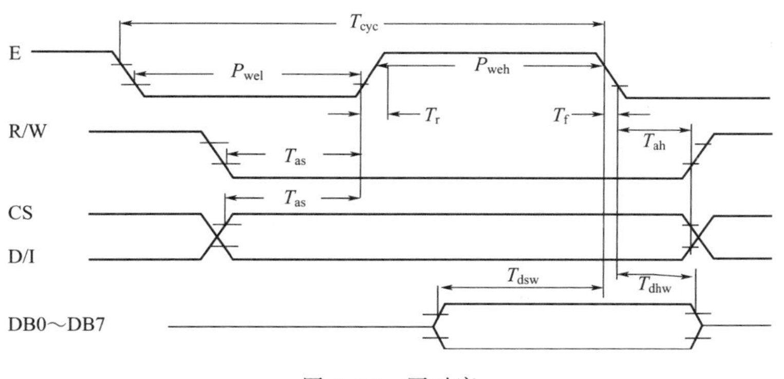

图 3.13　写时序

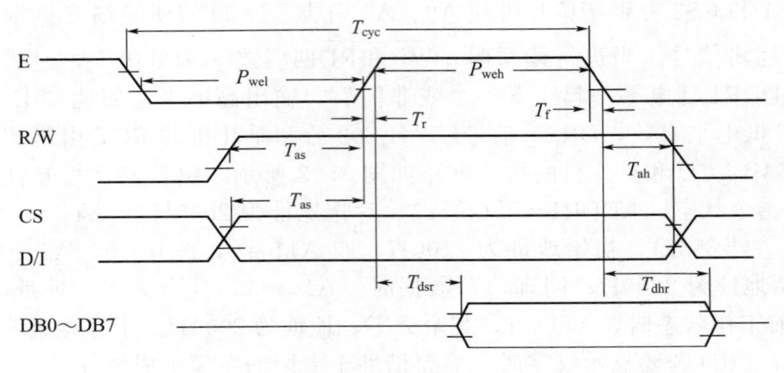

图 3.14　读时序

表 3.3　接口时序参数　　ns

参数名称	符号	最小值	典型值	最大值
E 周期时间	T_{cyc}	1000	—	—
E 高电平宽度	P_{weh}	450	—	—
E 低电平宽度	P_{wel}	450	—	—
E 上升时间	T_r	—	—	25
E 下降时间	T_f	—	—	25
地址建立时间	T_{as}	140	—	—
地址保持时间	T_{ah}	10	—	—
数据建立时间	T_{dsw}	200	—	—
数据保持时间	T_{dsr}	—	—	320
写数据保持时间	T_{dhw}	10	—	—
读数据保持时间	T_{dhr}	20	—	—

3.3.7　键盘电路

在单片机系统中，为了节省硬件资源，通常采用行列矩阵式非编码键盘，单片机对其控制有以下三种方式供选择：

① 程序控制扫描方式，即查询方式。

② 定时扫描方式，利用单片机内部定时器产生中断（例如 10ms），CPU 响应中断后，对键盘进行扫描。

③ 中断扫描方式，引起外部中断（$\overline{\text{INT0}}$或$\overline{\text{INT1}}$）后，CPU 响应中断，对键盘进行扫描。

为了提高 CPU 的效率，我们采用中断扫描方式，即只有在键盘有键按下时才产生中断申请，CPU 响应中断，进入中断服务程序进行键盘扫描，并做相应处理。

在本装置中，键盘功能设置如下：8 个键，即校准、复位、SET、↑、↓、←、→、检测。其中校准键的功能是：用标准的乳化液浓度对系统进行标定。可以用 SET 键对需要修改的参数进行设置。检测键在系统正常工作时对当前乳化液浓度进行测量。“↑、↓、←、→”完成功能的选择。

中断方式键盘接口电路如图 3.15 所示。

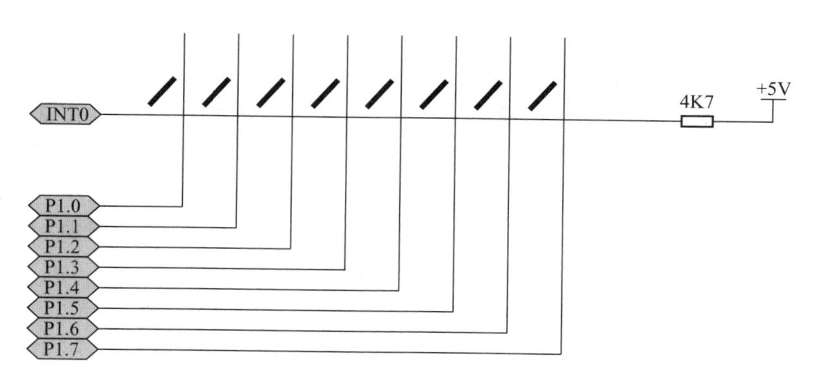

图 3.15　中断方式键盘接口电路

3.3.8 控制输出及自动闭锁电路

当液位超限或清水停止供应时，或其他事故状态时，继电器动作，从而切断防爆电磁阀的电源，阻止事故的进一步发生。继电器 KJ1 控制电磁阀的打开和关闭。继电器 KJ2 和 KJ3 分别接变频器的 FFW 和 FRW，以控制计量泵电机的正、反转。3 个继电器的另外一条线互连在一起，和变频器的 DCM1 端相连。其具体电路如图 3.16 所示。

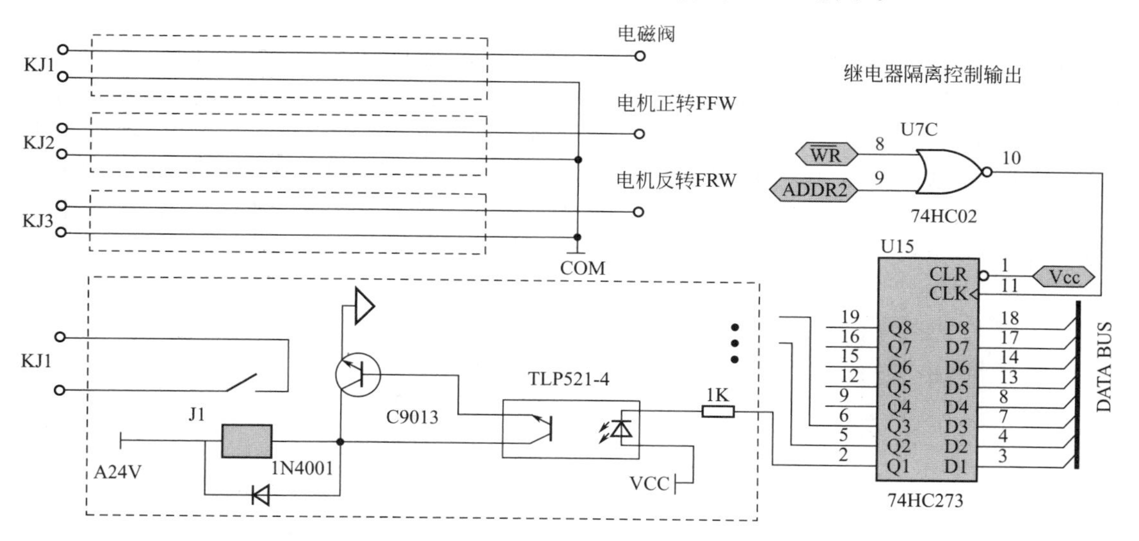

图 3.16　控制输出电路

后向通道往往所处环境恶劣，电磁干扰较为严重。为了防止干扰窜入和保证系统的安全，常常采用光电耦合器，用以实现信号的传输，同时又可将系统与现场隔开。晶体管输出型光电耦合器的受光器是光电晶体管。本设计采用 TOSHIBA 公司生产的 TLP521-4 光电耦合器。

继电器是常用的大开关量输出控制器件，目前，市面上提供的继电器有两种：电磁继电器和固态继电器。电磁继电器一般由通电线圈和触点构成。当线圈通电时，由于磁场的作用，开关触点闭合（或打开）。当线圈不通电时，开关触点打开（或闭合）。固态继电器是一种带光电隔离器的无触点开关。根据结构形式，固态继电器有直流型和交流型之分。和电磁继电器相比，固态继电器具有体积小、重量轻、无机械噪声、无抖动和回跳、开关速度快、工作可靠等优点，在微机控制系统中得到了广泛应用。两种继电器各有自己的优点。本装置则选用了电磁继电器。二极管 1N4001 称为续流二极管，它的作用是为继电器线圈产生的感应电流提供流通回路，起电路保护作用。

当乳化液的浓度超过上、下限值时，除了在 LCD 上显示相应信息外，还设置了发光二极管报警提示信息。为了不烦扰工作人员，本系统不设置语音提示报警电路。图 3.17 中，当 ADDR5 为低电平选通状态时，74HC02 输出高电平，三极管 C9013 导通，发光二极管闪烁报警。$\overline{WR}$和 ADDR2 经或非门后接 CLK，作为 74HC273 的输出选通信号。为了降低单片机系统功耗，提高装置稳定性，设计时尽量采用 HCMOS 系列器件。

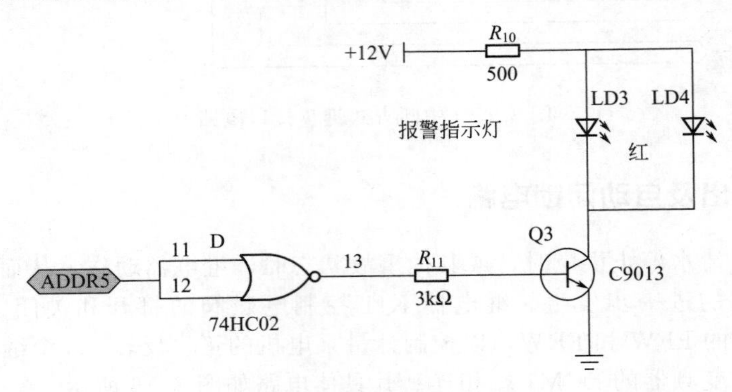

图 3.17　LED 报警电路

因为继电器的开关是由 24V 电源控制的，在系统最初上电运行时，继电器的常开或常闭触点容易误动作，造成意外事故和人身伤害。因此，在本模块中设计了电源上电控制电路，如图 3.18 所示，电源提供的 24V 电压是通过三极管 Q1 送往继电器控制电路的。系统上电后，P1.6 输出高电平，Q1 截止，继电器线圈因为未得电不会产生误动作。只有令 P1.6＝0 输出低电平，光电耦合器输入端的发光二极管才导通发光，致使输出端光敏三极管导通。Q1 因基极被拉至低电平而导通，继电器线路获得电源提供的 24V 电压。

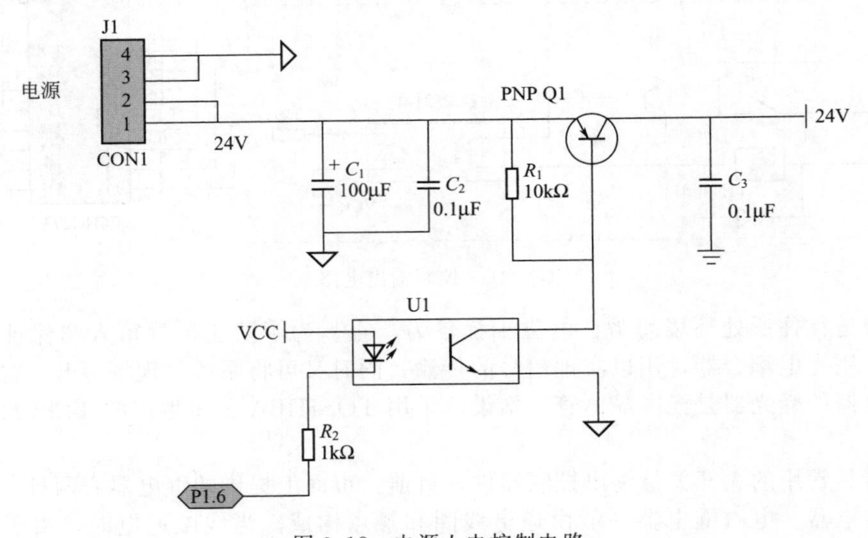

图 3.18　电源上电控制电路

3.3.9　电源电路设计

电源是本系统最大的干扰源，也是装置达到防爆要求需重点考虑的内容之一。本装置采用 KDW17 通用型隔爆兼本质安全型不间断电源，该电源允许在瓦斯、煤尘爆炸危险环境中使用，有三路 12～24V 本安电源输出。DC/DC 电源模块采用了北京北达众人电源技术研究所的 15W24S5D12D 型 DC/DC 隔离变换器（图 3.19）。众人牌系列 DC/DC 隔离变换器通过高频开关把直流电压调制为高频电压，再经过变换、解调、整流、滤波，从而获得与输入电压完全隔离（不共地）的单路或多路直流电压输出。使用 DC/DC 隔离变换器可以把单一的电压变成电路需要的多路电压输出，大大简化了电路设计。采用 DC/DC 隔离变换器可排除在模拟量的测试过程中电源回路与地线之间的干扰，使复杂的接地问题变得非常简单，从而大幅度提高测量精度。该模块可以把 24V 电源转换成＋12V、－12V、＋5V 电源，满足了本设计的需要。为了保证输出的稳定性，抑制输出电压纹波，需在电源输出端加适当的电容。

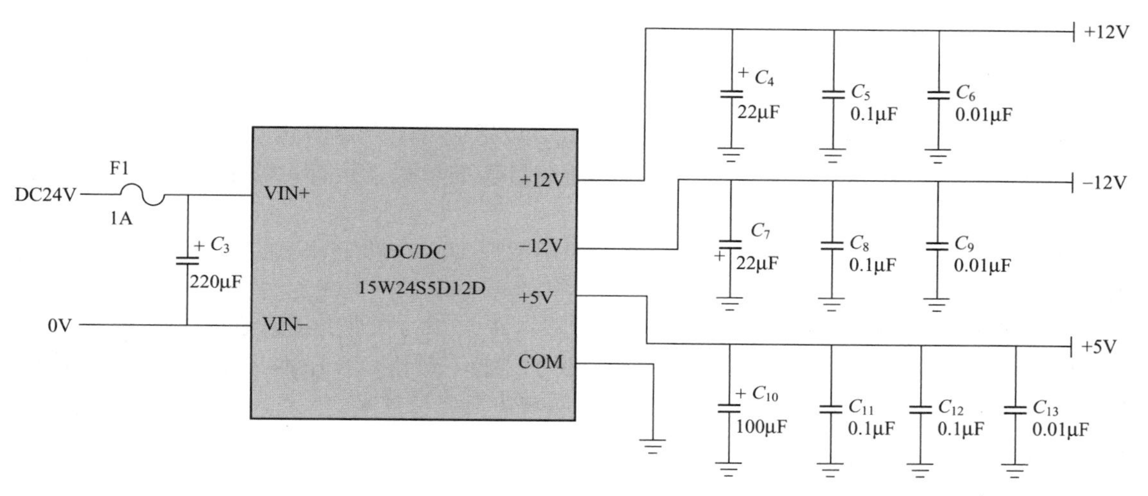

图 3.19　电源电路

3.4　系统软件设计

3.4.1　单片机 C 语言简介

3.4.1.1　C51 的优点

在研制单片机应用系统时，汇编语言是一种常用的软件工具。它能直接操作硬件，指令的执行速度快。缺点主要表现在其指令系统依赖于硬件，难于编写与调试，代码的可读性和可移植性差。当设计的单片机应用系统达到一定规模，代码量较大时，利用汇编语言设计程序会带来诸多困难。当设计的程序需要表达字节类型以外的数据结构时，利用汇编语言设计程序显然也是能力有限的。随着单片机硬件性能的提高，其工作速度越来越快，因此在编写单片机应用系统程序时，更着重于程序本身的编写效率。而 Franklin C51 交叉编译器是专为 80C51 系列单片机设计的一种高效的 C 语言编译器，该语言有功能丰富的库函数，使用它可以缩短开发周期，降低开发成本，而且开发出的系统易于维护，可靠性高，可移植性好，在代码的使用效率上，完全可以和汇编语言相媲美。在用 C51 开发应用程序时，通常采用结构化的程序设计方法，整个程序按功能分成若干个模块，不同的模块完成不同的功能。对于不同的功能模块，分别指定相应的入口参数和出口参数，这样可使整个应用系统程序结构清晰，易于调试和维护，因此目前它已成为开发 80C51 系列单片机的流行工具。利用C语言完成程序设计将更为有利。C语言可以进行许多机器级函数控制而不用汇编语言。与汇编相比，有如下优点：

- 对单片机的指令系统不要求了解，仅要求对80C51系列单片机的存储结构有初步了解。
- 存储器分配、不同存储器的寻址及数据结构等细节可由编译器管理。
- 程序有规范的结构，可分为不同的函数。这种方式可使程序结构化。
- 将可变的选择和特殊操作组合在一起的能力，改善了程序的可读性。
- 关键字及运算函数可用近似人的思维过程方式使用。
- 编程及程序调试时间显著缩短，从而提高了效率。
- 提供的库包含许多标准子程序，具有较强的数据处理能力。
- 已编好程序可容易地植入新程序，因为它具有方便的模块化编程技术。
- C语言提供复杂的数据类型（数组、结构、联合、枚举、指针等），极大地增强了程序处理能力和灵活性。
- 提供small、compact、large等编译模式，以适应片上存储器的大小。
- 中断服务程序的现场保护与恢复，中断向量表的填写，是直接与单片机相关的，都由C编译器代办。
- 头文件中定义宏、说明复杂数据类型和函数原型，有利于程序的移植和支持单片机的系列化产品开发。
- 严格的句法检查，错误很少，可容易地在高级语言的水平上迅速地排掉错误。

C语言作为一种非常方便的语言而得到广泛的支持，C语言程序本身并不依赖于机器硬件系统，基本上不做修改就可根据单片机的不同较快地移植过来。

3.4.1.2 C51程序结构

C51程序结构与一般C语言基本相同，其程序主要由以下各部分组成：

（1）头文件

该文件以“××.h”的文件名存储，主要用来定义各硬件I/O地址、常数和函数声明。

（2）子程序

通常，进行程序设计时，将一个大的任务划分成许多小的模块，每一个模块完成特定的功能，每一个功能用程序来实现就形成了子程序。子程序数量的确定没有特定的规则，但不能划分得过细，否则，设计的程序显得过于零散，参数传递时容易出错。

（3）主程序

主要完成各子程序调用位置安排和保证程序间参数的正确传递功能。

3.4.1.3 C51的数据类型

数据在计算机内存中的存放情况由数据结构决定。C语言的数据结构是以数据类型的形式出现的。C51的数据类型如下：

① 基本类型：位型（bit），字符型（char），整型（integer），长整型（long），浮点型（float），双精度浮点型（double float）。

② 构造类型：数组类型（array），结构体类型（structure），共用体（union），枚举（enumeration）。

③ 指针类型（*）。

④ 空类型（void）。

3.4.1.4 C51语言的变量

(1) 自动变量 (auto)

是指在某个子函数内所声明的变量，称为局部变量。这种变量是以堆栈的形式存储在内存空间的。当执行子程序时，系统会自动给变量配置等量的内存空间。执行完后，系统会立即收回该内存空间。

(2) 静态变量 (static)

该变量不是以堆栈的方式来存放的，编译时系统以固定地址存放此变量。该变量不随着执行函数的结束而消失。

(3) 特殊变量 (SFR)

SFR是特殊功能寄存器，也是一种扩充数据类型，被定义在IO51.H中。如：P0、P1和P2。程序中若使用该类变量，须用"#INCLUDE〈IO51.H〉"将头文件载入，才能正确使用特殊变量。

(4) 位变量 (bit)

该类变量是80C51单片机特有的变量，进行程序设计时，需要对CPU内部20～2FH的128个位和各端口的相应位操作时，应事先对各位进行定义，如#DEFINE P1 _ 0 AS P1.0，这样程序中用符号P1.0即可，它表示P1口的第0位，从而实现了位操作。部分位变量被定义在IO51.H文件中。89C52中则可用以下语句完成：SBIT P1 _ 0=P1^0。

3.4.1.5 中断处理编程

C51编译器支持在C源程序中直接开发中断程序，因而减轻了用汇编语言开发中断服务程序的烦琐过程。使用该扩展属性的函数定义语法如下：

返回值 函数名 INTERRUPT *N* USING *M*

N 对应中断源的编号，为0～31的常整数，不允许使用表达式。

N=0，对应于外部中断0 (INT0)；

N=1，对应于定时器0 (T0) 中断；

N=2，对应于外部中断1 (INT1)；

N=3，对应于定时器1 (T1) 中断；

N=4，对应于片内串行口中断；其他为预留。*M*(0～3) 代表第*M*组寄存器，表示中断函数在保护现场后，会自动进行工作寄存器的切换。

3.4.2 单片机软件设计

本系统采用C51编程，单片机部分主要由main ( ) 主程序和各种子程序组成。主程序主要完成系统的初始化、各种参数的设置等。子程序包括数据采集子程序、A/D转换子程序、LCD显示子程序、D/A转换子程序、增量式PID调节子程序、抗积分饱和子程序、数字滤波子程序、变频器输出子程序、控制信号输出子程序、报警输出子程序、串行通信子程序等。另外还有各中断子程序，如外部中断、定时中断和串口中断，还包括定时程序等。主程序流程图如图3.20所示，定时中断子程序如图3.21所示。

3.4.3 矢量控制

传统的乳化液浓度采用定量配比的方法，即给定标准质量的乳化油，加与之相对应的水均匀混合。这种开环配比方法速度慢，劳动强度大，配制效率低，且乳化液配比箱多采用机

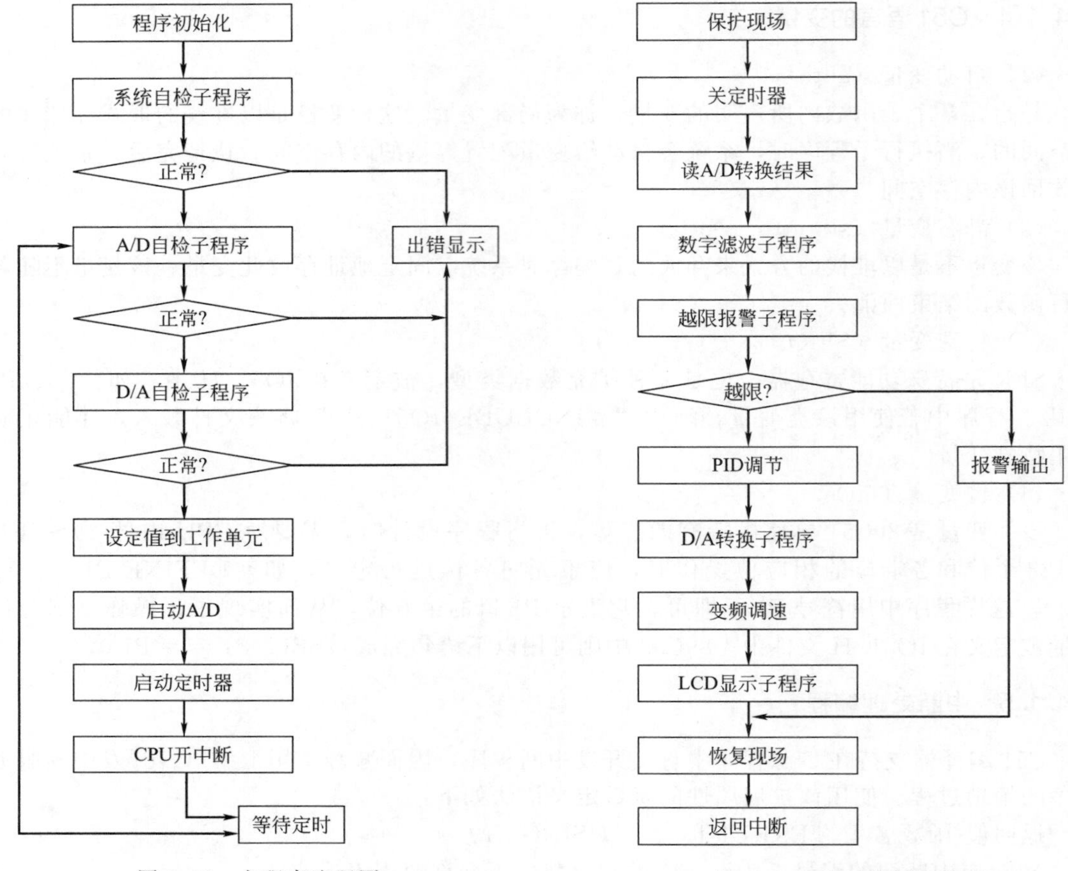

图 3.20　主程序流程图　　　　图 3.21　定时中断子程序

械液压传动方式，用继电器控制阀门开关，智能化程度低，不能适应现代化综采工作的要求。

本装置则采用矢量控制的思想。矢量控制即是一种连续的闭环控制的自动配比方法。它和上述的间歇式的、开环控制装置有着本质的区别。这种不间断配液方式也给设计带来了困难，即对系统的实时响应要求较高。乳化液配制的浓度和多个因素有关：超声波传感器的精度，乳化油的流量，清水的流量等。为此，我们选用计量泵来调节乳化油的流量，选用涡轮流量计和电磁阀来控制清水的流量以达到快速配比的目的。例如：某工作面乳化液的用量为每分钟 300L，乳化液箱的容积为 $1m^3$，开机后，计量泵在 1s 内启动，在很短的时间内（不超过 10s）乳化液的浓度就可从 2%上升至 4%。这说明系统有非常快的响应能力。在设备的启动顺序上也做了详细考虑。如果开机时乳化液的检测浓度为 3%，应先送乳化油，后送清水；反之，若检测到的乳化液浓度为 5%，应先送清水，后送乳化油。经过一段时间后，系统的浓度达到稳定值。

3.4.4 PID 控制

PID 控制作为一种传统的控制策略，具有控制方式简单、无稳态误差等特点，在工业控制中得到了广泛的应用，本系统也不例外。这种线性调节算法是将设定值 w 和实际测量值 y 进行比较构成控制偏差：

$$e=w-y \tag{3.9}$$

并将其比例、积分、微分通过组合构成控制量，故称 PID 控制。

常规的 PID 控制规律为：

$$u(t)=K_{\mathrm{p}}\left[e(t)+\frac{1}{T_{\mathrm{i}}}\int_{0}^{t}e(t)+T_{\mathrm{d}}\frac{\mathrm{d}e(t)}{\mathrm{d}t}\right] \tag{3.10}$$

令 $t=nT$，经离散化后得其增量式数字 PID 控制算法（图 3.22）为：

$$\begin{aligned}\Delta u(n)&=u(n)-u(n-1)\\&=K_{\mathrm{p}}\{[e(n)-e(n-1)]+\frac{T}{T_{\mathrm{i}}}e(n)+\frac{T_{\mathrm{d}}}{T}[\Delta e(n)-\Delta e(n-1)]\}\end{aligned} \tag{3.11}$$

上述公式中：K_{p} 为比例增益；T_{i} 为积分时间；T_{d} 为微分时间；$u(t)$ 为调节器的输出信号；$e(n)$ 为调节器的输入偏差；$\Delta u(n)$ 为前后两次采样所计算的位置之差；n 为采样序号。

为方便计算，该算法又可写为：

$$\Delta u(n)=a_0e(n)+a_1e(n-1)+a_2e(n-2) \tag{3.12}$$

式中，$a_0=K_{\mathrm{p}}\left(1+\frac{T}{T_{\mathrm{i}}}+\frac{T_{\mathrm{d}}}{T}\right)$；$a_1=K_{\mathrm{p}}\left(1+\frac{2T_{\mathrm{d}}}{T}\right)$；$a_2=K_{\mathrm{p}}\frac{T_{\mathrm{d}}}{T}$。

因此，只需保留现时刻以及以前的两个偏差 $e(n)$、$e(n-1)$、$e(n-2)$ 即可计算出 $\Delta u(n)$。

系统还采用了积分分离法处理积分饱和问题。设积分分离阈值为 A，当偏差 $e(n)\leqslant A$ 时采用 PID 算法，偏差 $e(n)>A$ 时采用 PD 算法。

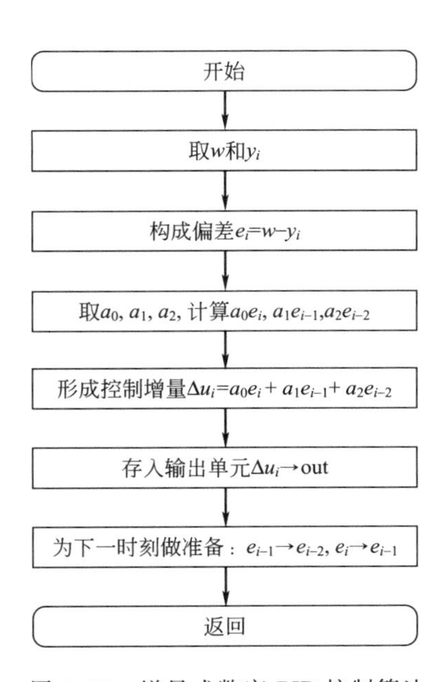

图 3.22　增量式数字 PID 控制算法

图 3.23 所示是乳化液自动配比装置的响应曲线。图Ⅰ表示配比箱初次工作，没有乳化油的情况，乳化油的初始浓度为零。图Ⅱ中乳化液的初始浓度为大于 4%（现场实测 7.1%）的情况。从图中可以看出，本装置有较好的稳态特性。系统达到稳态值的时间很短（现场实测小于 10s），说明系统有较快的响应能力。

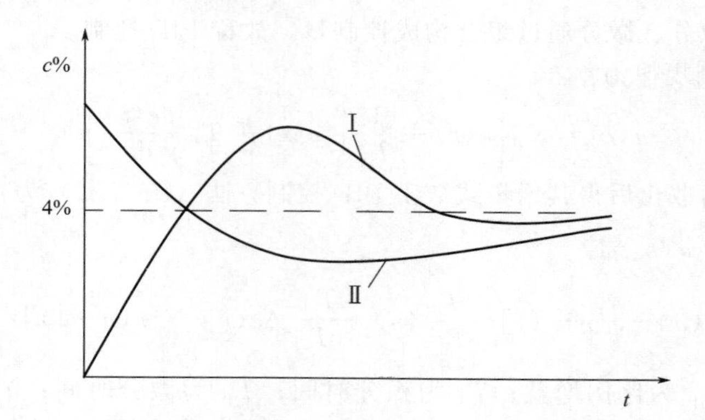

图 3.23 乳化液自动配比装置的响应曲线

3.4.5 编程举例

以 TLC2543 A/D 转换器为例，说明用 C51 编制程序的方法：

```
uint ad_get(uchr a)  //读取 A/D 转换结果
{
uint data xx,yy;
    uchr data cmd,b,c,i, nop;
      switch(a)
    {
    case 0:cmd=0x00;break;//四个输入通道
    case 1:cmd=0x10;break;
    case 2:cmd=0x20;break;
    case 3:cmd=0x30;break;
    default:break;
      }
      //启动一次转换
    b=cmd;
   P1_0=0;//CLK
   P1_3=0;//片选有效
   nop=0;
   nop=0;
   for(i=0;i<8;i++)
   {
     c=b&0x80;
     if(c==0x00){P1_1=0;}
     else {P1_1=1;}
     P1_0=1;P1_0=0;
     b=b<<1;
    }
     for(i=0;i<4;i++)
     {
```

```
        P1_0=1;P1_0=0;
          }
        P1_3=1;
  delay(1);
//读转换结果
  P1_3=0;
nop=0;
nop=0;
xx=0;
  for(i=0;i<12;i++)
{
P1_0=1;
if(P1_2==0){xx=xx*2+0;}
else{xx=xx*2+1;}
P1_0=0;
    }
  P1_3=1;
  return xx;
  }
```

3.5 安全可靠性分析与设计

乳化液自动配比装置的使用环境条件异常恶劣，不但有振动、粉尘、潮湿水分、强电磁干扰，而且还有瓦斯气体，这就要求在此环境条件下运行的设备在具有可靠的抗干扰措施的同时，还要有良好的防护性能。

在单片机组成的计算机测控系统中，抗干扰是一个非常重要的问题，系统的抗干扰性能已成为系统可靠性的重要指标。例如：从实验室调试好的样机投入工业现场，许多往往不能正常工作。有的刚开机就失灵，有的时好时坏，让人不知所措。这是因为工业环境有强大的干扰，微机系统没有采取抗干扰措施，或者措施不力。经过反复修改硬件设计和软件设计，增加了抗干扰措施后系统才能正常工作。可见抗干扰技术的重要性。

在测控系统中，干扰主要表现在以下三个方面：①使数据发生变化；②控制状态失灵；③程序运行失常。

干扰进入系统的主要渠道有3种：①供电和接地系统干扰。②静电感应和电磁感应干扰。③I/O通道干扰。

解决微机控制系统的抗干扰问题主要应从以下几个方面入手：提高系统本身的抗干扰能力，这在对系统设计时就应给予足够的重视；找出系统的主要干扰源并采取相应的对策；对系统软件，要采取一定的抗干扰措施，尽可能地避免“死机”现象。为叙述方便，下面从硬件抗干扰和软件抗干扰两个方面来加以说明。

3.5.1 硬件抗干扰技术

3.5.1.1 电源、地线的干扰抑制

① 使用煤矿专用的KDW17型隔爆兼本安电源。采用北达众人牌的高品质DC/DC电

源。装置内各功能模块所需的直流电源有+5V、±12V、+24V等，设计时使之相互隔离。并采用低通滤波器滤去高频干扰。

② 采用一点接地方法。在微机控制系统中，接地是一个非常重要的问题，地线处理得好，可以排除大部分干扰。地线的种类很多，包括数字地、模拟地、信号地（传感器地）、功率地、交流地、直流地等。对这些地线处理的基本原则是“一点接地”，即同类地线可互相连接，不同种类的地线不能因距离较近而混连。不同种类的地线自成体系，然后一点接地。

3.5.1.2 降低电磁干扰静电感应和电磁感应干扰

电磁干扰静电感应和电磁感应干扰也称空间干扰。主要指电磁场在线路和壳体上的辐射、吸收与调制。抗空间干扰主要措施有静电屏蔽（如采用导体接地）、电磁屏蔽（如采用导体包围式对反射进行吸收）、磁屏蔽（采用高磁介质）。空间干扰的抗干扰设计主要有地线系统设计、系统的屏蔽与布局设计。

3.5.1.3 消除输入输出通道干扰

（1）采用隔离方法消除各部分的相互串扰

采用光电耦合器可以切断主机与I/O通道以及其他主机部分的电路联系，能有效防止干扰从过程通道窜入主机。光电耦合器的主要优点是能有效地滤除尖峰脉冲及各种噪声干扰，从而使过程通道上的信噪比大大提高。在信号通道设置低通、高通或带通滤波器，滤除干扰信号。

（2）防止线间串扰

具体方法有以下几种：强电信号线和弱电信号线分开；高频信号线和低频信号线分开；交流和直流分开；电源线和信号线分开；经过噪声处理的信号线与未经噪声处理的信号线分开；传输线尽量远离变压器及电源等大功率器件；传输线尽量短；采用双绞线传输。

3.5.1.4 提高单片机系统本身抗干扰能力

（1）合理设计印制电路

印制电路板的布线方法对抗干扰性能有直接影响，设计得不好，本身就是一个干扰源。在地线的处理上，应分区集中并联一点接地；电源线的布线应根据电流大小，尽量加大印制电路板上导线宽度，同时电源线的走向应与数据信息的传递方向一致；合理配置去耦电容；合理布置印制电路板的尺寸与器件；尽量加粗接地线，以降低噪声的对地阻抗；导线间距要尽量加大；双面板两面的线条要垂直交叉，以减少磁场耦合；采用分区布线的方法；信号线尽量避免沿交流地或直流电源敷设等。

（2）合理选择元器件

在性能满足要求的前提下，应尽量选择可靠性等级高的元器件。对使用的元器件进行过滤，分等级地使用各种元器件进行电路设计，充分发挥元件的性能，达到最佳工作状态。

（3）设置硬件“看门狗”电路

本系统采用了TI公司生产的IMP706看门狗芯片，关于“看门狗”硬件电路的具体设计，请参考有关文献。

3.5.2 软件抗干扰设计

干扰会造成程序跑飞，进入死循环或死机状态，使单片机系统无法工作，因此，软件抗干扰设计对单片机系统来说是至关重要的。实践表明：软件抗干扰不仅效果好，而且能降低

设计成本。所以，应优先进行软件抗干扰设计。主要的方法有以下几点。

3.5.2.1 提高软件设计的正确性

软件设计的正确性是软件运行可靠的前提。为了达到此目的，设计软件时应选用合适的语言。设计单片机程序时，我们选用简单易学而且功能强大的C51语言。书写程序时，应严格按照C语言的格式书写，力求程序通俗易懂，便于修改。编写软件时应尽量使用说明性的文字，提高程序的可读性；整个程序采用模块化设计，根据系统的功能将软件分成若干子模块，使编程思路清晰，减少错误的发生；合理地使用中断，根据系统的特点合理地安排中断和中断优先级，中断进入时保护现场，中断退出时恢复现场等，来避免发生中断冲突，提高系统的可靠性。

3.5.2.2 编制完善的系统自检程序

在主程序中，对应用系统中的各部件及内存单元设置一些正常状态标志，智能系统开机及运行时定期循环检查、测试各寄存器、内部和外部的RAM，以保证系统的正常工作。下面的几行程序可实现RAM的自检功能。

```
xp=0x500；  //RAM 自检
  for(i=0;i<1000;i++)
{
 *xp=0x55;
a= *xp;
if(a! =0x55){errcode=3;goto next0;}
xp++;
}
```

3.5.2.3 恰当使用“看门狗”软件

本设计中，看门狗软件子程序如下：

```
void watchdog( )
{
  uchr nop;
  P1_7=0;
  nop=0;nop=0;
  P1_7=1;
  }
```

虽然只有短短的几行，但作用却不小。CPU在一个固定的时间间隔内和watchdog打一次交道，以表明系统目前尚正常。当CPU陷入死循环后，能及时发觉并使系统复位。为保证装置的正常工作，我们在程序中多处使用watchdog（ ）子程序。

3.5.2.4 采用数字冗余技术

利用单片机系统存储器的多余资源进行数据冗余，以提高系统的工作可靠性。常用的方法有以下两种。

① 重要指令冗余。在不影响正常操作的情况下予以重复。指令包括开中断、关中断、跳转、返回等指令。在这些指令后再写上同样指令。当指令在执行中遇到干扰而被淹没时，多数情况下，后面冗余指令的执行可使程序不受干扰的影响。

② 功能设定冗余。对在整个程序执行过程中不会改变的某些 CPU 内部控制寄存器的数值设定，如中断优先级设定、开中断设定、输入输出口功能设定等进行功能设定冗余，即将有关的赋值设定指令放在主循环中。这样，即使干扰已造成功能设置的改变，在主循环的下一循环过程中也能得以纠正。

3.5.2.5 采用数据滤波抑制干扰

在计算机测量与控制系统中，存在着常态干扰，抗干扰设计的好坏往往决定了整体系统设计的成败。干扰可以用数字滤波技术加以削弱或剔除，实质上是通过一定的计算程序减少干扰在有用信号中的比重，是软件滤波。由于不需要增加硬件设备，可以多通道共用一个滤波程序。因其可靠性高，能够实现低频和甚低频信号滤波，改变了模拟电路的诸多缺陷，故受到相当的重视和广泛的应用。常见的数字滤波软件算法主要有以下几种。

（1）平均滤波

① 算术平均值滤波。算术平均值滤波是寻求一个 Y 值，使得该值与采样值间误差的平方和最小，即满足下式：

$$Y(K)=\min\Big(\sum_{K=1}^{N}(Y-x_K)^2\Big) \tag{3.13}$$

由一元函数求极值原理得到算术平均值公式：

$$Y(K)=\frac{1}{N}\sum_{K=1}^{N}x_K \tag{3.14}$$

② 加权平均值滤波。

$$Y(K)=\sum_{K=1}^{N}C_K x_K \tag{3.15}$$

式中，K 为采样次数；C_K 为加权系数；x_K 为第 K 次的采样值。

（2）中值滤波

是对某一参数连续采样 K 次（K 取奇数），然后把 K 次的采样顺序排列，再取中间值作为本次采样值。以三个采样周期为例，若连续采样获得三个检测数据，且满足 $x_1<x_2<x_3$，则从中选择大小居中的信号 x_2 作为有效信号。对缓慢变化的过程变量，中值滤波有良好的效果，但不适用快速变化的信号。当采样次数 K 较大时，可采样冒泡法对过程变量进行排序。

（3）程序判断滤波

程序判断滤波往往根据生产经验，确定两次采样输入信号可能出现的最大偏差，若超过此偏差，表明此次输入为干扰信号，应该舍去；若偏差在最大偏差范围内，可将此输入作为有效信号。程序判断滤波通常可分为限幅和限速两种。

（4）一阶惯性滤波

一阶惯性滤波是一种以数字形式实现的低通滤波的动态滤波法，它的滤波运算公式源于 RC 低通滤波器的传递函数。

$$G(s)=Y(s)/X(s)=1/(T_f s+1) \tag{3.16}$$

将该式进行离散化处理可得到一阶惯性滤波的数学表达式：

$$Y(K)=(1-\alpha)Y(K-1)+\alpha x(K) \tag{3.17}$$

式中，$Y(K)$ 为第 K 次滤波器的输出值；$x(K)$ 为第 K 次采样值；α 为滤波系数；T_f 为采样周期。

（5）复合数字滤波

为了进一步提高滤波效果，有时可以把两种以上不同滤波功能的数字滤波器组合起来，

构成复合数字滤波器。在算术平均值滤波中，去除最大值与最小值之后再进行算术平均，即将算术平均滤波和中值滤波相结合，其原理可用下式表示：

$$Y=(\sum_{K=1}^{N}x_K-x_{\max}-x_{\min})/(K-2) \tag{3.18}$$

3.5.3 防爆措施

对本装置而言，另一个关键的问题是解决系统的防爆问题。

矿用测试仪器的主要应用场所是采煤工作面、掘进工作面及回采巷道，这些场所在矿井开采中瓦斯涌出量较大，因此装置的防爆性能对矿井安全生产十分重要。

为了防止瓦斯、煤尘爆炸事故的发生，一方面要限制它们在空气中的含量，另一方面要杜绝一切能够点燃瓦斯、煤尘的火源和危险温度。

井下电气设备处于正常运行状态或发生故障时都可能产生火花、电弧、热表面等，它们都可能成为点燃瓦斯和煤尘的点火源，因此搞好煤矿井下电气设备的防爆，对于防止瓦斯、煤尘爆炸事故的发生具有重要意义。

电气设备防爆的目的是设法消除点火源与爆炸性混合物的接触，限制热源的强度或作用范围。对矿用电气设备的基本要求如下。

① 井下环境潮湿，因此电气设备要求防滴，隔爆外壳及防爆面要求防锈蚀，电气绝缘材料要求耐潮。此外，井下温度较高，还应对矿用电气设备的绝缘性能进行湿热试验。

② 井下常有煤、岩石冒落、片帮，特别是采掘工作面的电气设备经常受到拉、挂、碰、撞，易使设备损坏，因此要求电气设备的外壳要坚固耐用。

③ 采用井下动力电源供电的设备受井下电气负荷变化的影响，要求其有一定的过负荷和抗强干扰能力。

④ 井下存在着瓦斯、煤尘等爆炸性混合物，因此要求使用在爆炸性环境的电气设备具有防爆性能。

为了保证矿井生产的安全，规范井下用电设备的生产制造，我国已制定了完整的防爆电气设备的国家标准。现行的防爆电气设备的国家标准是 GB 3836。

根据国家标准 GB 3836 的要求，矿用乳化液矢量自动配比装置设计成隔爆兼本质安全型，即 ExdibⅠ：Ex 为防爆电气设备的总标志；d 为隔爆型；ib 为本质安全型电气设备；Ⅰ为表示煤矿专用。

隔爆型技术是把正常运行或故障状态可能引起瓦斯、煤尘爆炸的电气设备置于坚固的具有隔爆结构的外壳内。当隔爆外壳内部发生爆炸时，不会引起外部瓦斯、煤尘的爆炸。这种防爆技术只适应于“强电”系统。

本质安全技术的特点是限制热源的能量，使本质安全电气设备在正常或事故状态下所产生的火花均不能点燃瓦斯、煤尘。这种防爆技术只适应于“弱电”系统。

隔爆箱结构如图 3.24 所示。

本设备采用的 KDW17 型电源是一种允许在瓦斯、煤尘爆炸危险环境中使用的通用型隔爆兼本质安全型不间断电源，三路 12～24V 本安电源输出，电源内部采用双重过流过压保护，使输出满足本安性能要求。单片机系统电路设计成本安型。变频器、计量泵、电磁阀等安装在隔爆箱中。经过上述各种措施和工艺处理，达到了矿用仪器防爆要求。

在设计过程中对装置进行了严格密封并做了防水试验，大大抑制了高频干扰和强电磁辐射。主机防护性能为 IP65；整个装置外壳采用厚钢板焊接而成，表面喷塑处理，显示单元、面板采用 PVC 材料工艺，内部进行了防震处理。

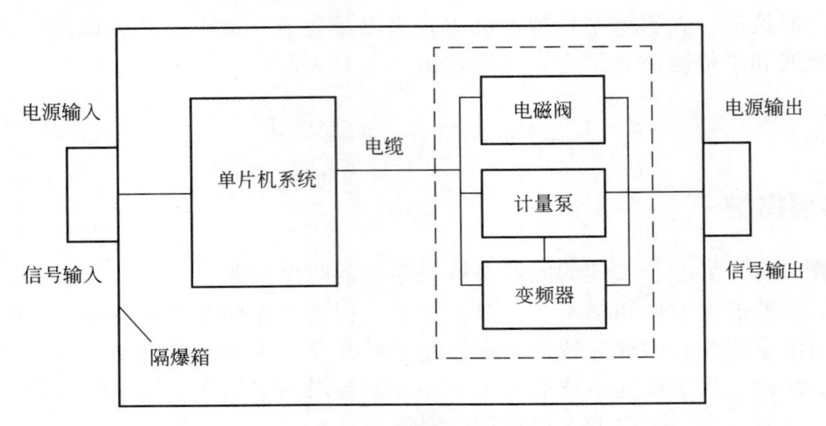

图 3.24　隔爆箱结构图

3.6　系统功能的进一步扩展

前面所述的系统已是一个完整的装置，可以独立运行，满足了生产现场的要求，各项性能达到了设计指标，为了生产过程的集中监控，我们对装置进行了进一步的功能扩展。

3.6.1　分布式乳化液自动配比系统的组成

3.6.1.1　典型通信总线简介

通信总线是信息交换的基础和灵魂。通信之前，须约定好双方信息沟通的标准，如工作方式、节点数、传输距离、电气特性、电压电阻特性等。常见的通信形式有串行通信和并行通信两种。串行通信总线通常有 RS-232C、RS-422、RS-485、USB、I^2C、UART、SPI、CAN 等，使用特定数据线将数据一位一位传输，传输距离短，成本较低。并行通信时，一组数据的各位在多条线路上传输，数据传输宽度为 1～128 位，甚至可以更宽，传输数据量大，成本较高。常见的并行总线有 STD 总线、PC 总线、IEEE488 总线等。下面仅对三种串行通信协议做简单介绍。

(1) RS-232C 总线

RS-232C 总线标准是美国电子工业协会提出的串行通信接口标准，其机械接口有 9 针、15 针、25 针三种类型。RS-232C 采用全双工通信方式，并且定义了若干“握手线”，如 TXD、RXD、RTS、CTS、DSR、GND、DCD、DTR、RI 等。接口采用负逻辑。逻辑电平“1”电压范围为－15～－5V；逻辑电平“0”电压范围为 5～15V。传输最大距离为 15m，最高速率为 20Kbit/s。RS-232C 实现了点对点之间的通信，非常适合本地设备之间的信息传输。

(2) RS-485 总线

RS-485 总线协议可以看作是 RS-232C 的升级版本，是为克服其不足发展而来的。RS-485采用两根通信线的差分通信模式，通常用 A 和 B 或者 D＋和 D－来表示。逻辑“1”以两线之间的电压差为 0.2～6V 表示，逻辑“0”以两线之间的电压差为－0.2～－6V 来表示，可有效抑制共模噪声干扰。其工作于半双工方式，通过驱动器使能端控制发送对象，在通信速率、传输距离、多机连接等方面，均有了非常大的提高，已能满足多数工业通信的需要。RS-485 在相同传输线上，可联网进行多机通信。从现有的 RS-485 芯片来看，有可以连

接 32、64、128、256 个不同设备的驱动器，极大提高了通信效率。最大传输速率10Mbit/s，在 100Kbit/s 的传输速率下，可达到最大传输距离 1200m。在加设分站（中继器）的情况下，可实现更长距离的信号传输，基本上可以满足煤矿井下信号传输的要求。CAN 总线的传送距离更远，但成本较高，协议较复杂，故本设计选用了 RS-485 总线。

（3）I^2C 总线

I^2C 总线，英文为 Inter-Integrated Circuit，由 Philips 公司开发并定义，使用多主从架构，采用两线式串行总线信号传输方式。总线上，每个设备都有自己的地址，但任何时间点只有一个主控。其串行数据线为 SDA，串行时钟线为 SCL。标准模式下，传输速度为 100Kbit/s；快速模式下，传输速度为 400Kbit/s。I^2 总线由于价格低廉，应用效率高，已广泛应用在小型嵌入式系统的电路设计中。

3.6.1.2 分布式乳化液自动配比系统的组成

由多个乳化液自动配比系统组成的分布式监控系统的原理图如图 3.25 所示。图中的 KJF70 数据分站为尤洛卡精准信息工程股份有限公司的产品，也是由 AT89C52 构成的单片机系统。因此，图 3.25 实际上变成了数据分站单片机和各配比箱中单片机一对多的通信。

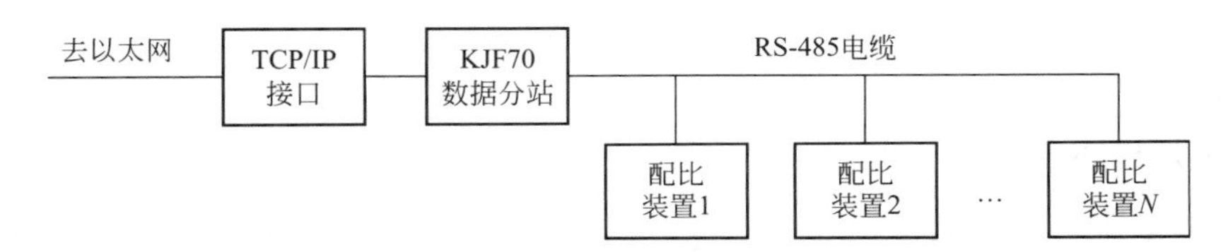

图 3.25 分布式监控系统的原理图

系统采用 MAX1483 来实现 RS-485 通信过程，其配比箱一侧的接线如图 3.26 所示。MAX1483 是 250Kbit/s、半双工、RS-485 收发器，为 8 脚封装。其引脚功能如下所述。

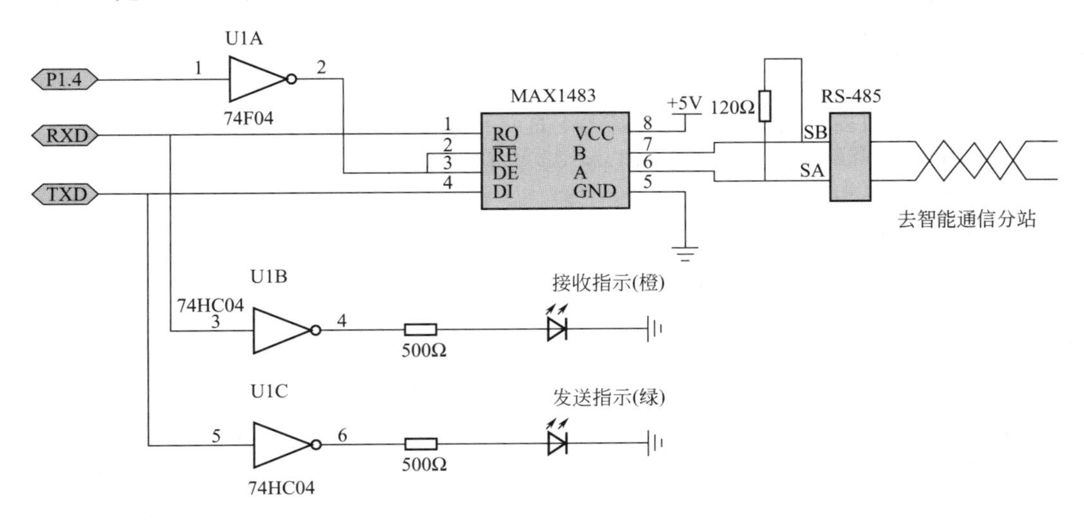

图 3.26 RS-485 接口电路

RO：接收器输出；$\overline{RE}$：接收器输出使能；DE：驱动器输出使能；DI：驱动器输入；GND：地；A：接收器反相输入和驱动器反相输出端；B：接收器非反相输入和驱动器非反相输出端；VCC：电源。

为了了解收发的工作状态，设计时设置了发光二极管，并使用 74HC04 增强其驱动能力。

通过 I/O 获取本机号，使用 P1.0～P1.7 连接 DIP 开关设置本机设备号（其设置电路见图 3.27），在读取 P1 口之前，需要先将其位寄存器置 1。本机设备号被保存在局部变量中。

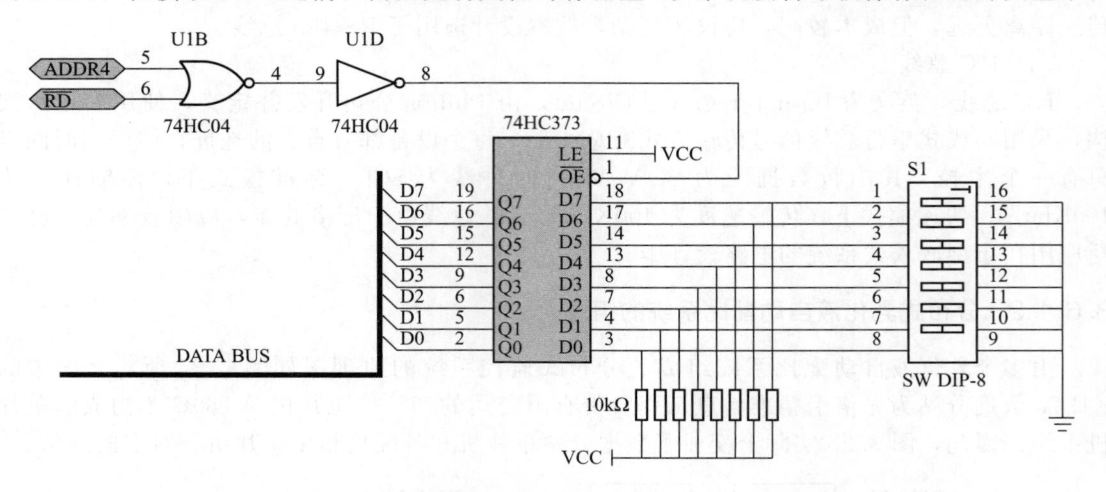

图 3.27　DIP 开关设置电路

3.6.1.3　单片机通信程序设计

设 KJF70 数据分站中的单片机为主机，各个配比箱中的单片机为从机。在单片机一对多通信中，要保证主机和从机间可靠通信，必须保证通信接口具有识别功能。而单片机串行口控制寄存器 SCON 中的控制位 SM2 就是为了满足这一要求而设置的，且 SM2 控制位只在 AT89C52 单片机的串行工作方式 2 与方式 3 下才起作用。在串行口以方式 2 或方式 3 接收时，若 SM2=1，表示置多机通信功能位，这时出现两种可能情况：接收到第 9 位数据为 1 时，数据才装入 SBUF，并置 RI=1 向 CPU 发出中断请求；如果接收到第 9 位数据为 0 时，则不发生中断，信息被丢失。

若 SM2=0，则接收到的第 9 位数据无论是 0 还是 1 都产生 RI=1 中断标志，接收到的数据装入 SBUF 中。根据上述情况 AT89C52 多机通信过程（单片机通信软件流程见图 3.28）安排如下：

① 开始时设所有的从机 SM2 位为 1，处于只接收地址帧的状态（串行帧的第 9 位为 1），对数据帧（串行口的第 9 位为 0）则不做响应。

② 当从机接收到主机发来的地址帧后，将所接收的地址与本机地址相比较，若地址与本机地址相符，便使 SM2 清零以接收主机随后发来的数据，对于地址不相符合的从机，仍保持 SM2=1 状态，故不能接收主机随后发来的数据信息。

③ 当主机改为与另外从机联系时，可再发出地址帧来寻找其他从机。而先前被寻址过的从机在分析出主机是对其他从机寻址时，恢复其 SM2=1，等待主机的再一次寻址。

④ 从机要呼叫主机时，可先发送握手信号，主机检测到有从机呼叫后，发出应答信号，从机接收到主机应答后，便可发送数据给主机。主机通过该信号来判断从机所处的状态，从而做出相应的反应。

通信协议的具体格式举例如下：

$$*\mathrm{DD}\square\square\cdots\square\square\mathrm{0d}$$

以“*”为起始符，接下来两位为功能字符，如 DD 表示从机向主机发送的是数据，中间为待发送的数据，后面跟和校验，最后以 0d（回车符）为结束符。井下计算机的通信面

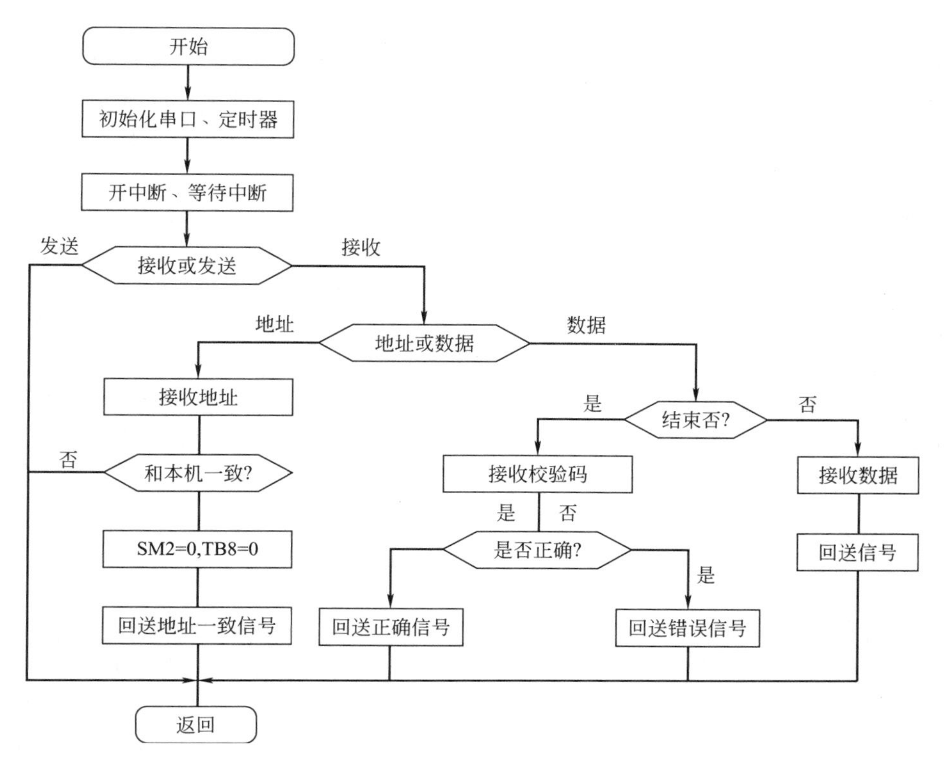

图 3.28 单片机通信软件流程图

临的关键问题之一是要保证数据传输的正确性。对传输的数据进行差错检测是串行通信中非常重要的一个环节。其中检错能力最强的是循环冗余校验，但占有的资源较多。本设计采用和校验的方法，也达到了预期的效果。

经过上述处理，KJF70 数据分站接收各单片机送来的信号，通过 TCP/IP 协议接入工业以太网（图 3.25）。工业以太网用以太网和 TCP/IP 协议规范了网络模型的 1～4 层，而在应用层有几种不同的协议，如 CI 与 ODVA 的 EtherNet/IP、FF 的 HSE、PNO 的 ProfiNet、IDA 的 EtherNet/IDA 等。基于工业以太网的控制系统无论使用哪一种应用层协议，都能实现从现场仪表到企业级管理的透明集成，并直接连入互联网。

3.6.2 分布式乳化液自动配比系统接入矿井以太网的应用方案

3.6.2.1 工业以太网简介

工业以太网，其在技术上与商用以太网 IEEE 802.3 标准兼容。多年来，工业以太网发展解决了一系列关键问题，如通信的可靠性、实时性、稳定性问题，网络与设施的安全问题，总线供电问题，可管理性问题等，得到了突飞猛进的发展。

继 10Mbit/s 以太网成功运行之后，具有交换功能，全双工和自适应的 100Mbit/s 快速以太网（Fast Ethernet，符合 IEEE 802.3u 的标准）也已成功运行多年，目前的运行速度可达 10Gbit/s。无线工业以太网也得到长足进步。

工业以太网的应用方式主要有两种：一种是以太网和现场总线相结合，以太网应用在企业网的上层，这种应用方式估计还要持续一段时间；另一种是 I/O 设备直接连接到以太网上，以太网直接取代现场总线，很容易将工业现场的数据传输到信息系统中去，数据能以实时方式实现资源、应用软件、数据库系统之间的共享，克服了现场总线标准太多、互不兼容的问题。

工业以太网是当今应用最广泛的技术，基于TCP/IP协议，不同厂家的设备很容易实现互联，维护成本较低。针对工矿企业恶劣的生产环境，一些厂家研制出了工业级的以太网设备。主干网络采用光纤传输，现场设备连接采用双绞线，关键设备冗余备份，大大提高了通信的可靠性、抗干扰性、稳定性。

当前绝大多数程序设计语言都可以对工业以太网进行应用开发。以太网网卡价格低廉，接口方便，传送速率和带宽高，兼容性好，软硬件资源丰富，易于接入互联网，和企业的办公自动化系统融合，便于进行远程控制，从而实现企业的管控一体化。

常见的工业以太网协议有HSE、Modbus TCP/IP、ProfiNet、Ethernet/IP等，这些协议在物理层和数据链路层是符合IEEE 802.3标准的，不同之处主要在应用层。不同通信协议的设备彼此之间可互联互通，但不能实现彼此的互操作问题。开发同时支持各通信协议的芯片，互联互通，实时控制，进而实现安全、节能将是智能工厂的核心技术，也是“中国制造2025”将来的发展方向。

3.6.2.2 协议设计

工业以太网协议很多，下面仅对Ethernet/IP做一介绍。Ethernet/IP（以太网工业协议）网络采用商业以太网通信芯片、物理介质和星形拓扑结构，采用以太网交换机实现各设备间的点对点连接，能同时支持10Mbit/s和100Mbit/s以太网商用产品。Ethernet/IP的协议由IEEE 802.3物理层和数据链路层标准、TCP/IP协议组和控制与信息协议CIP等3个部分组成，前面两部分为标准的以太网技术，其特色就是被称作控制和信息协议的CIP部分。Ethernet/IP为了提高设备间的互操作性，采用了ControlNet和DeviceNet控制网络中相同的CIP，CIP一方面提供实时I/O通信，一方面实现信息的对等传输，其控制部分用来实现实时I/O通信，信息部分则用来实现非实时的信息交换。

标准通信协议非常复杂。但可对系统的通信协议进行简化定义。在乳化液装置接入以太网的设计过程中，定义了各种接入设备的地址；定义了命令格式；规定协议中数据采用CRC校验；协议中传输的数据长度不定，但规定了起始字符和结束字符；同时还定义了各参数的名称和长度。如命令帧的结构可简化定义成：{目的地址，源地址，命令码，EOT，CRC校验}。

3.6.2.3 OPC技术规范

计算机在工业控制领域发挥着越来越重要的作用。各种仪表、PLC、现场总线都提供了与计算机通信的协议。但不同硬件厂家提供的协议不同，即使同一厂家的不同硬件设备与计算机的通信协议也不同。在计算机上，不同语言对驱动程序的接口有不同的要求。这就导致了在设计应用软件时需要为不同的设备编写大量的驱动程序，而计算机硬件厂家要为不同的应用程序编写不同的驱动程序。OPC技术就是为了解决上述问题应运而生的。

OPC是OLE for Process Control的缩写，是建立在微软的OLE、COM、DCOM技术基础上，用于过程控制和制造业自动化中应用软件开发的一组包括接口、方法和属性的标准。OPC屏蔽了不同系统之间的差异，从而为工业自动化系统中的各种不同的现场器件之间的通信提供了一个公共接口，所以可以应用于多种场合。目前支持OPC DX的几种以太网应用层协议EtherNet/IP、HSE和ProfiNet，都同时支持现场仪表直接接入以太网。

3.6.2.4 分布式乳化液自动配比系统接入矿井以太网的应用方案

煤炭行业是我国国民经济主要传统产业之一。国产的许多煤矿安全检测系统在大多数煤

矿得到了使用。但这些安全和生产检测系统大都缺乏统一的标准。要解决信息的互联和交换，需要统一的接口规范。OPC就是为了保证不同厂家的不同设备和软件产品、工业现场的数据能汇入整个企业信息系统中而制定的。

分布式乳化液自动配比系统接入矿井以太网的应用方案框图如图3.29所示。

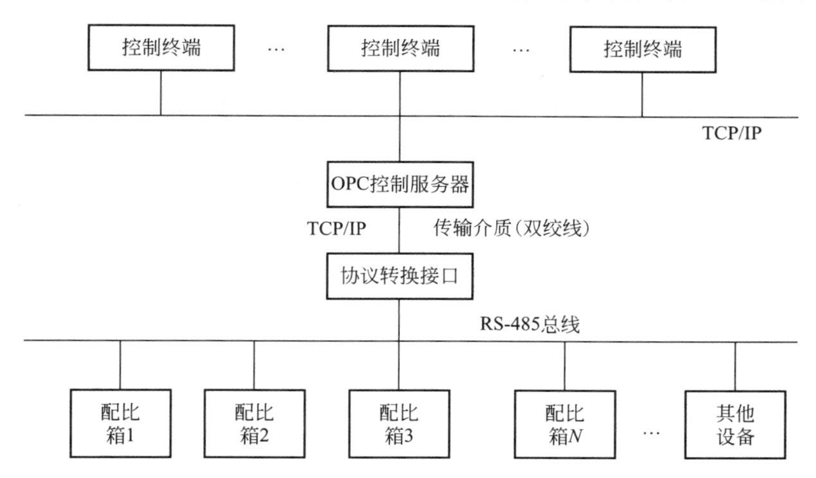

图3.29　分布式乳化液自动配比系统接入矿井以太网的应用方案框图

图3.29中，工业控制网络中的现场检测系统通过对配比箱和其他设备（如综采压力记录仪、顶板离层仪、瓦斯检测仪等设备）的状态监测点进行数据采集，实时地采集和存储设备的运行状态信息，并将其传输到远程控制网络中的控制服务器监测系统的数据库中，在控制终端以图形、声音和数据列表等形式来显示和浏览设备运行的实时数据，从而实现远程数据采集和状态检测的功能。同时，控制终端可以通过控制服务器把操作命令发给现场控制系统。

总之，基于OPC技术规范的工业以太网具有开放性和通用性，它使得硬件设备与工控软件有效地分离，实现了软件的即插即用，同时也使用户的生产成本大大降低，是当前工业控制领域的发展方向，是广大科技人员努力的一个方向，也是目前我们正在做的工作。相信在不久的将来，基于工业以太网的煤矿管理、监控一体化系统会变成现实。

4 安全信息工程的监测监控系统——冲击地压的监测监控与事故分析

有关冲击地压的论述，已在《顶板动态监测监控及信息融合技术》中做了初步论述。鉴于星村煤矿冲击地压监测的复杂性和艰巨性，并且在2015年7月26日发生了事故，所以有必要在原来基础上做进一步论述。

冲击地压的预测预报是一个世界性的难题。近年来，随着采矿深度的增加，冲击地压的危害越来越严重。曲阜天安矿业星村煤矿是冲击倾向比较严重的矿井，井下安装了多种预测预警系统，如微震监测系统、电磁辐射监测、冲击地压在线监测系统和钻屑法等来监测工作面相关参数，从而确定区域冲击的危险程度。通过数据的融合，综合分析进行预警，取得了明显的成效。当然，也存在漏报或报警后来不及处置，从而发生事故的状况。本章详细探讨了该矿3302工作面一次冲击地压发生的全过程，通过事故的分析，可以看到，有冲击地压倾向的矿井，即使有丰富的监测手段，开采仍面临许多挑战。只有多管齐下，才能保证安全生产的顺利进行。

4.1 星村煤矿3302工作面概况

不同的矿井，对冲击地压的预测预报要求也不同。山东曲阜星村煤矿因煤层埋藏较深，煤层具有强冲击倾向性，需在生产过程中进行防冲监测和卸压。为保证工作面安全开采，工作面冲击危险性预测，采用应力实时在线监测安全预警系统监测、微震监测、钻屑法监测等相结合的方法。

4.1.1 矿井及工作面概况

星村煤矿位于山东省兖州市以东约15km，曲阜市西南约10km，主体位于曲阜市陵城镇附近。矿井设计生产能力为45万吨/年，2014年核定为120万吨/年。矿井主采煤层及老顶为强冲击倾向性。星村煤矿“一井一面”组织生产，现生产工作面为3302综放工作面。该工作面位于矿井西翼（−1196m水平）三采区东翼，工作面走向长1125m（平距），面长100m，煤厚8.2m，倾角平均8°。至2015年7月26日，工作面临近末采，推采距停采线51m。

3302工作面（图4.1）地面标高+53.6～+57.1m，井下标高−1225.8～−1141.1m。本工作面位于三采区，处于DF22断层边缘。东北方为西翼三条开拓大巷：−1196m轨道大巷、−1196m运输大巷、−1196m回风大巷；西北方为三采区轨道上山、三采区回风上山、三采区运输上山。设计所采煤层为3煤。煤层倾角3°～13°，平均8°。煤层厚度7.8～8.5m，

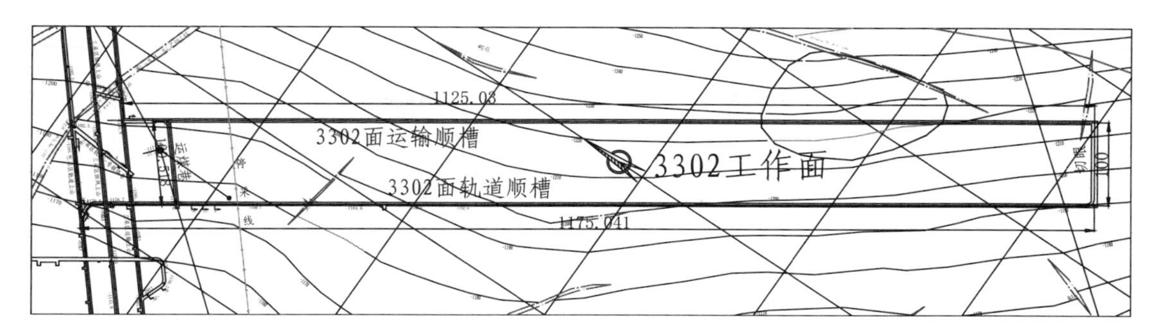

图 4.1 3302 工作面平面图

平均 8.2m。煤层结构简单且较稳定。设计采用综采放顶煤采煤工艺。工作面走向长 1150m（平均水平长），倾斜宽 96m（平均水平长）。

由于本工作面埋深在千米以下，地质构造复杂，断层发育，运输顺槽靠近 SF104 断层。受断层影响本工作面局部扭曲，煤层倾角变化较大。该面整体为一向斜构造。根据相邻工作面掘进微震监测情况，震动主要集中在巷道穿越断层、向斜轴部以及切眼贯通处，表明 3302 工作面震动受构造应力与自重应力影响显著。工作面顺槽同时面临深部采动与矿震双扰动，变形大，需深井支护。

4.1.2 冲击地压危险性分析

（1）开采深度

由静压力理论可知，随着开采深度的增加，上覆岩体的自重给煤岩体形成的应力随之增加，煤岩体中聚积的弹性能也随之增加，同时由于应力的增加，煤体更容易达到发生冲击地压的极限应力，由此发生冲击地压的可能性增大且冲击发生时释放的能量也随之增加，冲击强度增强。统计分析表明，开采深度越大，冲击地压发生的可能性也越大。开采深度与冲击地压发生的概率成正比例关系。考虑到安全界限，可以确定，开采深度 $H \leqslant 350$m 时，冲击地压发生的概率很低；开采深度 $350\text{m} \leqslant H \leqslant 500$m 时，冲击地压发生的概率将逐步增加；从 500m 开始，随着开采深度的增加，冲击地压的危险性急剧增加；当开采深度达到 1000m 时，冲击指数 $W_t=0.68$，比在深度 500m（$W_t=0.04$）时增加了 16 倍。

3302 工作面采深为 1195～1280m，处于强冲击地压性阶段，因此 3302 工作面的采深对冲击地压危害的影响很大。

（2）煤层顶板岩层结构特征

3302 工作面直接顶为平均厚度 1.0m 的粉砂岩，老顶为平均厚度为 10.3m 的细砂岩，直接顶和老顶均为坚硬厚岩层。研究表明，顶板岩层结构，特别是煤层上方坚硬、厚层砂岩顶板是影响冲击地压发生的主要因素之一，其主要原因是坚硬厚层砂岩顶板容易聚积大量的弹性能，在断裂垮落或滑移过程中，可能会突然释放大量的弹性能，形成强烈震动，容易导致顶板型冲击矿压的发生。因此，3302 工作面顶板剧烈活动时，即老顶初次来压、周期来压及工作面见方，冲击危险性较大。

煤层顶板情况如表 4.1 所示。

（3）煤岩的物理力学特性

冲击地压发生的必要条件是煤层中能积聚较多的弹性能，所以强度高、弹性大、脆性大是冲击危险煤层的基本特征。煤的冲击倾向性是评价煤层冲击性的特征参数之一。经中国矿业大学对星村煤矿三煤煤岩样的冲击倾向性鉴定，鉴定结果（表 4.2）为三煤具有强冲击倾

表 4.1　煤层顶板情况

<table>
<tr><td rowspan="3">煤层顶板情况</td><td>顶板情况</td><td>岩石名称</td><td>厚度/m</td><td>岩石特性</td></tr>
<tr><td>老顶</td><td>中、细砂岩</td><td>8.5～14.7
平均 10.3</td><td>灰白色，分选性中等，硅质胶结，成分以石英、长石为主，次为暗色矿物，具波状层理，层面含炭质及白云母，岩石坚固性系数 $F=6.5$</td></tr>
<tr><td>直接顶</td><td>粉砂岩</td><td>0～2.5
平均 1.0</td><td>灰色，薄～中厚层状，分选性好，泥硅质胶结，具明显的交错层理，层面含炭质、泥屑及植物化石碎片，夹数层灰黑色条带及泥岩薄层，裂隙发育，局部缺失，$F=5.0$</td></tr>
<tr><td colspan="5">经验法认定：老顶厚度超过 7m，具有冲击危险性</td></tr>
</table>

向性，煤与老顶组合为强冲击倾向性，老顶砂岩本身具有弱冲击倾向性。煤层具有冲击倾向性是冲击地压发生的本因，说明如果应力因素、开采设计因素、生产管理因素等控制得不够合理或人为无法控制而达到冲击发生的条件，则冲击地压就会发生，即 3302 工作面煤层具备了发生冲击地压的可能性。

表 4.2　星村煤矿三煤煤岩样冲击倾向性鉴定结果

<table>
<tr><td>单向抗压强度 σ_c/MPa</td><td>动态破坏时间 D_T/ms</td><td>冲击能指数 K_E</td><td>弹性能指数 W_{ET}</td></tr>
<tr><td>9.5</td><td>47</td><td>15.0</td><td>5.6</td></tr>
<tr><td colspan="4">鉴定结果：强冲击</td></tr>
</table>

（4）地质构造影响

地质构造附近由于存在地质构造应力场，常使煤岩体的构造应力尤其是水平构造应力增加，而直接导致冲击地压的发生。实践证明，冲击矿压危害经常发生在向斜轴部，特别是构造变化区、断层附近、煤层倾角变化带、煤层皱曲、构造应力带等。当巷道接近断层或向斜轴部区域时，冲击矿压危害发生的次数明显上升，而且强度加大。

3302 工作面整体为一向斜构造，并且处于 DF22 断层边缘。在巷道掘进、回采时应该特别注意该区域冲击矿压的监测和防治工作。

（5）煤层厚度变化影响

根据统计分析，冲击危险程度与煤层厚度及其变化紧密相关。煤层越厚，冲击地压发生得越多，越强烈；煤层厚度的变化对冲击地压的发生是有很大影响的，在厚度突然变薄或者变厚处，往往易发生冲击地压，因为这些地方的支承压力升高。

3302 工作面煤层厚度为 7.8～8.5m，平均为 8.2m。3302 工作面煤层的厚度变化情况较为平缓，由于地质情况比较复杂，不排除个别区域出现煤层厚度急剧变化的现象，这些厚度变化较为剧烈的地方就可能存在冲击地压的危险。因此，3302 工作面开采过程中需要加强对煤层厚度的监测。

（6）采动压力的影响

回采工作面两顺槽超前压力和巷道侧向支承压力叠加处采动压力比较高；在采面由切眼推进至老顶开始断裂并初次来压期间工作面超前压力比较高；随后每推进一定距离老顶周期性地断裂时超前压力比较高；当采面推进至采空区见方位置超前压力比较高；当采面采至停采线附近，剩余煤柱上超前压力比较高。这些都是因采动而带来的局部压力的增加，均可能引起冲击地压的发生。

综上所述，星村煤矿 3302 工作面发生冲击地压的危险性因素较多，发生冲击地压的可能性比较大。

4.1.3 冲击危险指数评价

(1) 冲击危险性评价的综合指数法

综合指数法在分析已发生的冲击地压灾害的基础上，分析各种采矿地质因素对冲击地压发生的影响，确定各种因素的影响权重，然后将其综合起来，建立起冲击地压危险性评价和预测的综合指数法。这是一种宏观的评价方法，可用于对工作面冲击地压危险性进行评价，以便正确地认识冲击地压对矿井生产的威胁。其核心表达式为：

$$W_t = \max\{W_{t1}, W_{t2}\} \tag{4.1}$$

式中，W_t为某采掘工作面的冲击地压危险状态等级评定综合指数，以此可以圈定冲击地压危险程度；W_{t1}为地质因素对冲击地压的影响程度及冲击地压危险状态等级评定的指数，可考虑开采深度等7项指标（表4.4）；W_{t2}为采矿技术因素对冲击地压的影响程度及冲击地压危险状态等级评定的指数，可考虑工作面距残留区的垂直距离等12项指标（表4.5）。

$$W_{t1} = \frac{\sum_{i=1}^{n_1} W_i}{\sum_{i=1}^{n_1} W_{i\max}},\ W_{t2} = \frac{\sum_{i=1}^{n_2} W_i}{\sum_{i=1}^{n_2} W_{i\max}} \tag{4.2}$$

根据计算得出的冲击地压危险状态等级评定综合指数W_t，将冲击地压的危险程度定量划分为五个等级，分别为无冲击危险、弱冲击危险、中等冲击危险、强冲击危险和不安全。根据冲击地压危险性的分级不同，采取相应的防治对策，见表4.3。

表4.3 冲击地压危险状态分级表

危险等级	危险状态	危险指数	采取对策
A	无冲击危险	<0.25	所有的采矿工作可按作业规程进行
B	弱冲击危险	0.25～0.5	①所有的采矿工作可按作业规程进行 ②作业中加强冲击地压危害危险状态的观察
C	中等冲击危险	0.5～0.75	下一步的采矿工作应与该危险状态下的冲击地压危害防治措施一起进行，且通过预测预报确定危险程度不再上升
D	强冲击危险	0.75～0.95	①应当停止采矿作业，不必要的人员撤离危险地点 ②矿主管领导确定控制冲击地压危害的方法及措施，以及控制措施的检查方法，确定参加防治措施的人员
E	不安全	>0.95	应根据专家的意见采取特殊条件下的综合措施及方法。采取措施后，通过专家鉴定，方可进行下一步的作业。如冲击地压危害的危险程度没有降低，则停止进行采矿作业，该区域禁止人员通行

(2) 工作面冲击危险指数

根据3302工作面地质条件和开采技术条件，可以确定地质因素和开采技术因素影响下的冲击地压危险指数，见表4.4和表4.5。

综合以上地质因素与采矿技术因素对冲击地压的影响程度及冲击地压危险状态等级评定，可得出综合指数为：

$$W_t = \max\{W_{t1}, W_{t2}\} = \max\{0.71, 0.26\} = 0.71$$

可见，3302工作面具有中等冲击危险性。

表 4.4 地质因素确定的冲击地压危险指数

序号	因素	冲击地压危险状态影响因素	冲击地压危险指数最大值 $W_{i\max}$	实际冲击地压危险指数 W_i
1	W_1	该煤层中没有发生过冲击地压	3	0
2	W_2	开采深度>800m	3	3
3	W_3	顶板中坚硬厚岩层距煤层的距离<20m	3	3
4	W_4	开采区域内构造应力增量 γ>30%	3	3
5	W_5	顶板岩层厚度特征参数 $L_{st}\geqslant 90$	3	3
6	W_6	煤的抗压强度 $R_c\leqslant 10$MPa	3	0
7	W_7	煤的冲击能量指数 $W_{ET}\geqslant 5$	3	3
综合		$W_{t1}=\sum W_i/\sum W_{i\max}$	0.71	

表 4.5 开采技术因素确定的冲击地压危险指数

序号	因素	冲击地压危险状态影响因素	冲击地压危险指数最大值 $W_{i\max}$	实际冲击地压危险指数 W_i
1	W_1	工作面距残留区的垂直距离>60m	3	0
2	W_2	未卸压的厚煤层>1m	3	3
3	W_3	未卸压一次采全高的煤厚>4m	3	3
4	W_4	不会发生两侧采空	4	0
5	W_5	不沿采空区掘进巷道	4	0
6	W_6	回采面接近采空区或煤柱的距离>50m	3	0
7	W_7	工作面附近无老巷	3	0
8	W_8	工作面接近落差大于 3m 断层的距离<50m	2	2
9	W_9	工作面没有大于 15°的褶曲	2	0
10	W_{10}	工作面没有煤层侵蚀或合并部分	2	0
11	W_{11}	没有开采过上或下解放层	—	—
12	W_{12}	垮落法处理采空区	2	0
综合		$W_{t2}=\sum W_i/\sum W_{i\max}$	0.26	

4.1.4 冲击地压危险区域划分

通过对 3302 工作面影响冲击地压发生的几个因素，即采深，顶板岩层结构特征，煤岩的物理力学特性、构造，煤层厚度变化以及综合指数方法的分析，3302 工作面影响冲击地压的因素多，开采地质条件较为复杂，冲击地压危险状态等级评定为中等冲击危险性。因此，该面在开采过程中都将受到冲击地压的威胁。

根据工作面推进过程中影响冲击地压的主要因素，可以将工作面危险区域作如下几个主要分区：

① 根据分析，3302 工作面顶板剧烈活动时，即老顶初次和周期破断及工作面见方，冲击危险性较大。根据老顶梁式断裂理论，计算得知老顶的初次来压步距达到 55.9m 左右，影响范围为距切眼 55～110m。3302 工作面开采过程中，细砂岩老顶初次垮落期间，工作面压力急剧升高，且煤层强度较高，发生冲击地压的可能性较大。该区域容易发生冲击地压事故。

② 随着工作面回采到 100m 左右，范围为距切眼 90～110m，进入工作面见方阶段。在工作面见方阶段，采空区顶板岩层受力发生变化，造成顶板的剧烈破坏，发生大量震动事件，易产生冲击事故。主要受影响范围为工作面距切眼的 90～200m 处，由于初次见方影响范围大，强度高，故判定为高度危险区域。

③ 工作面整体为一向斜构造。在靠近停采线附近存在一个小褶皱区域，对工作面回采安全性也将产生一定影响，但影响不大。运输顺槽靠近 SF104 断层，在回采过程中，预计还会揭露一些断层。向斜轴部、断层附近煤层倾角和煤层厚度变化大，构造应力集中。根据微震监测情况，较大震动多发生在断层附近、向斜轴部，以及巷道交叉处，说明向斜构造及断层对 3302 工作面矿震的发生起到重要的作用。这些区域是冲击地压的高度危险区域，工作面回采到这些区域时要进一步卸压，并加强支护和监测工作。

④ 工作面开采到停采线附近，相当于与上下山之间存在非常大的煤柱，并且煤柱随着工作面的推进逐渐缩小，所以煤层压力趋于集中。根据东翼采区各个工作面回采过程中停采线附近应力的分布状况和矿压显现规律，将 3302 工作面距西翼三采区运输上山 150m 的范围定义为高度危险区域。

⑤ 其他区域相对以上圈定区域冲击危险性较低，但由于受到采深、顶板岩层结构特征、煤岩的物理力学特性等影响，还是具有较高的冲击危险性，因此也应给予高度重视。

根据以上对冲击地压危险性的多因素评价，对危险区域位置、危险程度进行叠加，不同影响因素造成的冲击危险水平是不同的，通过单个因素影响范围的叠加，并结合每类因素所造成的危险水平的不同，将这些危险区域划分为三类，如图 4.2 所示：一般危险区域 3 个、中度危险区域 1 个、高度危险区域 4 个。冲击地压危险区域具体位置参数表如表 4.6 所示。

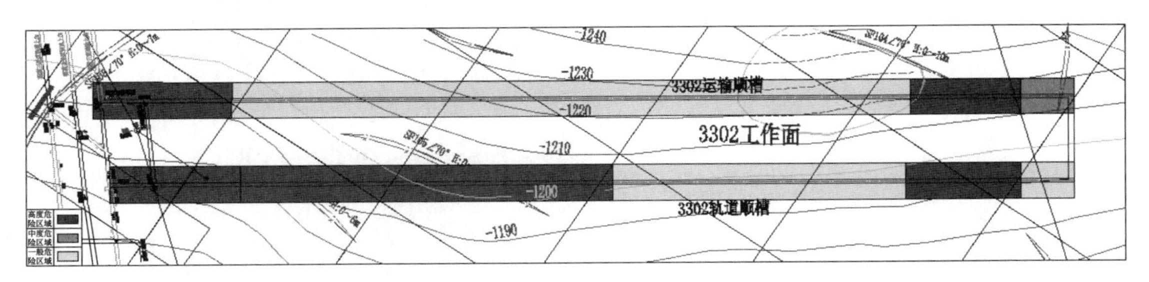

图 4.2 冲击地压危险区域划分

表 4.6 冲击地压危险区域具体位置参数表

危险区域	位置 1	位置 2	位置 3	位置 4
一般危险区域	轨顺距切眼 0～55m	轨顺距切眼 200～530m	运顺距切眼 200～970m	
中度危险区域	运顺距切眼 0～55m			
高度危险区域	运顺距切眼 55～200m	轨顺距切眼 55～200m	运顺距采区运输上山 0～150m	轨顺距切眼 530m 至运输上山

4.2 冲击地压监测监控的手段和方法

4.2.1 微震监测

采用波兰 SOS 微震监测系统。通过微震监测系统对本工作面开采期间工作面及周围微震事件进行震源定位和微震能量计算，结合工作面动压显现及应力实时在线监测安全预警系统监测情况，综合分析矿震能量、震源位置与工作面动压显现的关系，预测工作面冲击危险性。当矿震给工作面造成明显压力显现时，必须及时采用钻屑法检测工作面超前压力范围两顺槽冲击危险性，并及时放慢工作面推进速度，以有效减缓矿震对工作面的影响，避免矿震诱发冲击地压事故。

根据中国矿业大学提供的波兰国家微震监测标准进行预测预报：

① 无危险：a. 无矿震或震动能量 $10^2\sim10^3$J，能量的最大值 $E_{max}\leqslant5\times10^2$J；b. $\sum E<10^3$J/5m 推进度。

② 弱危险：a. 震动能级 $10^2\sim10^3$J，$E_{max}\leqslant5\times10^3$ J；b. $\sum E<10^4$J/5m 推进度。

③ 中等危险：a. 震动能级 $10^2\sim10^4$J，5×10^3J$<E_{max}\leqslant1\times10^5$ J；b. $\sum E<10^5$J/5m 推进度。

④ 强危险：a. 震动能级 $10^2\sim10^5$J，$E_{max}>10^5$ J；b. $\sum E\geqslant10^5$J/5m 推进度。

如微震监控室监测到迎头监测指标超过危险时，要及时通知区队进行大孔卸压或爆破卸压，卸压后现场用电磁辐射仪和钻屑法检验卸压效果。

图 4.3 所示为星村煤矿微震监测系统井上部分。

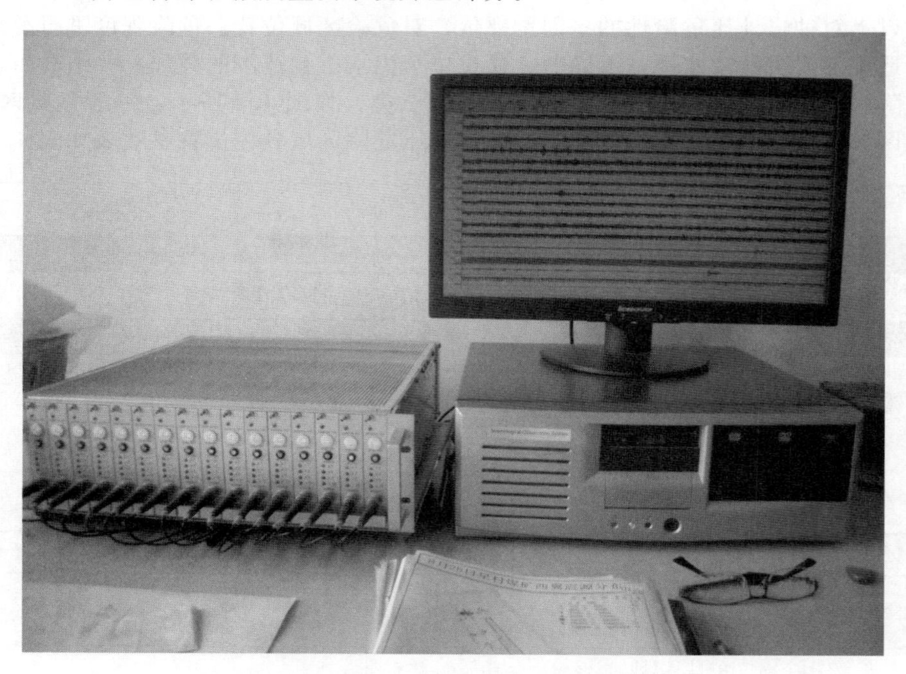

图 4.3　星村煤矿微震监测系统井上部分

当掘进迎头出现 10^4J 以上的震动时，由矿防冲副总工程师组织矿压科、技术科、地测科相关人员进行分析，确定震动原因及措施，报矿总工程师、矿长批准实施。

通过 SOS 微震监测系统对井下所有采掘工作面进行实时监测，按震动频次及震动能量划定冲击危险等级，如表 4.7 和表 4.8 所示。

一般危险：可正常组织生产。

中等危险：震动次数和能量呈上升趋势，降低推进速度或掘进进尺。

高等危险：先停产，对危险区域进行钻屑法监测验证。根据制定方案进行治理。

表 4.7 震动频次与冲击危险等级划分标准

项目	一般危险/(次/日)	中等危险/(次/日)	高等危险/(次/日)
采煤	震动频次≤35	35＜震动频次≤50	震动频次＞50
掘进	震动频次≤10	10＜震动频次≤20	震动频次＞20

表 4.8 震动能量与冲击危险等级划分标准

项目	一般危险/(J/日)	中等危险/(J/日)	高等危险/(J/日)
采煤	震动能量≤30000	30000＜震动能量≤45000	震动能量＞45000
掘进	震动能量≤10000	10000＜震动能量≤20000	震动能量＞20000

3302 工作面 2015 年 7 月份震动次数与能量呈上升趋势，工作面发生 2 次能量超过 10^4J 的震动，即 7 月 16 日发生 1 次 35929J 的震动，7 月 26 日早班发生 1 次 2031303J 的震动，由于能量非常大，必须加强监测。

震动能量和震动次数与推进度关系如图 4.4、图 4.5 所示。

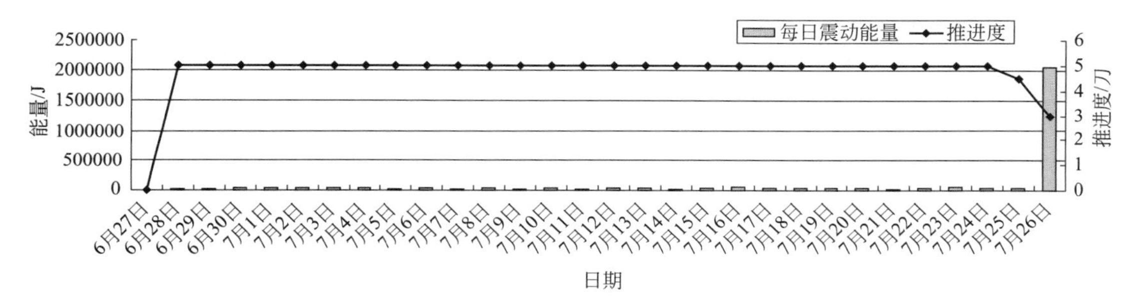

图 4.4 震动能量与推进度关系

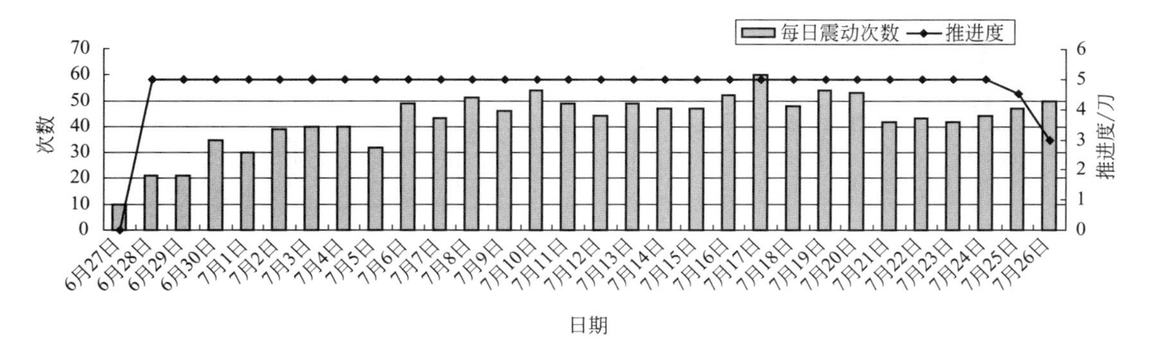

图 4.5 震动次数与推进度关系

4.2.2 冲击地压在线应力监测

4.2.2.1 监测系统简介

冲击地压在线应力监测系统由尤洛卡精准信息工程股份有限公司研制。正常情况下，冲击地压在线应力监测系统随掘进而安装，两帮交错布置，每帮相邻两组间距为 30m，安装深度为 12m 和 17m，每组两个应力计间距为 0.8m。其他区域根据矿压科规定进行安装。应力计安装初始值为 3～4MPa。为保证应力计监测实体煤的应力变化情况，监测数据接近原岩应力，应力计周围 1.5m 范围内不再施工卸压大孔，周围 3m 范围内不再进行煤体爆破。

冲击地压实时在线监测预警的基本原理是通过监测找出岩层运动、支承压力、钻屑量与钻孔围岩应力之间的内在关系。通过实时在线监测工作面前方采动应力场的变化规律，找到高应力区及其变化趋势，实现冲击地压危险区和危险程度的实时监测预警和预报。

冲击地压在线预警监测系统是通过对煤矿井下煤层相对应力变化的监测，判定采场围岩应力的变化规律，找到高应力区及其变化规律，其功能主要有以下几点：

① 监测采场相对应力场的变化规律；

② 根据监测煤体应力变化规律指导卸压；

③ 检验卸压效果。

通过在线监测预警系统，实时在线监测掘进顺槽迎头后 400m 范围内采动应力场及特定区域应力场的变化规律，记录监测数据并绘制应力变化曲线，实时准确反映掘进迎头煤体应力，及时发现应力超限预警区域，采用钻屑法对预警区域进行检验。

4.2.2.2 传感器安装方法

根据 3302 工作面的布置特点及构造特征，压力传感器在 3302 运输顺槽内自掘进迎头至迎头后 400m 开始布置，每 40m 一组，每组两个，埋设深度分别为 12m、17m，每组两个测点间距为 1.5～2m。其具体布置方案如图 4.6 所示。测点初始压力设定为 (4±1)MPa。随着生产的进行，当掘进迎头超过 100m 时，继续向前安装，两帮交错布置。始终保证迎头后 400m 区域处于监测范围内。

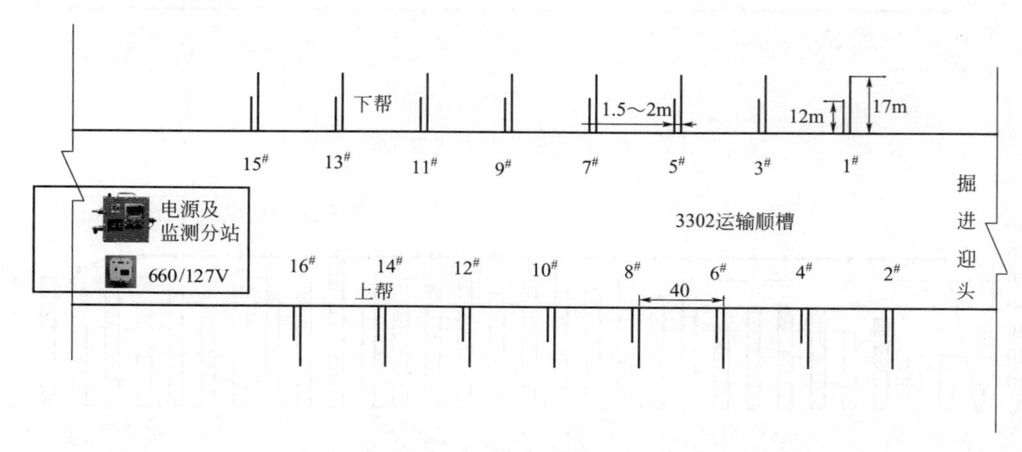

图 4.6 压力传感器具体布置方案（顺槽）

对监测数值设定黄色预警数值和红色预警数值。通过每组压力传感器的监测数值，根据接下来要叙述的六项基本原则，判定是否发生冲击地压，并采取措施。

4.2.2.3 监测结果

2015 年 7 月，共有 9 个通道出现预警情况。3302 工作面 6 个，其中，3302 运顺正帮 1516m 的深孔出现黄色预警，3302 运顺正帮 1340m 浅孔出现黄色预警，3302 轨顺正帮 1356m 深孔出现黄色预警，3302 轨顺底板 1360m 浅孔出现黄色预警，3302 运煤联络巷左帮 20m 浅孔出现黄色预警，3302 运煤联络巷右帮 20m 深孔出现红色预警。另外 3 个为三采区回风上山左帮 20m 浅孔出现黄色预警，3310 轨顺反帮 403m 深孔出现红色预警，3311 运顺反帮 135m 浅孔出现黄色预警。

3302 工作面自回采以来，共出现 67 次预警，其中预警时距离采面 0～55m 的有 48 次，

占71.6%，为超前应力；55～150m 7次，占10.4%；150m以外10次，占15%；2次在运煤联络巷。因此3302面压力主要集中在距离工作面55m范围内。

冲击地压在线应力监测系统界面图见图4.7、图4.8。3302轨顺监测见图4.9。3302运顺监测见图4.10。

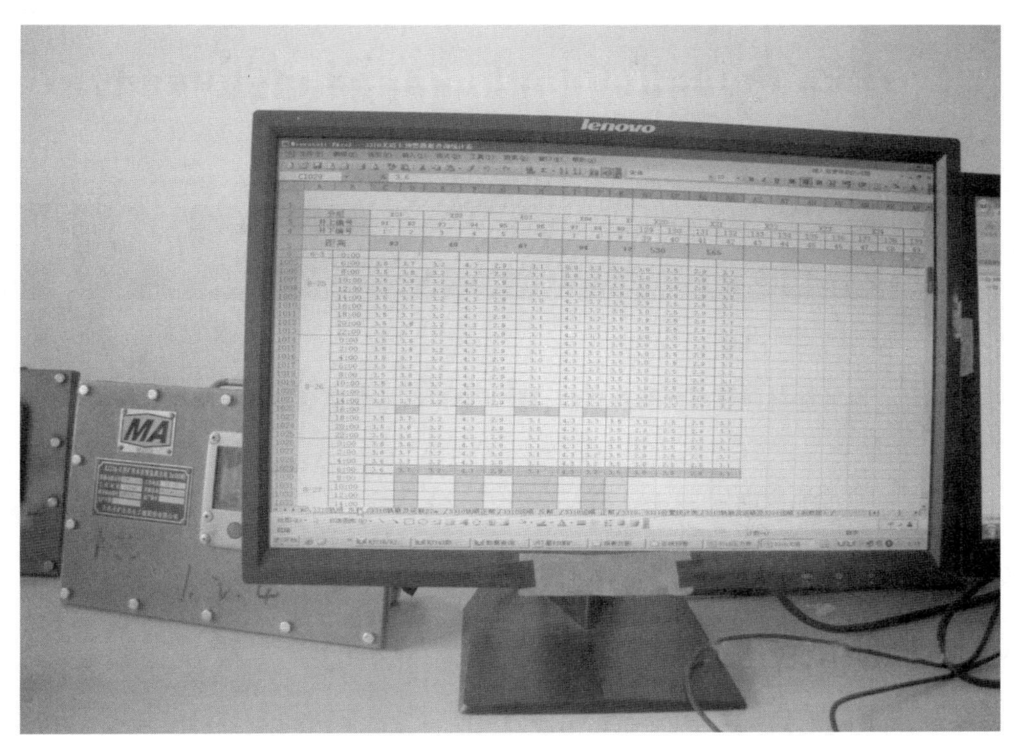

图4.7 冲击地压在线应力监测系统界面图1

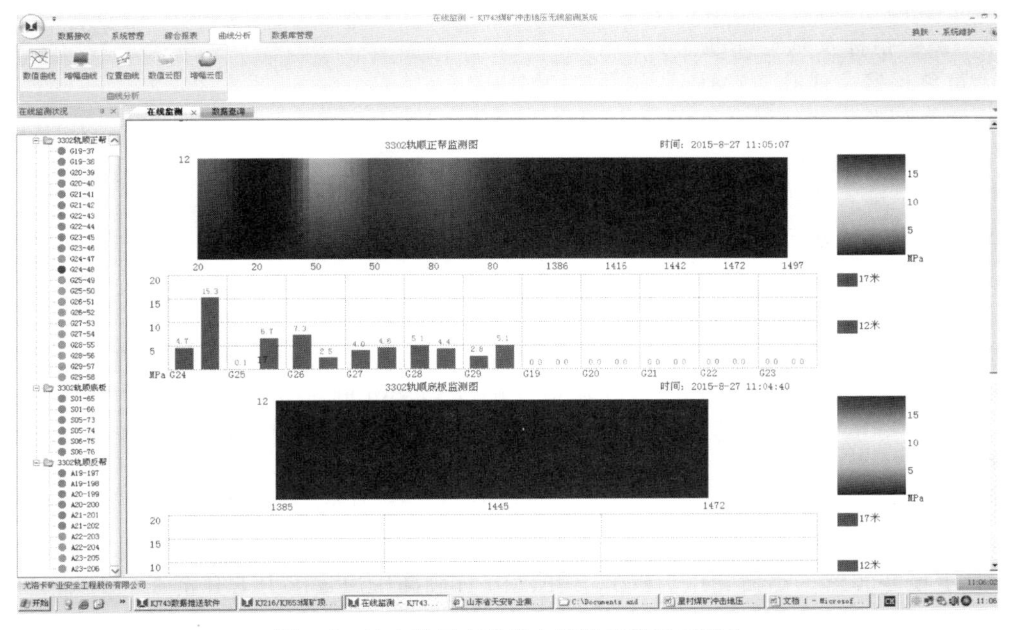

图4.8 冲击地压在线应力监测系统界面图2

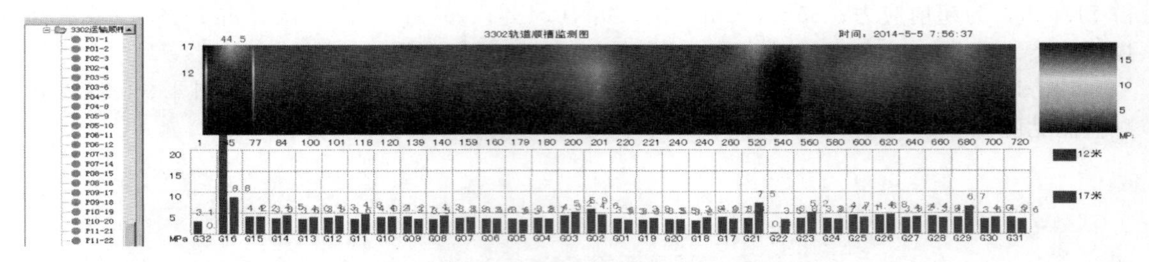

图 4.9　3302 轨顺监测图

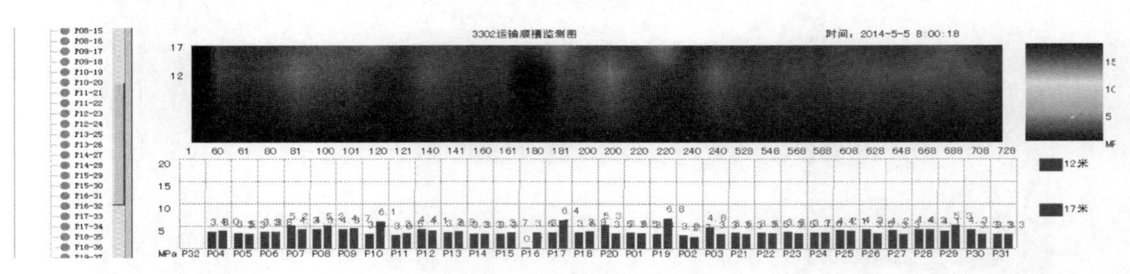

图 4.10　3302 运顺监测图

（1）不发生冲击地压准则

① 全绿色，所有测点均小于预警值。

② 一组黄色＋过程判断，三天内无明显增加。

③ 一组红色＋过程判断，一天内无明显增加。

（2）发生冲击地压准则

① 两组及以上红色预警，停产、卸压。

② 两组及以上黄色预警＋钻屑量超限或动压明显，停产、卸压。

③ 一组红色预警＋过程判断，一天内明显增加且钻屑量超限或动压明显，局部冲击；变化小或下降，钻屑量不超限，不发生冲击。

（3）预警指标及判定标准

① 黄色预警：浅孔＞7MPa，深孔＞ 9MPa。

② 红色预警：浅孔＞ 10MPa，深孔＞ 12MPa。

（4）判定等级标准

① 一般危险：出现 1 个通道或不相邻的 2 个通道预警。

② 中等危险：出现 1 组预警。

③ 高等危险：出现 2 组及以上通道预警。

（5）3302 运顺预警监测情况分析

3302 运输顺槽自 2013 年 9 月份安装冲击地压在线监测预警系统以来，共计 4 个通道压力较大，分别是：正帮 1050m 的 17m 通道、正帮 1130m 的 17m 通道、反帮 990m 的 17m 通道、反帮 1030m 的 12m 通道。其中反帮 990m 的 17m 通道和反帮 1030m 的 12m 通道是初始压力大。

① 3302 运顺正帮 1050m 的 17m 通道变化曲线：11 月 6 日安装，7 日出现上升，打大孔卸压，压力未下降，因为 3307 运顺一个通道因变频器损坏导致压力上升，怀疑变频器损坏，8 日更换变频器，更换完压力继续上升，10 日放卸压炮致压力上升至 6.8MPa，11 日放卸压炮压力下降至 5.9MPa，之后压力稳定，出现缓慢下降，当前压力为 4.7MPa（图 4.11）。

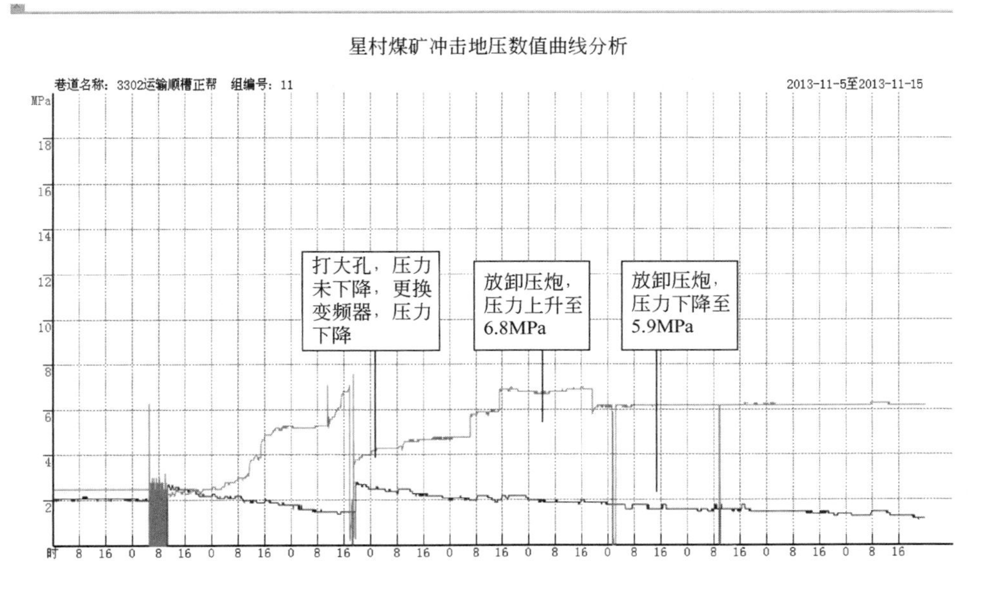

图 4.11 冲击地压数值分析曲线（一）

② 3302 运顺正帮 1130m 的 17m 通道变化曲线：26 日早班安装完，中班受煤炮影响，压力出现突增，放卸压炮，压力从 11.53MPa 下降至 2.3MPa，现在变化平稳，监测正常，当前压力为 2.5MPa（图 4.12）。

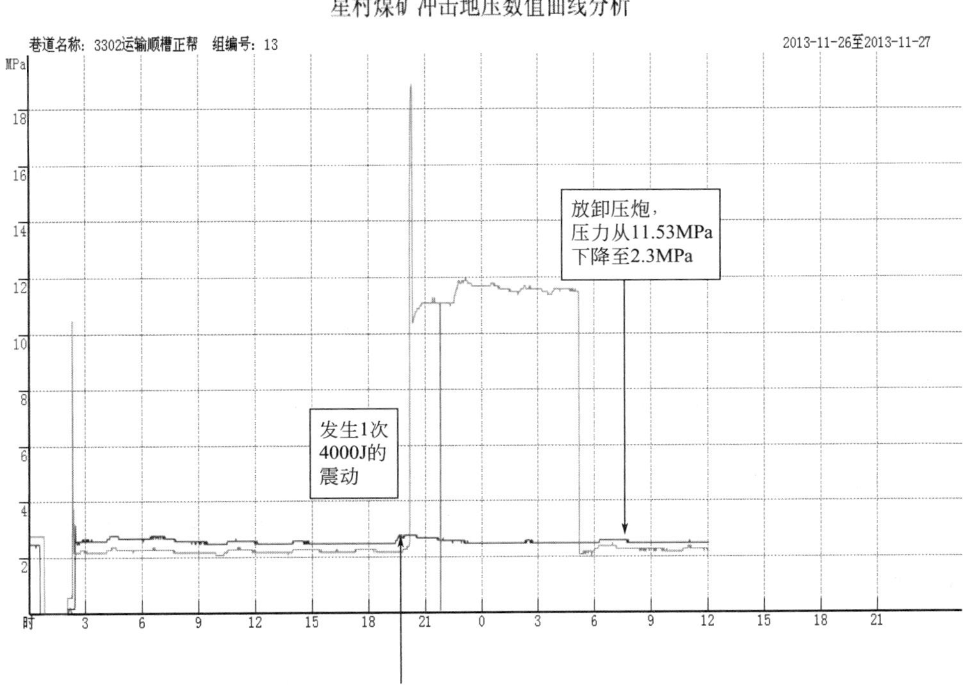

图 4.12 冲击地压数值分析曲线（二）

③ 3302 运顺反帮 990m 的 17m 通道变化曲线：初始压力大，一直未变化（图 4.13）。

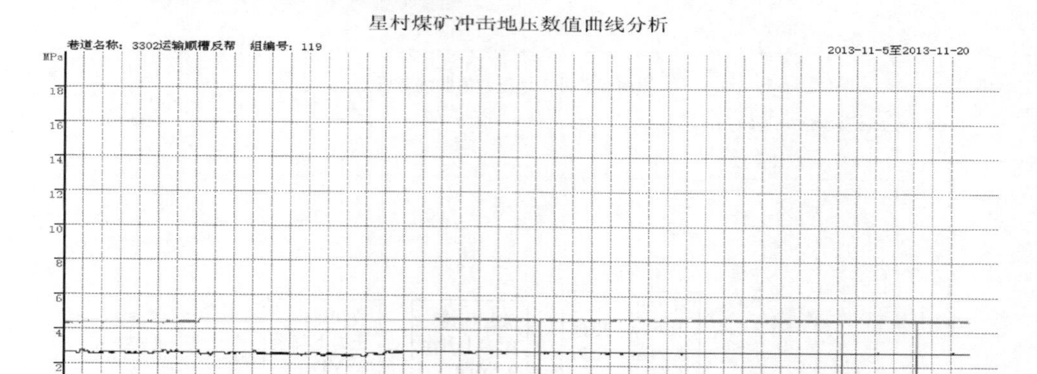

图 4.13 冲击地压数值分析曲线（三）

④ 3302 运顺反帮 1030m 的 12m 通道变化曲线：初始压力大，变化平稳，现下降至 4.6MPa（图 4.14）。

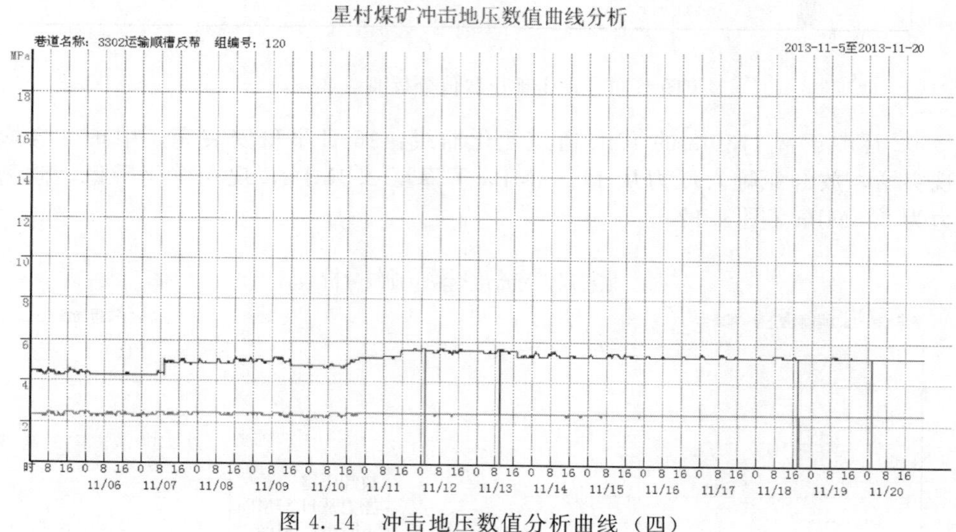

图 4.14 冲击地压数值分析曲线（四）

（6）经过分析得以下结论

① 压力上升的这两个通道都是距离迎头最近的一组，刚安装完，就出现压力上升，已经更换完变频器，压力还是上升，说明迎头压力大。

② 压力上升的这两个通道都是正帮，且都是 17m 深孔通道，12m 通道未出现上升，说明深部压力大。

③ 打大孔压力未下降，打卸压大孔对卸压作用不明显，表明煤体较硬。

④ 经过放卸压炮后，压力下降，且未再出现上升，说明放卸压炮卸压效果好。

4.2.3 钻屑法检测

（1）钻孔布置

主要在工作面前方 60m 以内，钻孔布置在工作面两顺槽煤帮。钻孔自煤壁前 20m 布置，每孔间隔约 20m，如图 4.15 所示。当探眼煤粉量超过标准值时，立即在附近地点 1m 处施工对比眼，以确定探测的准确性。经应力实时在线监测安全预警系统判定具备冲击危险的其他地点加密探测频次。

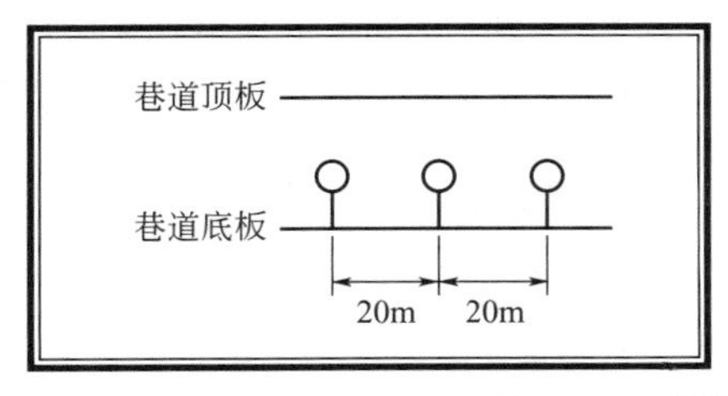

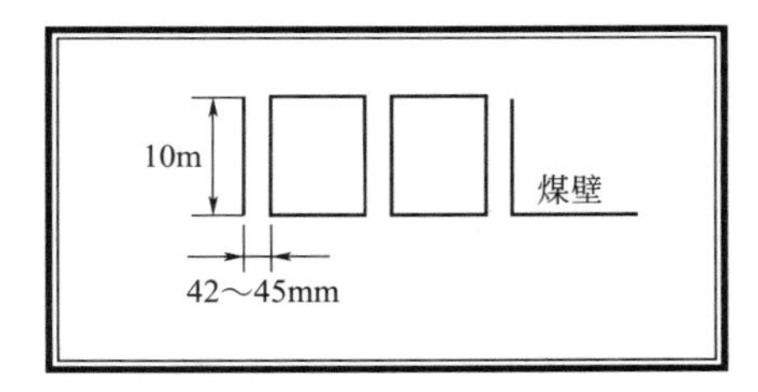

图 4.15 钻屑法钻孔布置示意图

(2) 临危指标

掘进工作面每天对迎头进行钻屑法监测；采煤工作面每天对两顺超前 300m 进行钻屑法监测，孔间距 50m。钻屑法深度不小于 15m，钻屑量可由体积法和质量法测定，其相应临危指标见表 4.9、表 4.10。

表 4.9 体积法临危指标

钻孔深度/m	≤5	6～10	11～15
临危指标 L/m	4	6	8

表 4.10 质量法临危指标

钻孔深度/m	≤5	6～10	11～15
临危指标/(kg/m)	3	6	9

如果监测到的煤粉量超过以上临界指标，或出现卡钻、吸钻、异响等动力现象，应认为煤体处于临界危险状态，必须立即采取解危措施。解危后，需再次进行钻屑法复测，若复测仍然超标，则再次采取解危措施，解危后再次进行钻屑法复测，直至不超标后方可掘进。

在迎头或两帮电磁辐射法监测到冲击危险性高的地点，进行钻屑法检测时，应通知迎头人员立即撤到距离高应力区不小于 150m 以外的地点。

4.2.4 电磁辐射法监测标准

① 由矿压科使用 KBD5 电磁辐射仪，对掘进迎头及迎头后 400m（只监测煤巷段）范围内帮部进行监测，每周监测不少于两次，监测的结果以记录牌板公示。

② 迎头按左、中、右各布置 1 个点，帮部布点间距为 20m（图 4.16），观测次数依据监

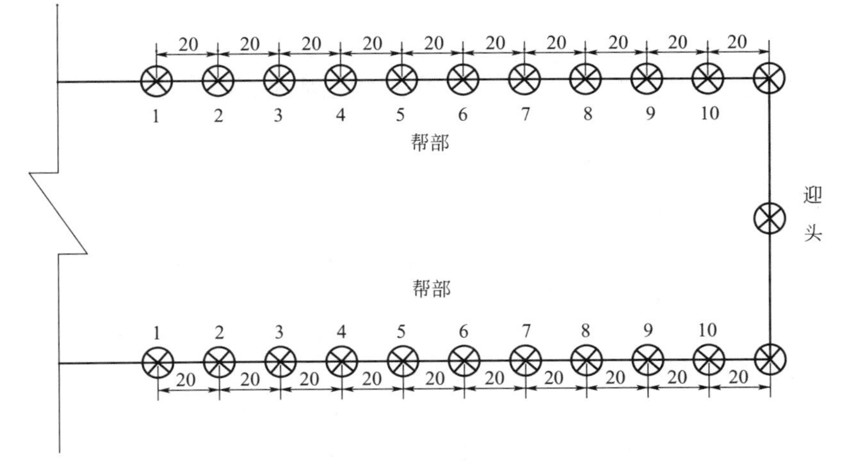

图 4.16 电磁辐射监测布点示意图

测结果确定，每点监测时间为 2min。如监测数据较大达到临危指标（电磁辐射强度达到 60mV，脉冲数达到 960 次以上），或虽然未达到临危值，但动态值有突然较大增幅，此时须加强监测。

③ 监测中如果报警，去除影响因素后依然报警，要立即施工钻屑检验，钻屑如果超临危值并且施工过程中有明显的动力现象，则认定具有冲击危险，要立即实施卸压解危。

④ 掘进头附近电磁辐射值的测定最好在掘进间隙综掘机停止施工时进行，以尽量降低干扰信号影响。

(1) 电磁辐射法监测方案

对工作面超前两巷 400m 范围内监测，当发现监测值较高时应立即汇报并采用钻屑法检验。若钻屑法监测煤粉量超过临界值时，危险区里外 50m 范围必须停止一切工作并撤出人员，由防冲工区按照防冲措施进行打大孔卸压，情况危急时直接由综采工区按照作业规程中规定实施爆破卸压。

(2) 电磁辐射法预测预报

① 监测数值规定。经中国矿业大学试验确定星村煤矿 KBD5 型电磁辐射仪监测临危值指标为：电磁辐射强度 100mV，脉冲数为 1600 次。为了保证安全，可按上述数值的 60%作为应用临界值，即电磁辐射强度 60mV，脉冲数 960 次。

② 监测布点、监测时间。在工作面两顺槽超前工作面 400m 范围进行监测。测点布置在轨道顺槽下帮、运输顺槽上帮，间距 20m，每点监测 2min。每周监测不少于两次，每个顺槽每次监测至少 20 个点。电磁辐射测点布置示意图如图 4.17 所示。

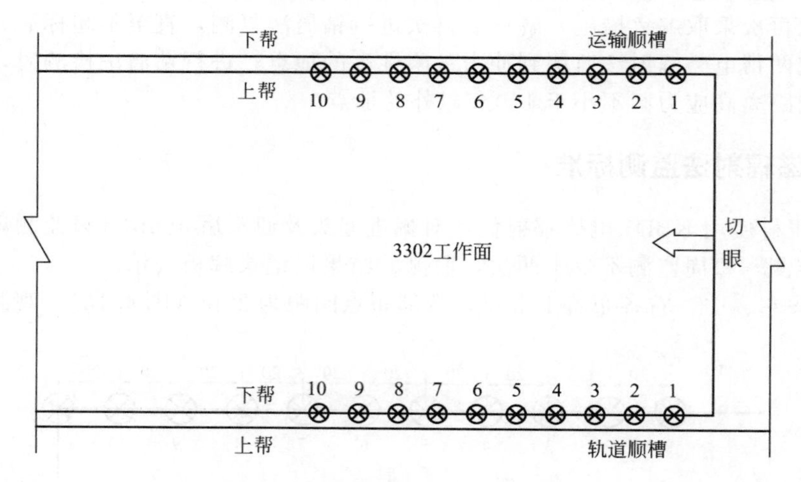

图 4.17 电磁辐射测点布置示意图

③ 监测标准。由矿压科人员使用电磁辐射仪对煤巷帮部煤体进行监测和分析。对掘进迎头及后方 400m 范围按间距 20m 进行电磁辐射监测，每 3 天监测 1 次。工作面超前 400m 范围内，按间距 20m 监测，每 3 天监测一次。

④ 临危指标及处置措施。临危指标：强度 60mV，脉冲 960 次，任何一项达到或超过临危指标，均认定为超过安全值，达到危险指标。

处置方措施：若监测超标，5min 后进行复测。若复测不超标，解除危险，正常工作。若复测仍然超标，对该监测点前后各 5m 范围内进行钻屑法监测，共监测两处，根据钻屑法监测结果按相应的标准进行处理。

4.3 冲击地压的发生过程

4.3.1 冲击地压事故基本情况介绍

2015年7月26日13时13分，3302工作面在回采至距停采线约51m时，在3302轨道顺槽回采帮以里7m，运煤巷以里11m，底板17m处发生冲击，冲击能量为2.03×10^6J，造成3302工作面轨道顺槽受影响区域约220m，冲击造成巷道内物料发生位移。冲击还造成超前支护内出现一个支柱爆缸，大部分支柱压弯或折弯、柱头损坏，受冲击波影响，超前支护整体向采空区方向倾斜；同时造成运煤巷内一风门整体被冲击波冲到，另一风门被冲掉。本次冲击共造成200m巷道出现不同程度的底鼓，有30m巷道底鼓较严重，达0.8～1.5m；其余地方底鼓量在0.2～0.6m之间。但整体巷道支护基本未受影响。

冲击造成轨道顺槽自工作面煤壁至见煤点处巷道发生底鼓，底鼓量为0.2～1.5m，巷道开门口向里810～960m巷道发生变形，底鼓最大量约为700mm，顶沉最大为800mm，两帮移近最大为900mm。巷道高度最矮处，非人行道侧为1430mm，893m处；巷道宽度最小处，为2750mm。此外，巷道在顶板非人行道侧肩窝处还出现6处联网接茬处撑开。

冲击发生时，3302面轨道顺槽共有18人，其中综采工区7人，通防工区8人，防冲工区3人。综采工区人员分别有泵站司机1人，集控司机1人，物料、支护巡查1人，溜尾联网2人，电工1人，冲击地压在线应力巡查1人；通防工区人员分别有注胶箱体固定打设地锚人员3人，瓦检员1人，机修1人，溜尾回撤管路2人，运输材料1人；另外防冲工区3人正挪移钻机具，准备施工钻屑法监测孔。全部人员自行升井后，矿立即安排灾区18名人员到医院进行例行查体，经排查有2人受伤，其中一人伤势稍重，有2处肋骨骨折，肺部挫伤，另一人左下肢骨折；其余人员未受轻伤以上伤害。

事故现场图如图4.18所示。

4.3.2 监测系统的数据表现

对2015年6月～7月间的微震能量数据进行分析，并用EXCEL进行对数作图，如图4.19所示。从图4.19中可明显看出，7月26日的能量异常（2.03×10^6J）。

4.3.3 事故分析

4.3.3.1 原因分析

① 3302工作面处于DF22、F14、SF107和SF108断层形成的构造高应力区。

② 3302工作面开采深度大，达到1260m，地应力高，垂直应力超过30MPa，水平应力超过60MPa。

③ 3302面停采线附近因采区巷道布置需要，巷道集中，同时受3303、3308、3302工作面采空区影响，造成该区域采掘应力叠加集中。

④ 煤层、顶板、底板具有强冲击倾向性，本身具备冲击条件。

4.3.3.2 冲击地压的预防

① 目前开采深度较大，建议更新支架时，提高工作面支架工作阻力。

② 根据附近矿井多次发生冲击后的破坏情况，采用单体液压支柱进行支设超前支护的方式不适用于冲击矿井，建议更换为超前顺槽支架或更稳定可靠的支护形式。

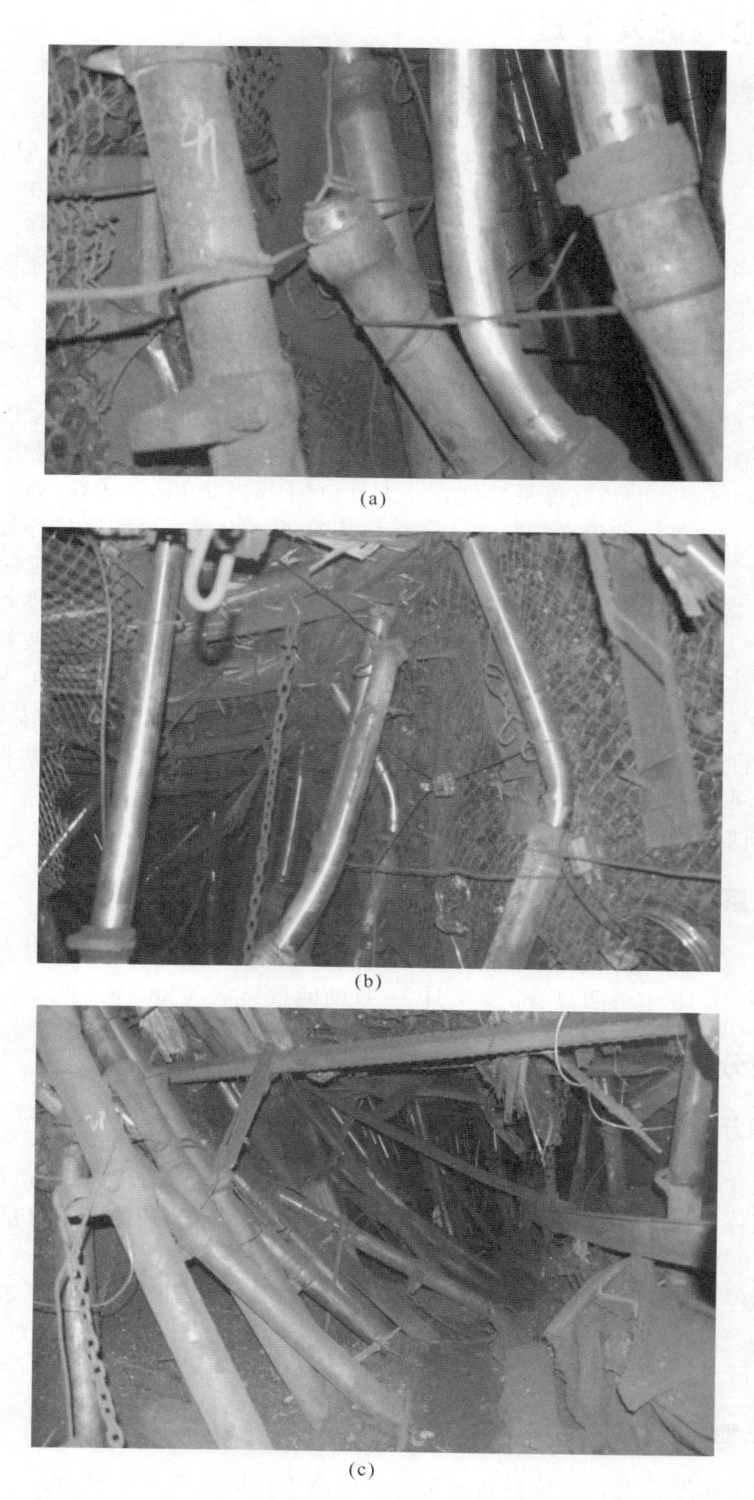

(a)

(b)

(c)

图 4.18 事故现场图

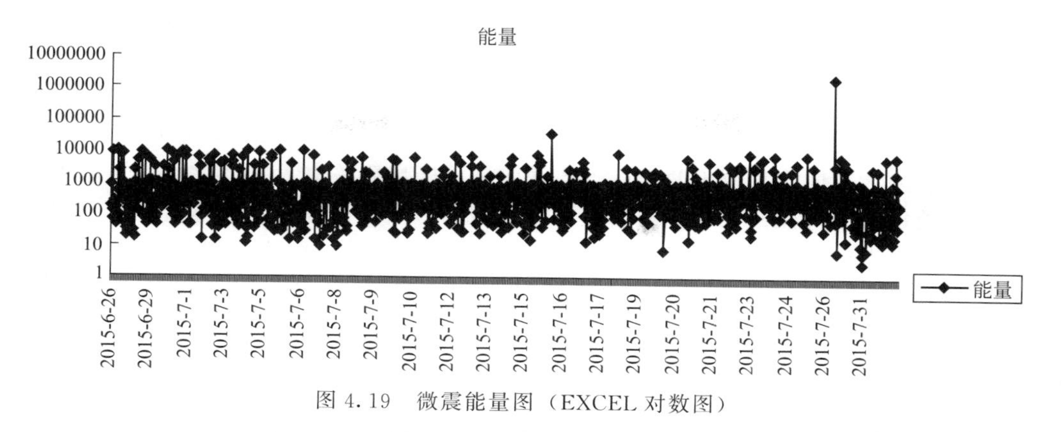

图 4.19 微震能量图（EXCEL 对数图）

③ 优化工作面布置，合理确定切眼和停采线的位置，同时尽量少布置运煤巷。

④ 钻屑法监测深度建议增加至 15m。

⑤ 掘进或回采期间，断层附近应力集中时，建议对断层尖灭处进行深孔爆破。

4.3.3.3 专家结论及预防措施

① 目前 3302 工作面末采附近采区上山相关煤层巷道，钻屑法监测显示煤粉量超标，说明附近区域处于冲击后应力重新分布期间，此期间不应立即进行卸压工作，应稳定一段时间后再进行钻屑法监测。如监测煤粉量稳定或下降则开始进行三采区上山相关煤巷的卸压工作。三采区上山煤巷卸压应以大直径钻孔卸压为主，通过卸压、验证无危险后，再转入 3302 工作面两顺槽相关巷道的监测、卸压工作。

② 3302 工作面不再回采，应在目前停采位置开始造条件回撤，在工作面两顺槽及轨道生产系统恢复前，应首先按由外向里的顺序边检测边卸压。

a. 首先对煤层两帮及留底煤地段进行钻屑法监测和大孔卸压，边卸压边进行钻屑法监测验证。卸压孔采用扇形布置，施工人员应在安全区域内操作。

b. 若煤层卸压未起到卸压效果，则对顶板进行深孔爆破卸压，爆破后再次对煤体进行钻屑法验证。

c. 若顶板卸压后，钻屑法验证仍超标，则对底板进行爆破卸压，爆破后再次进行钻屑法验证。

d. 如果底板卸压仍不能有效解除冲击危险，则该区域应停止一切作业。

③ 三采区三条集中上山为主要行人通道，且服务年限长，应以钻屑法监测为主，并根据巷道变形情况，使用架棚或 U 形棚加强支护。

④ 工作面超前卸压长度应加长至 200m 以上，钻屑法超前监测范围应增加至超前 300m，超前支护长度根据监测情况，加长至 100m 以外。

⑤ 3302 工作面在造条件和撤面时，编制专项防冲措施。

⑥ 做好人员防护工作，制定限员措施。

⑦ 在 3302 工作面回撤前，对工作面进行 CT 波反演模拟。

a. 对于评价报告划定的高度危险区及 CT 波反演出的高度危险区域内，严禁存放刚性材料；若危险区连续长度大于 500m 时，可根据实际情况建造专门的物料硐室。

b. 当施工至评价报告划定的高度危险区及 CT 波反演出的高度危险区域内时，严格控制迎头存放的物料、设备，对于不急需使用的材料，全部放置在后方非高度危险区。

对于确定的冲击危险区域首先要确定在卸压措施实施前是否需要加强支护以及选用何种

支护方式。是否需要加强支护需要综合考虑多方面的因素，其中倾向于加强支护的条件有采用煤体卸压爆破、两帮变形严重、锚杆锚索支护失效、顶板下沉量大且离层严重、顶板冒落。支护方式则根据现场矿压显现情况和各支护方式特点进行选择。

对于监测冲击危险来源于底板应力集中的危险区域采取底板卸压爆破措施进行卸压处理，而对于监测冲击危险来源于两帮应力集中的危险区域则采取大直径钻孔或煤体爆破的方式进行卸压处理。大直径钻孔卸压的特点是卸压柔和、效果显现慢、煤体破坏小、实施速度慢、不易诱发冲击；煤体爆破卸压的特点是卸压剧烈、效果显现快、煤体破坏严重、实施速度快、易诱发冲击。根据两种卸压措施的特点可以判定，对于冲击危险很大且没有超前加强支护煤帮非常破碎的区域不能采用煤体爆破卸压，而对于其他各种情况则二者皆可使用。

4.4 掘进期间冲击危险防治方案设计及卸压解危方案

当电磁辐射或钻屑法监测达到或超过临危指标时，若微震监测震动事件较多，且能量变化较大，先由大变小再接着由小增大，须立即采取解危性卸压。具体如下：

(1) 大孔解危卸压方案

① 若迎头监测超标，须对两帮进行监测，若两帮不超标，只需对迎头加大卸压力度，增加卸压孔数，即在迎头钻 3 个大孔，巷道中线位置 1 个，中线左右 1 m 处各布置 1 个。

② 若迎头监测超标，两帮监测也超标，则需退后到两帮不超标地点，由外向里逐步进行大孔卸压。卸压后，需进行复测，复测不超标后，方可逐步向里进行卸压。大孔卸压间距为 2m±0.5m。其他参数按预防性卸压大孔进行施工。

③ 大孔解危卸压参数

a. 布孔高度：距底板向上 1～1.5m。

b. 倾角及深度：卸压大孔与迎头煤壁垂直或与巷道掘进坡度一致，孔深与迎头孔深一致。

c. 大孔间距：1m，巷道中心线处 1 个，中心线左右 1m 处各布置 1 个（不少于 3 个）。

(2) 爆破卸压解危方案

当迎头电磁辐射监测强度达到临危值的 60%以上并且钻屑法监测接近或超过临危值，或当对两帮或迎头进行解危性大孔卸压效果不明显，结合微震监测情况，采用电磁辐射法或钻屑法复测仍然超标时，要采取爆破卸压解危。采用单孔深孔爆破卸压，每次建立超前不低于 15m 的卸压保护带，允许掘进 3 排。爆破卸压装药结构示意图如图 4.20 所示。

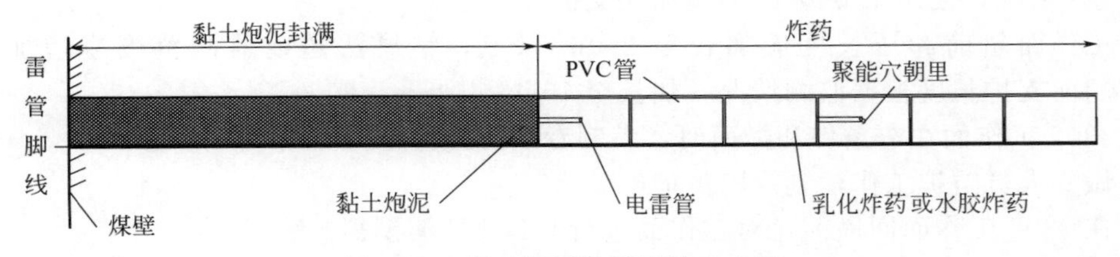

图 4.20 爆破卸压装药结构示意图

实施解危措施后，要及时进行电磁辐射法或钻屑法检测，检验卸压效果。经检测，电磁辐射法和钻屑法均小于临危值，并结合微震监测情况，卸压效果显著，没有冲击危险时，方可掘进。循环进度要求，可掘进一个循环或 3 排锚杆间距。迎头可恢复正常的超前大孔卸压。

4.5 回采期间冲击危险监测方案

（1）微震法监测方案及预测预报

利用SOS微震监测系统对工作面区域进行实时监测，每天进行震源的定位、微震能量的计算、统计等工作，对大能量震动信号进一步进行频谱分析和现场矿压显现情况记录，判断矿震的机制以及区域冲击危险性程度。定位坚硬厚层老顶岩层单个微震信号的震动能量临界指标为“$\geqslant 5\times10^3$J”；微震信号的频次首先呈现逐渐增加的趋势，然后开始急剧下降，当微震信号频次再次增加时，表明冲击地压的危险性较高；微震信号的主频率由多峰值型的高频特征向单一峰值型的低频（≤20Hz）演变时，表明冲击地压的危险性较高。

当回采工作面出现10^5J以上的震动时，由矿防冲副总工程师组织矿压科、技术科、地测科相关人员进行分析，确定震动原因及措施，报矿总工程师、矿长批准实施。

（2）电磁辐射法监测方案及预测预报

掌握电磁辐射检测技术要领和方法。严格执行矿压观测工岗位责任制，严格按要求进行检测。发现测点数据有较大出入时，要及时进行复测和汇报，现场检测时，如出现仪器报警（排除仪器、操作等原因），要及时汇报矿压科。

（3）钻屑法监测方案及预测预报

监测工作面两巷超前150m范围内以及电磁辐射法监测到冲击危险性高的地点。监测孔布置：钻孔直径42mm，孔深12m，超前50m布置一组，超前50～90m布置一组，超前90～150m布置一组，当揭露地质构造等异常情况时，超前50m范围内布置两组，孔距底板1.2m左右，单排布置，钻孔方向与巷帮垂直，平行于煤层。主要检测每米钻孔的钻屑量（质量或体积）。采用专用表格记录打眼地点、时间、钻屑排出量，以及打眼过程中出现的钻杆跳动、卡钻、吸钻、劈裂声和微冲击等动力现象。

（4）冲击地压在线预警监测系统实时预测预报

通过在线监测预警系统，实时在线监测工作面前方采动应力场及特定区域应力场的变化规律，记录监测数据并绘制应力变化曲线，实时准确反映采煤工作面煤体应力，及时发现应力超限预警区域，采用钻屑法对预警区域进行检验。

根据3302工作面的布置特点及构造特征，压力传感器在两顺槽内自工作面前方30m开始布置，每40m一组，与掘进时安装的交错布置，回采前将工作面全范围进行覆盖，直至3302运煤巷，每组两个，埋设深度分别为12m、17m，每组两个测点间距1.5～2m。其具体布置方案如图4.21所示。始终保持工作面前方不少于150m的超前支承压力影响区（实际大于超前支承压力影响区）处于监测范围内。

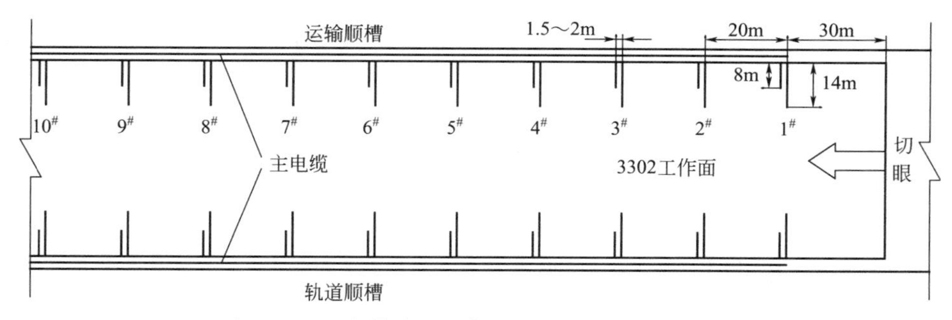

图4.21 压力传感器具体布置方案（工作面顺槽）

对监测数值设定黄色预警数值和红色预警数值。通过每组压力传感器的监测数值，根据危险状态判断基本原则，判定是否发生冲击地压，并采取措施。

（5）计算机支架工作阻力在线监测和预报

自工作面溜头向溜尾第10架支架开始，沿工作面每10架设置一条监测线，如图4.22所示。

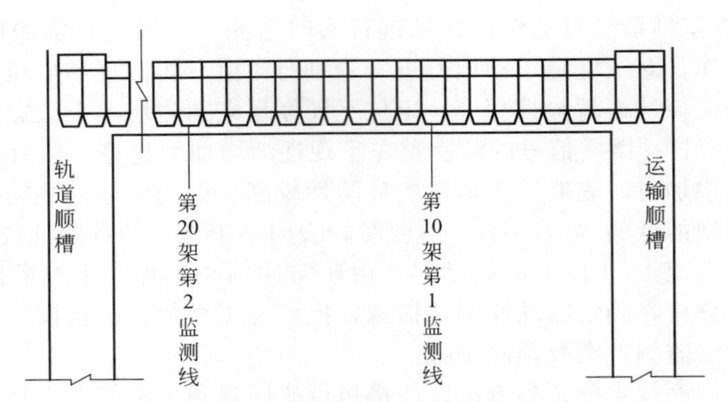

图4.22 工作面监测线布置图

若在线监测发现监测线上支架阻力长时间未达到初撑力或长时间超过额定工作阻力时，要通知现场支架工检查支架附近矿压显现情况，并将支架阻力调整至正常工作阻力状态。每日分析观测支架阻力变化趋势，结合井下实际矿压显现情况，预测预报周期来压的到来，提前做好重点防冲区域的卸压和加强支护措施。

4.6 回采期间冲击地压防治方案设计

4.6.1 工作面超前预防卸压

（1）工作面超前预防卸压方案设计

根据对3302工作面冲击地压危险性的分析，该面整体上具有较强的冲击危险性，因此须提前制定具有针对性的防冲方案。

根据现有的技术装备和防冲实践经验，主要采取爆破卸压、大直径钻孔卸压作为预防性卸压方案，煤体卸压爆破可作为即时解危方案。

工作面回采前，两巷超前150m范围要完成大直径钻孔卸压、爆破卸压，开辟出卸压保护带。爆破卸压后方可进行大直径钻孔卸压。在回采过程中，必须始终保持超前150m的卸压保护带。

爆破卸压参数：

① 卸压孔位：距离巷道煤层底板0.5～1.0m（有岩石情况除外）。

② 卸压孔直径：ϕ42mm。

③ 卸压孔深度：≥13m，允许误差±0.1m。

④ 卸压孔布置：钻孔垂直煤帮，倾角比煤层坡度略底，朝向煤层底板（以防将架上煤层炸碎），孔间距3m。

⑤ 每孔装药量：正常情况下每孔装ϕ27mm×400mm×300g×6卷煤矿许用水胶炸药，当煤体完整性较差、松软时，爆破参数根据现场实际情况而定。

⑥ 装药结构：采用正向装药。

⑦ 雷管：每孔使用毫秒延期同段电雷管2发，脚线每孔不少于4根（2发雷管用），每根长度与雷管自身的脚线接起来后应不少于卸压爆破孔深度（20m以上）。雷管为毫秒延期

电雷管，选择前5段内同一段的，5段毫秒延期电雷管的总延期时间不得超过130ms。当采用雷管脚线连接时，为防止出现瞎炮，要求接点要错开布置200mm以上，接点接好后用胶带把接头包扎好。

⑧ 药卷包裹：使用内径30mm、壁厚1mm的PVC管包裹水胶炸药，装药时PVC管两端用黄土炮泥封堵严。向炮眼内送药时可用高压软管作炮棍或特制炮杆，将包裹的炸药送到眼底。

⑨ 连线方式：孔内串联，孔间串联。

⑩ 起爆方法：采用MFB-100型发爆器起爆。

⑪ 炮泥封孔：采用人工装填炮泥，炮眼要用黄土炮泥封满封实。

⑫ 一次爆破3～5个孔。

⑬ 爆破顺序：应从工作面侧开始沿巷道向外进行，以便使高应力区域向外转移，远离工作面。

⑭ 躲炮半径不小于150m。躲炮时间不少于30min。

(2) 大直径钻孔卸压参数

① 钻孔直径：ϕ110mm。

② 钻孔布置：距离巷道或煤层底板1～1.5m。钻孔与煤层坡度一致并向煤层底板方向布置，与煤壁垂直。卸压大孔为单排布置。

③ 钻孔间距：钻孔间距取1m±0.3m。大直径卸压钻孔布置示意图如图4.23所示。

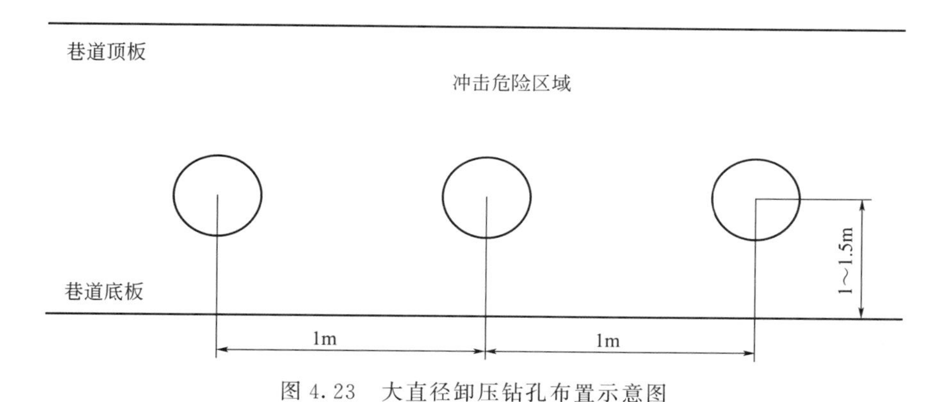

图4.23 大直径卸压钻孔布置示意图

④ 钻孔长度：≥20m。

⑤ 卸压部位：超前150m范围内轨顺两帮和运顺两帮。第一个钻孔距工作面切眼不大于20m。

在前期划分的高度危险区域，要加大卸压力度。在前期2个大直径卸压钻孔中间增加一个钻孔加大卸压力度，具体施工参数同上。

4.6.2 回采期间监测危险区域处理措施

3302工作面回采过程中，根据不同危险区域的冲击矿压危险等级，在初步处理措施的基础上，采取具有针对性的防治措施，进行冲击矿压的防治工作。其中，防治措施主要包括加强支护和煤岩体强度弱化，煤岩体强度弱化措施有大直径钻孔卸压、煤体爆破、底板爆破等。

如果检测到钻屑量超过临界指标，或出现卡钻、顶钻等动力现象，应认为煤体处于临界应力状态，必须采取解危措施。在采取措施前，首先要对危险类型、范围进行分析，然后针对危险类型，在危险区域进行相应的加强支护和煤岩体强度弱化处理。

(1) 加强支护和卸压措施

① 加强支护。对于生产中监测到的冲击危险区域需要采取措施解除危险的存在，然而在实施卸压措施时却有可能诱发冲击矿压的发生，所以在冲击危险区域要尽量加强支护，为接下来卸压措施的实施提供一个安全空间。

工作面顺槽加强支护的方式主要是单体支柱（带顶梁或不带顶梁）支撑顶板、补打锚杆锚索等。具体采用何种形式，则根据危险区的实际情况而定，一般单体支柱加强支护用在顶板下沉量大、离层明显的危险区域内，补打锚杆锚索加强支护用在锚杆锚索失效的顺槽两帮或顶板冒落严重的区域。

② 大直径钻孔卸压。在前期所打卸压钻孔的基础上，在危险区域以及危险区域前后各50m范围内向运顺上帮及轨槽下帮进行大直径钻孔卸压，提前弱化煤体，以释放煤体弹性能。参数为：钻孔直径不小于110mm，钻孔位置距离底板1～1.5m，钻孔长度20m，钻孔间距2m±0.5m，如图4.24所示。

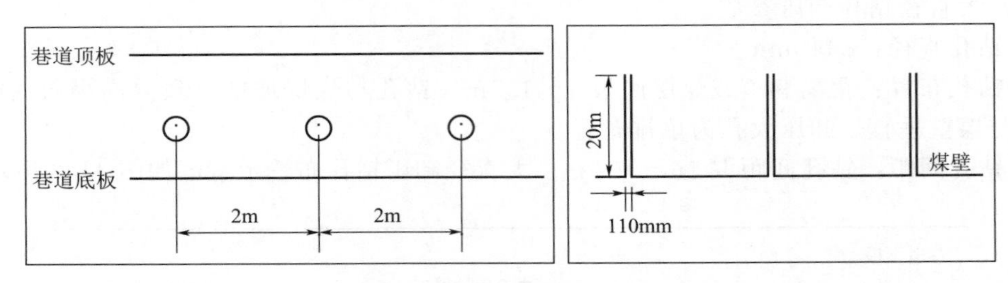

图4.24 卸压钻孔布置图

采用大直径钻孔卸压处理后，对危险区再次用钻屑法进行冲击危险检测。如果危险继续存在，则采取进一步的解危措施。

③ 煤体卸压爆破。对于大直径钻孔卸压后冲击危险仍无法解除的区域，对巷道煤壁两帮进行煤体卸压爆破。爆破后要用钻屑法检查卸压效果，如果在卸压爆破范围内仍有冲击地压危险存在，则应进行第二次爆破，直至解除冲击地压危险为止。卸压爆破孔布置示意图如图4.25所示。

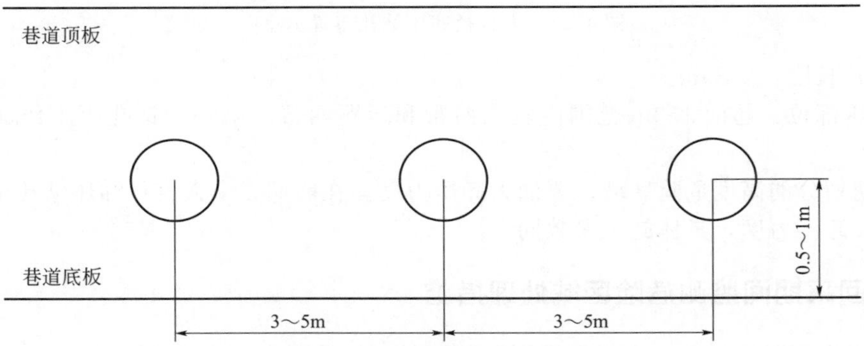

图4.25 卸压爆破孔布置示意图

(2) 爆破卸压

采用煤体爆破卸压处理措施后，对危险区再次用钻屑法进行冲击地压危险检测。如果危险继续存在，则根据顶底板应力集中状态判定积聚的弹性能能量来源，决定对顶板或底板进行卸压爆破处理。

煤矿安全监测大数据平台的开发与设计

5.1 煤矿检测大数据应用平台的基本架构

煤矿企业的生产过程中，由于地质条件复杂，采煤（采掘）工作面千变万化，需要对各种变量进行实时监测，以保证生产的正常进行。本章介绍了煤矿检测大数据应用平台的设计方法及过程，特别是软件的设计原理。该平台能根据监测的结果，及时进行预测、预报、预警，找出企业安全运行的顶板动态运动规律。通过大数据分析，对集成系统的算法进行优化和修正，找出海量数据内在的、本质的规律。平台应用 Java 编程，应用 MySQL 数据库进行信息的存储、转换和挖掘。

大数据应用平台的研究目标主要有以下三个方面：

① 对矿区的顶板和冲击地压数据进行收集、存储，通过大数据检测平台，对算法进行提炼。

② 运用平台的并行运算处理能力、数据仓库优势，对算法进行仿真和优化。满足煤矿企业瞬息万变的井下数据处理能力。

③ 实现大数据平台和企业综合监测监控系统的对接。应用大数据理论，把微震监测系统、综采压力系统、电磁辐射系统、钻孔应力系统，包括钻屑法监测获得的信息进行数据融合，能找出顶板和冲击地压运动变化的规律性，为安全生产保驾护航。

顶板安全监测系统的数据来源于矿井安装的不同类型的子系统，如图 5.1 所示。

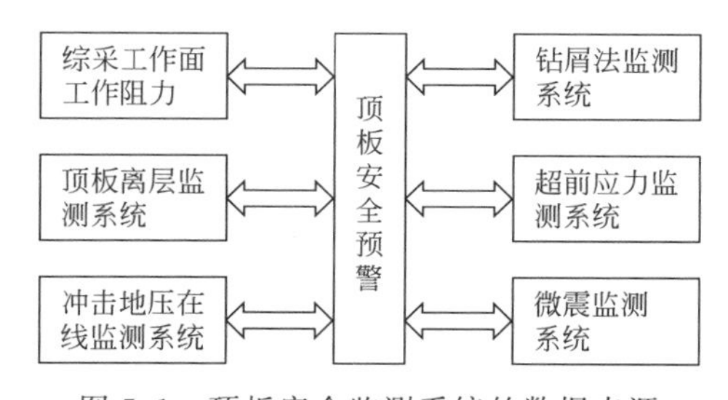

图 5.1 顶板安全监测系统的数据来源

5.2 数据库设计

5.2.1 对象浏览器

大数据监测平台采用 MySQL 数据库。MySQL 是一种开放源代码的关系型数据库管理系统，因其在速度、可靠性和适应性方面的优势而备受关注。应用 MYSQL 管理器的“对象浏览器”“数据浏览器”可方便地建立、修改数据库表的结构及数据。由图 5.2 所示对象浏览器界面可知，meikuang 中包含了 coaldata、daycheck、holemonitor、rooflayer、warning、workeresistance 等数据库的信息。上述数据库会在接下来的章节中详细论述。

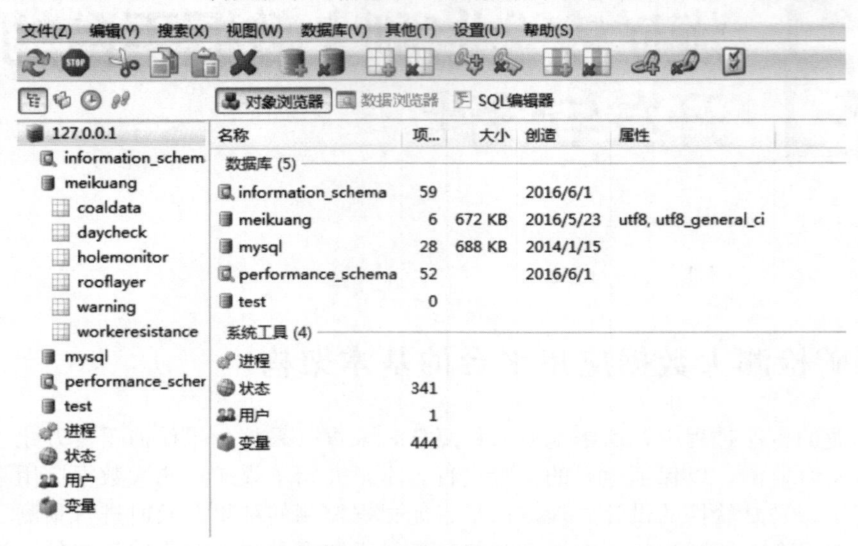

图 5.2 对象浏览器界面

另外，图 5.3 为 information _ schema 数据表，表中保存了 MySQL 服务器所有数据库的信息，如数据库名，数据库的表，表栏的数据类型与访问权限等。这台 MySQL 服务器上，到底有哪些数据库、各个数据库有哪些表，每张表的字段类型是什么，各个数据库需要

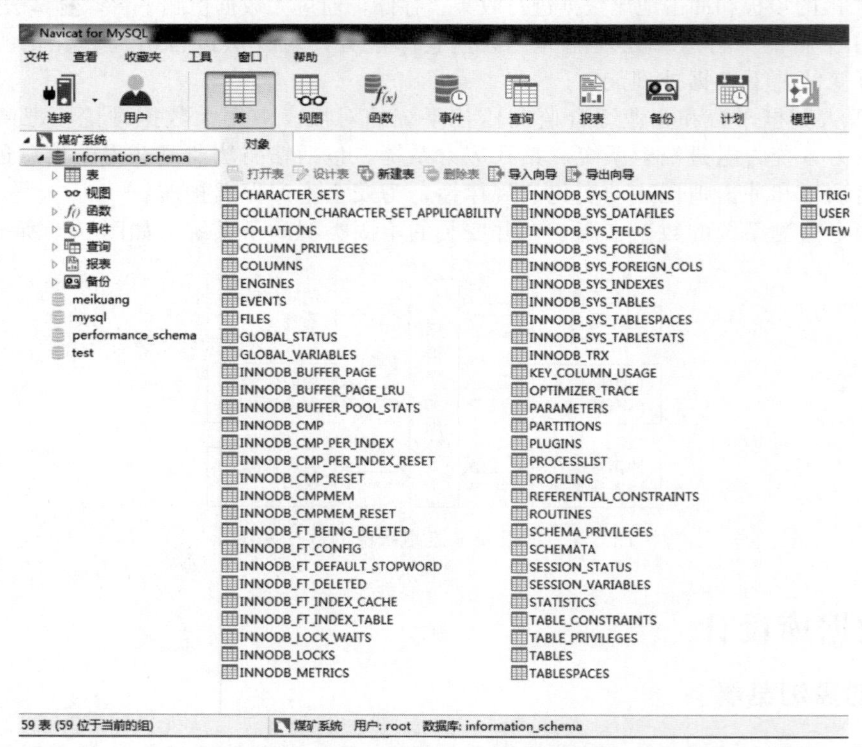

图 5.3 information _ schema 数据表

什么权限才能访问等，这些信息都保存在 information _ schema 数据表里面。

图 5.4 所示是 information _ schema 下的“表格+视图”。

图 5.4 information _ schema 下的“表格+视图”

图 5.5 为回送地址“127.0.0.1”，用于软件平台的测试。例如：命令 ping 127.0.0.1 用来测试本机 TCP/IP 是否正常。

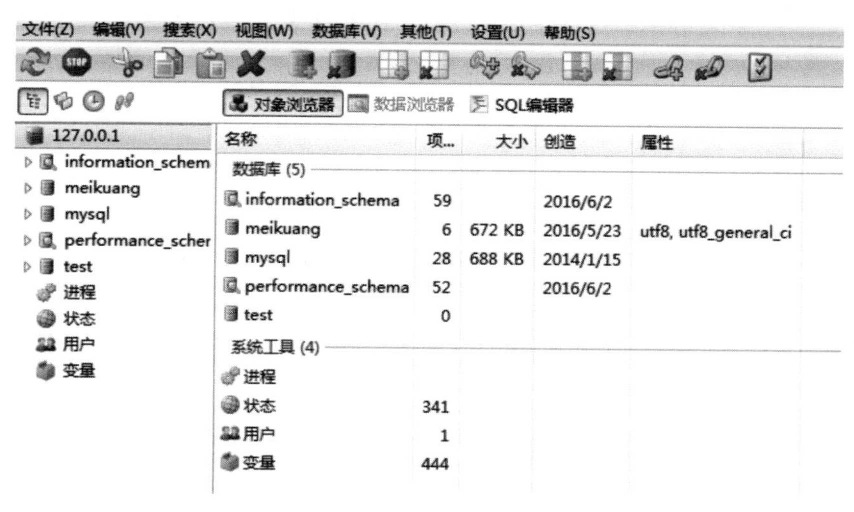

图 5.5 回送地址 127.0.0.1

5.2.2 数据库结构举例

本应用平台的主要数据库介绍如下。

(1) 矿震能量检测数据库 (coaldata)

如图 5.6 所示，主要字段包含检测时间、传感器三维空间坐标、微震能量大小、位置、巷道、煤层等信息。

图 5.6　矿震能量检测数据库

(2) 微震日报表数据库 (daycheck)

如图 5.7 所示，主要字段包含检测时间、检测能量、推进距离、平均能量、总能量、总

图 5.7　微震日报表数据库

次数等。

(3) 钻孔应力数据库 (holemonitor)

如图 5.8 所示，主要字段包含检测时间、钻孔安装的位置（工作面）、运顺（轨顺）、钻孔传感器 1 到钻孔 15 的应力值。

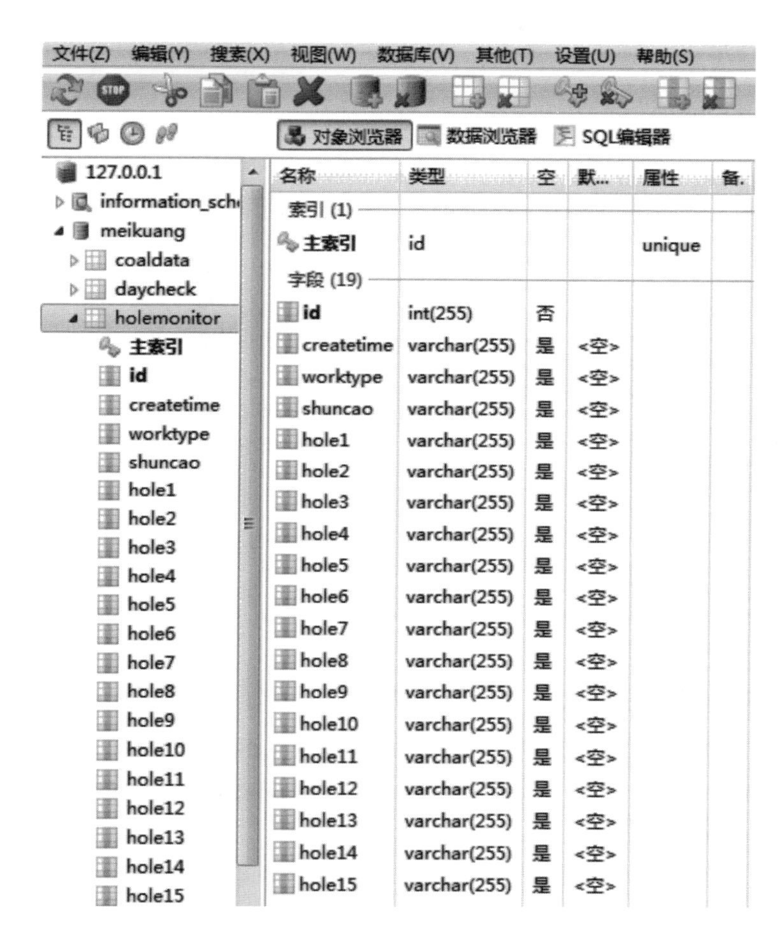

图 5.8　钻孔应力数据库

(4) 顶板离层数据库 (rooflayer)

如图 5.9 所示，主要字段包含传感器编号、现长尺离层（或深基点）、现短尺离层（或浅基点）、离层差、安装时间、查询时间、观察天数（或从安装时间算起的天数）。

(5) 超前应力数据库 (warning)

如图 5.10 所示，主要字段包含序号、传感器编号、安装位置、安装深度、当前值、最大值、与初始值相比较的变化量。

(6) 工作面支架工作阻力数据库 (workeresistance)

如图 5.11 所示，主要字段包含序号、检测时间、分站编号、分架编号、传感器安装位置（上部、中部）、最大值、平均值。

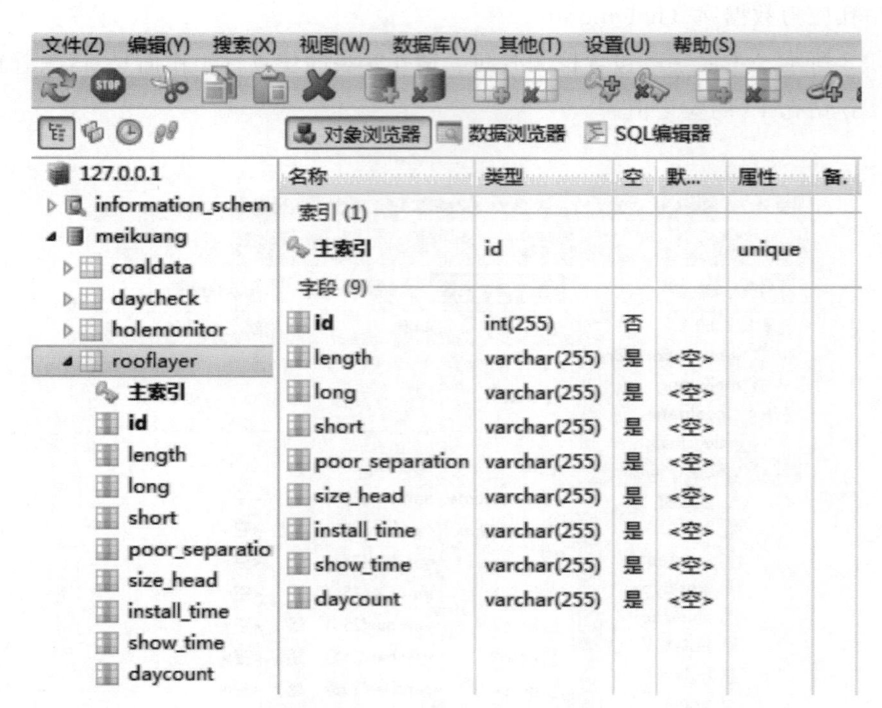

图 5.9 顶板离层数据库

图 5.10 超前应力数据库

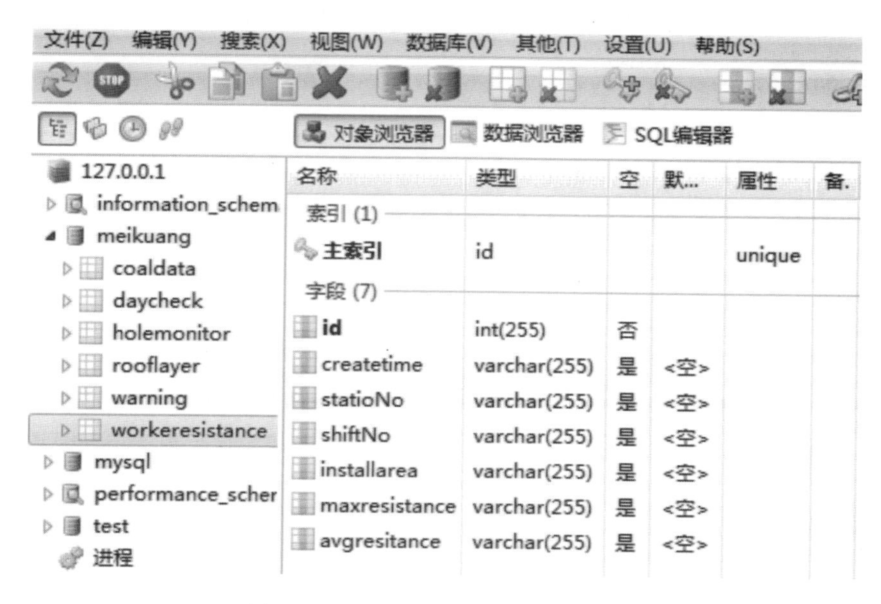

图 5.11 工作面支架工作阻力数据库

5.3 软件应用环境

MyEclipse 10 初始运行界面如图 5.12 所示。

图 5.12 MyEclipse 10 初始运行界面

在图 5.13 中可以选择存储目录。

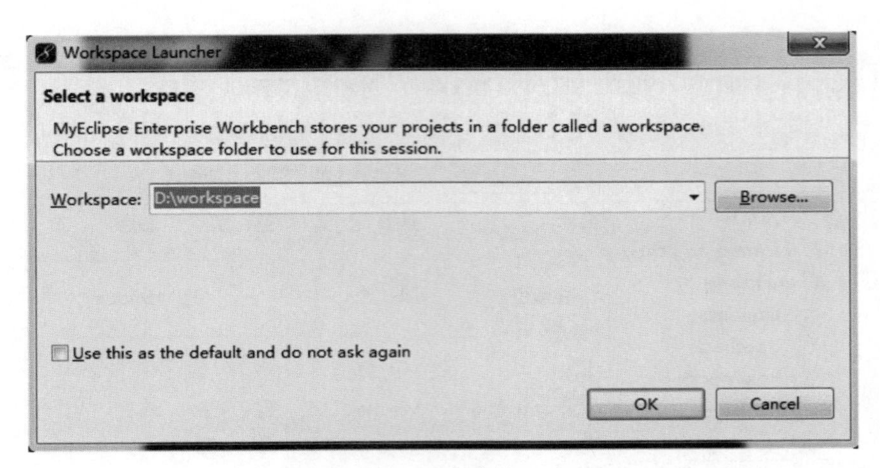

图 5.13　选择存储目录

5.4　程序设计

5.4.1　程序启动

启动服务器 Tomcat6→Start，如图 5.14 所示。图 5.15 为启动过程。

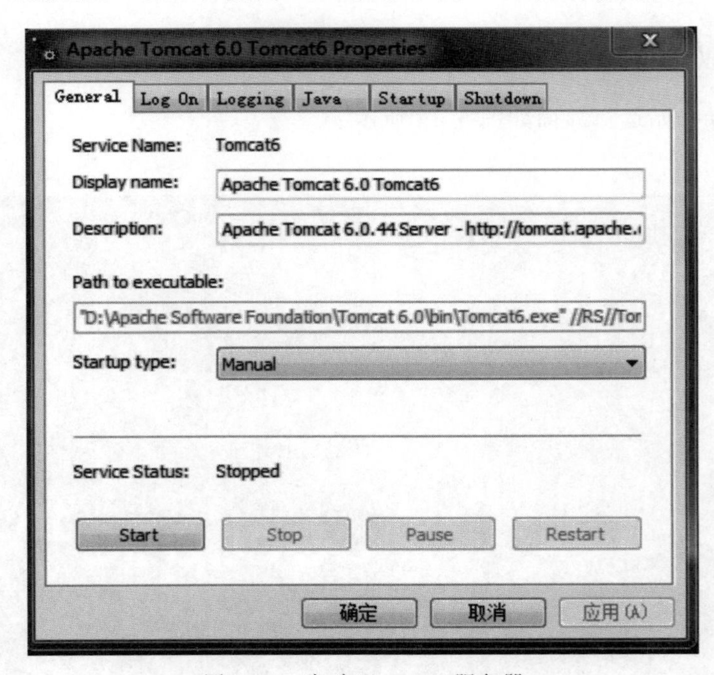

图 5.14　启动 Tomcat6 服务器

① 启动 MyEclipse 10→对源码进行修改。图 5.16 为平台的软件编辑环境界面。

② 打开浏览器，输入网址“http://127.0.0.1：8080/coalmine”进行各种操作。图 5.17 为程序运行的主界面。

③ 单击 MySQL-Font，自动连接，可以打开与项目相关的数据库进行查看。

④ Navicat 是一套快速、可靠并价格便宜的数据库管理工具，专为简化数据库的管理及

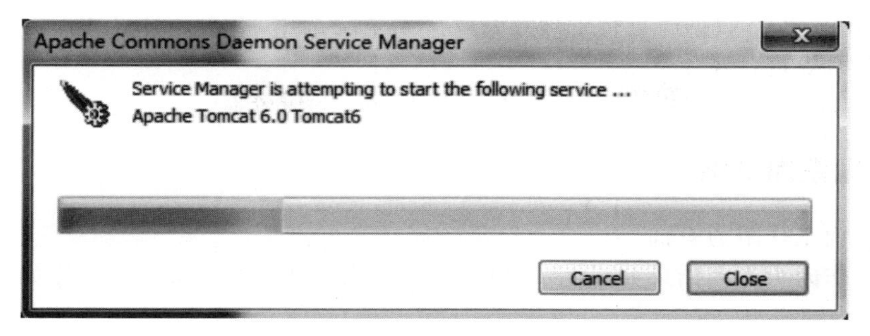

图 5.15　启动过程

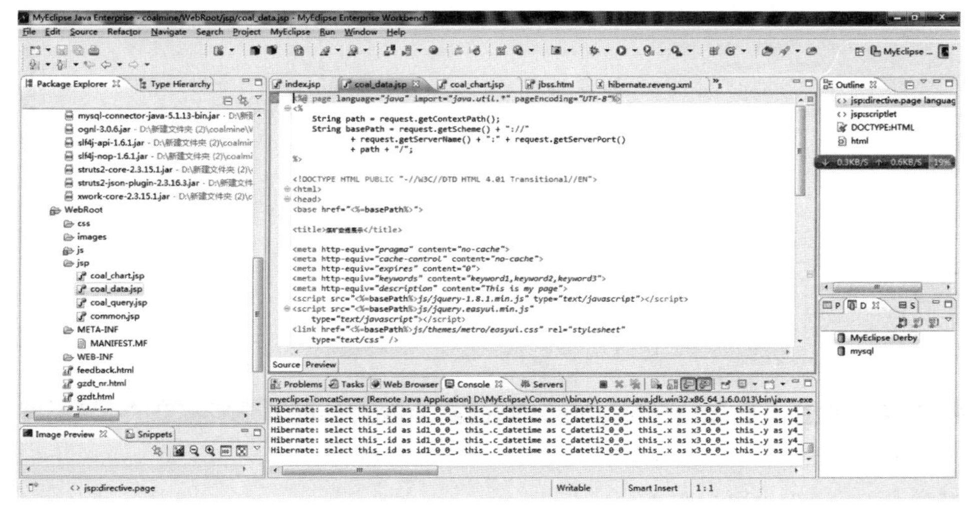

图 5.16　软件编辑环境界面

图 5.17　程序运行主界面

降低系统管理成本而设。它可以用来对本机或远程的 MySQL、SQL Server、SQLite、Oracle 及 PostgreSQL 数据库进行管理及开发。本系统选用了 MySQL 数据库，打开此数据库，可以对所有表进行操作。

⑤ 打开软件编辑环境界面前，必须先关闭 Tomcat6 服务器。

5.4.2 数据查询举例

（1）工作面工作阻力查询

工作面工作阻力查询结果如图 5.18 所示。工作面工作阻力查询的源程序如下。

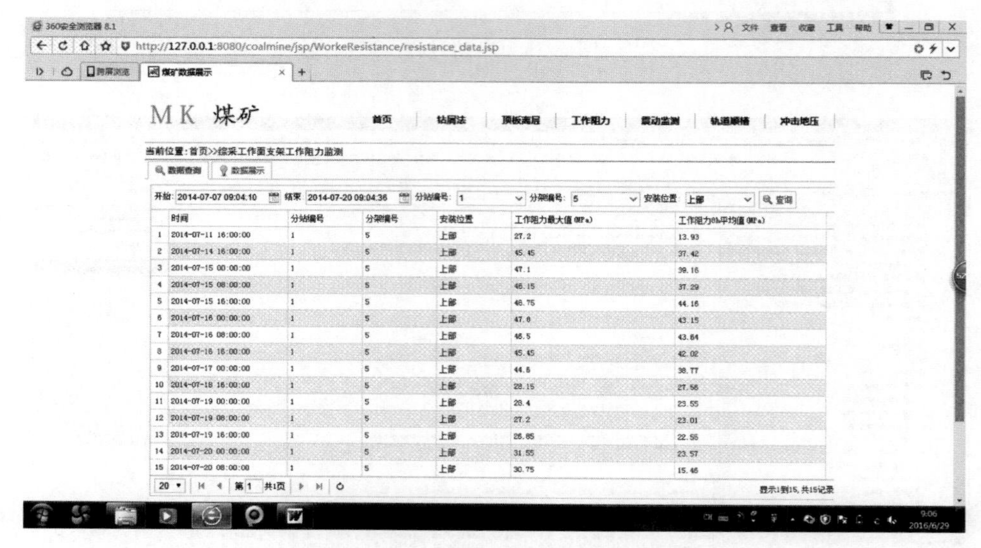

图 5.18　工作面工作阻力查询结果

源程序 5.1　工作面工作阻力

```
public class WorkeResistance Action extends BaseAction {

    private static final long serialVersionUID = -3743230229131777761L;

    private WorkeResistance workeResistance = null;

    private String begin = null; // 查询的开始日期

    private String end = null;// 查询的截止日期

    private String area = null; // 查询的区域

    private String rows;// 每页显示的记录数
    private String page;// 当前的页码

    private String statioNo = null;

    private String shiftNo = null;
```

```
    private String installarea = null;

    private WorkeResistanceDAO mWorkeResistanceDAO = new WorkeResis-
tanceDAO();

    public String datashow() {

        System.out.println("begin" + begin + "end" + end + "area" + area
                + "-----------");

        try {
            int total = mWorkeResistanceDAO.getWorkeResistanceCount(begin, end,
                    statioNo, shiftNo, installarea);
            message.put("total", total);
            message.put("rows",
mWorkeResistanceDAO.loadWorkeResistance(page,
                    rows, begin, end, statioNo, shiftNo, installarea));
            message.put("rows", mWorkeResistanceDAO.findAll());
            message.put("success", true);
        }catch (Exception e) {

            System.out.println(e.toString());
            message.put("success", false);
            message.put("message", "服务器异常!");
    }
        return "success";
        }

  public String chart() {

        try {

            message = ParseUtils.Object2Resistance (mWorkeResistanceDAO.
                    loadWorkeResistance(begin, end, statioNo, shiftNo,
                            installarea));
            message.put("success", true);
        } catch (Exception e) {
            System.out.println(e.toString());
            message.put("success", false);
            message.put("message", "服务器异常!");
        }
        return SUCCESS ;
  }
```

```
public WorkeResistance getWorkeResistance() {
    return workeResistance;
    }

    public void setWorkeResistance(WorkeResistance workeResistance) {
        this.workeResistance = workeResistance;
    }

    public WorkeResistanceDAO getmWorkeResistanceDAO() {
        return mWorkeResistanceDAO;
    }

    public void setmWorkeResistanceDAO(WorkeResistanceDAO mWorkeResistanceDAO) {
        this.mWorkeResistanceDAO = mWorkeResistanceDAO;
    }

    public String getBegin() {
        return begin;
    }

    public void setBegin(String begin) {
        this.begin = begin;
    }

    public String getEnd() {
        return end;
    }

    public void setEnd(String end) {
        this.end = end;
    }

    public String getArea() {
        return area;
    }

    public void setArea(String area) {
        this.area = area;
    }

    public String getRows() {
        return rows;
    }
```

```
    public void setRows(String rows) {
        this.rows = rows;
        }

    public String getPage() {
        return page;
    }

    public void setPage(String page) {
        this.page = page;
    }

    public String getStatioNo() {
        return statioNo;
    }

    public void setStatioNo(String statioNo) {
        this.statioNo = statioNo;
    }

    public String getShiftNo() {
        return shiftNo;
    }

    public void setShiftNo(String shiftNo) {
        this.shiftNo = shiftNo;
    }

    public String getInstallarea() {
        return installarea;
    }

    public void setInstallarea(String installarea) {
        this.installarea = installarea;
    }

}
```

(2) 微震查询

① 图 5.19 显示的是 2015 年 6 月 26 日工作面的微震值。可根据需要对数据进行筛选、排序。

② 微震统计 (daycheck)。图 5.20 所示微震统计界面中，分别显示的是检测时间、检测值，check _ count 是能量 10^3J 以下次数，total _ count 是总次数。

开始事务 备注 筛选 排序 导入 导出

id	c_datetime	x	y	z	energia	rejon	wyrobisko	poklad
3	2015-06-26 01:44:48	492457.01	3934347.59	-1207.1	833.588044457019	运输顺槽	3302面	3#
4	2015-06-26 01:52:06	491566.71	3934200.17	-1084.73	136.804314496505	运输顺槽	3311	3#
5	2015-06-26 02:10:48	492417.34	3934267.12	-1193.46	119.89185594998	轨道顺槽	3302面	3#
6	2015-06-26 02:23:00	492498.67	3934230.82	-1192.53	8361.77134079687	运输顺槽	3302面	3#
7	2015-06-26 03:31:24	492363.69	3934305.57	-1181.2	66.6044700965232	轨道顺槽	3302面	3#
8	2015-06-26 03:41:00	492418.3	3934227.5	-1191.91	255.488389216098	轨道顺槽	3302面	3#
9	2015-06-26 03:50:41	492353.92	3934328.6	-1187.84	155.922624013954	轨道顺槽	3302面	3#
10	2015-06-26 03:57:36	492401.27	3934316.46	-1188.32	220.66453728069	轨道顺槽	3302面	3#
11	2015-06-26 04:22:28	492349.23	3934333.3	-1190.36	94.8402136603767	轨道顺槽	3302面	3#
12	2015-06-26 04:46:12	492351.35	3934306.28	-1183.63	44.0279197394613	轨道顺槽	3302面	3#
13	2015-06-26 04:55:44	492377.57	3934226.61	-1181.11	146.978515236669	轨道顺槽	3302面	3#
14	2015-06-26 05:06:49	492353.48	3934299.97	-1182.9	57.313048863313	轨道顺槽	3302面	3#
15	2015-06-26 05:59:59	492353.38	3934318.42	-1187.91	488.417295870506	轨道顺槽	3302面	3#
16	2015-06-26 06:18:05	491924.43	3933592.56	-1069.78	386.935581770119	轨道顺槽	3310	3#
17	2015-06-26 06:31:47	491888.98	3933663.02	-1075.07	305.885382180649	轨道顺槽	3310	3#
19	2015-06-26 07:10:30	491927.29	3933610.43	-1072.11	9813.17746262181	轨道顺槽	3310	3#
20	2015-06-26 09:53:53	492455.2	3934297.88	-1206.04	9797.28855749839	运输顺槽	3302面	3#
21	2015-06-26 10:16:56	492353.48	3934299.97	-1182.9	85.3182136023234	轨道顺槽	3302面	3#
22	2015-06-26 11:00:26	492353.48	3934299.97	-1182.9	431.505898348665	轨道顺槽	3302面	3#
23	2015-06-26 11:00:04	492374.63	3934271	-1186.21	2319.98367938185	轨道顺槽	3302面	3#
24	2015-06-26 11:43:29	492490.07	3934303.71	-1212.59	6735.57814783999	运输顺槽	3302面	3#
25	2015-06-26 11:45:03	491879.14	3933641.88	-1110.22	9457.75325344121	轨道顺槽	3310	3#

图 5.19 微震数据查询界面

开始事务 备注 筛选 排序 导入 导出

id	createtime	check_power	progress	check_count	avg_power	total_power	total_count
1	2015-06-01	104636	4	40	26159	113738	54
10	2015-06-10	30180	6	29	6036	41505	36
11	2015-06-11	32229	6	29	6446	38215	43
12	2015-06-12	23298	5	26	4660	33992	40
13	2015-06-13	40611	5	24	8122	58981	40
14	2015-06-14	39161	5	27	7832	51393	45
15	2015-06-15	66477	8	32	16619	108834	56
16	2015-06-16	26222	6	32	5244	42253	52
17	2015-06-17	42630	6	31	8526	57360	47
18	2015-06-18	36880	7	37	7376	53210	60
19	2015-06-19	33002	9	35	8251	50613	50
2	2015-06-02	30158	5	30	6032	42653	41
20	2015-06-20	26362	7	33	5272	28865	42
21	2015-06-21	14005	5	25	2801	21876	41
22	2015-06-22	42920	7	28	10730	52326	39
23	2015-06-23	28550	5	23	6344	41018	35
24	2015-06-24	30125	5	27	6025	41284	38
25	2015-06-25	31311	6	29	6262	38832	48
26	2015-06-26	42440	6	29	9431	71401	44
27	2015-06-27	2496	0	10	0	4430	16
28	2015-06-28	22487	4	21	4497	41086	37
29	2015-06-29	20596	4	21	4119	32358	32

图 5.20 微震统计界面

微震检测统计报表有柱状图、折线图两种形式，如图 5.21、图 5.22 所示。图 5.21 为 3302 面来压期间震动统计图，横坐标为距切眼的距离，单位是米，左边的纵坐标为每日震动总能量，单位是 J；右边的纵坐标为震动的次数。图 5.22 为微震实时统计预警查询图，可根据需要查询指定日期的微震能量值。

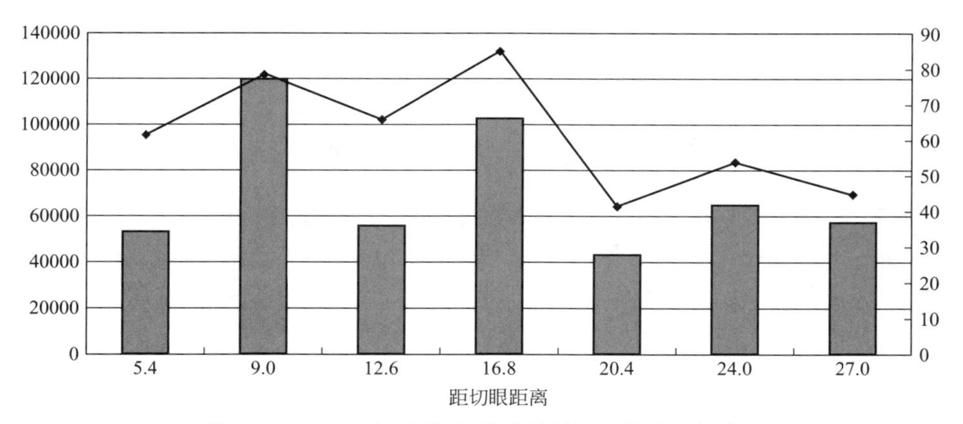

图 5.21 3302 面来压期间震动统计图（柱状＋折线）

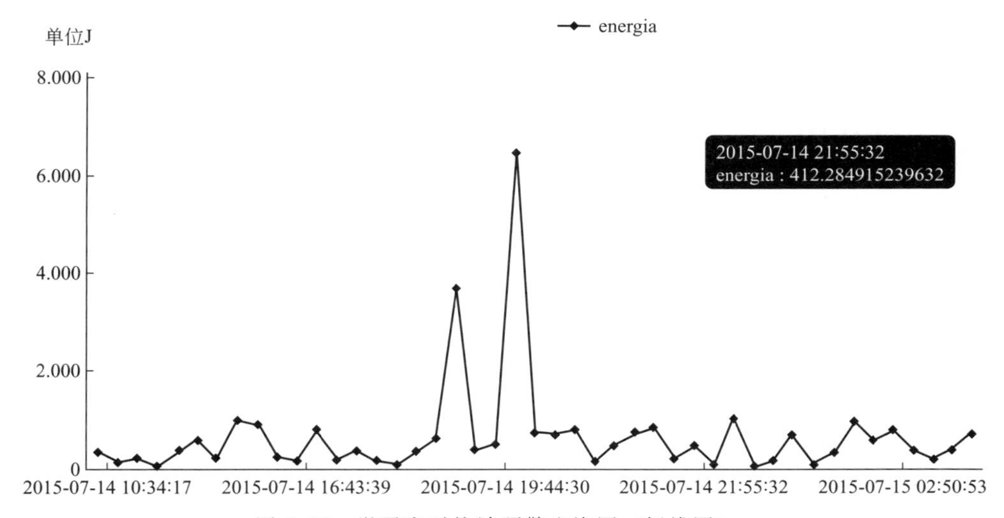

图 5.22 微震实时统计预警查询图（折线图）

开始事务 备注 筛选 排序 导入 导出

id	createtime	worktype	shuncao	hole1	hole2	hole3	hole4	hole5	hole6	hole7	hole8	hole9
1	2015-8-15	中班	轨道顺槽	1.2	1.6	2.1	2.5	2.2	2.1	1.7	2.8	2.5
2	2015-8-16	夜班	轨道顺槽	1.5	2.9	3	2.5	2.5	2.8	3.1	4.8	5.1
3	2015-8-17	中班	轨道顺槽	1.4	3	2.8	2.6	2.9	3.1	3	3.1	4.6
4	2015-8-17	中班	轨道顺槽	1.6	1.9	2.3	2.5	2.8	2.9	3.2	3.4	3.5
5	2015-8-18	夜班	轨道顺槽	1.7	2.1	2.4	2.8	3.1	3.3	3.7	4.1	4.3
6	2015-8-18	夜班	轨道顺槽	1.6	1.7	2.5	2.6	3.2	3.3	4.1	4.3	4.6
7	2015-8-18	夜班	轨道顺槽	1.5	2.5	2.3	2.6	3	3.3	3.3	3.5	3.5
8	2015-8-15	中班	运输顺槽	2	2.5	2.8	2.6	3.8	25	13	48	40
9	2015-8-15	中班	运输顺槽	1	1.5	2	3	3	3.5	3.9	4	4.5
10	2015-8-15	中班	运输顺槽	1.5	2	2.2	3	2.8	3.2	3.5	3.5	3.4
11	2015-8-15	中班	运输顺槽	1	1.5	1.8	2.5	3.5	3	4.5	4	4
12	2015-8-15	中班	运输顺槽	1.9	2.1	2.4	3.1	3.6	4.4	4.8	5	5.5
13	2015-8-16	早班	运输顺槽	1.8	2.2	2.4	2.6	2.9	3.3	3.5	3.9	4.3
14	2015-8-16	早班	运输顺槽	1.9	2.1	2.6	2.8	2.9	3.2	3.6	3.8	4.1
15	2015-8-16	早班	运输顺槽	2	2.5	3	3.2	3	3	2.9	3.4	3.9
16	2015-8-16	中班	运输顺槽	1.5	1.7	2.1	2.5	2.7	3.1	3.7	4.1	4.5
17	2015-8-16	中班	运输顺槽	1.3	1.5	2.5	2.6	2.3	3.1	3.5	4.2	4.5
18	2015-8-16	中班	运输顺槽	1.8	2.1	2.5	3	3.1	3.2	3.8	3.6	4.5
19	2015-8-16	中班	运输顺槽	1.3	1.9	2.1	2.6	3	3.4	3.8	4.2	4.6
20	2015-8-17	夜班	运输顺槽	1.2	1.5	2	2.6	2.8	3.4	3.9	3	3.6
21	2015-8-17	夜班	运输顺槽	1.6	1.8	2.2	2.6	3.2	3.8	4.2	4.3	4.5

图 5.23 钻孔应力监测数据

（3）钻孔应力查询

图 5.23 中显示了安装在运输顺槽和轨道顺槽中的九个钻孔应力计的测量数据。

图 5.24 所示钻孔压力变化情况一览表中，分别显示的内容为传感器编号、安装位置、安装深度、初始压力值、当前值 、最大值、压力改变量等。

id	sensorid	install	deep	init_s	current_s	max_s	change
1	191	540m	17	2	3.3	3.3	65
2	192	540m	12	2	1.8	5.2	-10
3	147	550m	17	2	2.4	2.5	20
4	148	550m	12	2	5.3	5.3	165
5	175	560m	17	2	3.5	3.6	75
6	176	560m	12	2	6.1	6.1	205
7	193	565m	17	2	3.8	3.8	90
8	194	565m	12	2	2.8	5.7	40
9	149	578m	17	2	2.6	2.7	30
10	150	578m	12	2	2.3	2.3	15
11	177	590m	17	2	4	4.3	100
12	178	590m	12	2	4.5	4.7	125
13	151	608m	17	2	2.5	2.5	25
14	152	608m	12	2	1.8	1.9	-10
15	179	620m	17	2	3.3	3.3	65
16	180	620m	12	2	4.3	4.7	115
17	153	638m	17	2	2.3	2.4	15
18	154	638m	12	2	2.2	2.3	10
19	181	645m	17	2	3.7	3.9	85
20	182	645m	12	2	3.8	3.9	90
21	155	665m	17	2	2.5	2.5	25
22	156	665m	12	2	2	2	0

图 5.24　钻孔压力变化情况一览表

id	length	long	short	poor_separation	size_head	install_time	show_time	daycount
1	0	10	0	10	955	2012-04-10	2013-01-21	286
2	70	20	20	0	885	2012-05-21	2013-01-21	245
3	136	190	140	50	819	2012-06-05	2013-01-21	230
4	200	180	75	105	755	2012-06-20	2013-01-21	215
5	265	160	120	40	690	2012-07-04	2013-01-21	201
6	335	175	155	20	620	2012-07-19	2013-01-21	186
7	395	130	120	10	560	2012-08-01	2013-01-21	173
8	450	150	100	50	505	2012-08-10	2013-01-21	164
9	505	55	50	5	450	2012-08-17	2013-01-21	157
10	554	180	130	50	401	2012-08-24	2013-01-21	150
11	605	85	60	25	350	2012-09-05	2013-01-21	138
12	665	110	110	0	290	2012-09-12	2013-01-21	131
13	715	105	90	15	240	2012-09-19	2013-01-21	124
14	750	160	110	50	205	2012-09-26	2013-01-21	117
15	830	40	35	5	125	2012-10-09	2013-01-21	104
16	920	25	20	5	35	2012-11-20	2013-01-21	62

图 5.25　顶板离层监测数据

（4）顶板离层监测数据

如图 5.25 所示。数据含义可参考图 5.9。

（5）综采工作面工作阻力监测

图 5.26 所示工作面支架工作阻力中分别显示的是检测时间、编号、检测位置、最大值、平均值等。工作面支架工作阻力的柱状图如图 5.27 所示。

id	createtime	statioNo	shiftNo	installarea	maxresistance	avgresitance
1	2014-07-11 16:00:00	1	5	上部	27.2	13.93
2	2014-07-14 16:00:00	1	5	上部	45.45	37.42
3	2014-07-15 00:00:00	1	5	上部	47.1	39.16
4	2014-07-15 08:00:00	1	5	上部	46.15	37.29
5	2014-07-15 16:00:00	1	5	上部	46.75	44.16
6	2014-07-16 00:00:00	1	5	上部	47.8	43.15
7	2014-07-16 08:00:00	1	5	上部	46.5	43.64
8	2014-07-16 16:00:00	1	5	上部	45.45	42.02
9	2014-07-17 00:00:00	1	5	上部	44.6	38.77
10	2014-07-18 16:00:00	1	5	上部	28.15	27.56
11	2014-07-19 00:00:00	1	5	上部	28.4	23.55
12	2014-07-19 08:00:00	1	5	上部	27.2	23.01
13	2014-07-19 16:00:00	1	5	上部	26.85	22.55
14	2014-07-20 00:00:00	1	5	上部	31.55	23.57
15	2014-07-20 08:00:00	1	5	上部	30.75	15.46
16	2014-07-20 16:00:00	1	5	上部	26.5	20.94
17	2014-07-21 00:00:00	1	5	上部	29.9	23.49
18	2014-07-21 08:00:00	1	5	上部	27.95	18.53
19	2014-07-21 16:00:00	1	5	上部	28.15	21.57
20	2014-07-22 00:00:00	1	5	上部	30.3	22.47
21	2014-07-22 08:00:00	1	5	上部	29.05	22.81
22	2014-07-22 16:00:00	1	5	上部	29.7	24.43

图 5.26　工作面支架工作阻力

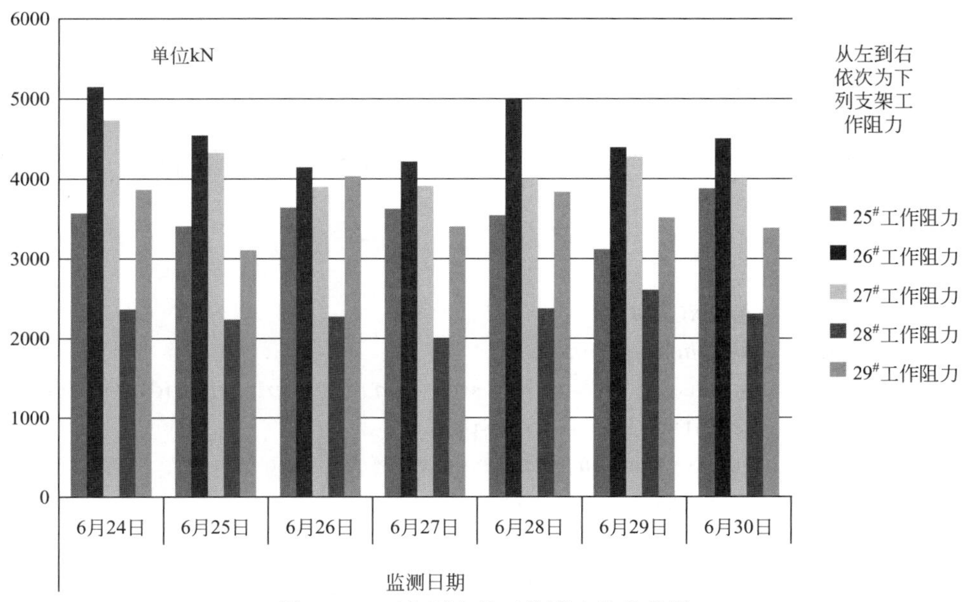

图 5.27　工作面支架工作阻力的柱状图

5.5 源程序设计举例

下面给出了三段源程序，以概括说明大数据平台的设计思路。

源程序 5.2 软件初始化

```
BaseAction. java

<%@ page language="java"import="java. util. * "pageEncoding="UTF-8"%>
<%
        String path = request. getContextPath();
        String basePath = request. getScheme() + "://"
                        + request. getServerName() + ":" + request. getServerPort()
                        + path + "/";
%>

<! DOCTYPE HTML PUBLIC "-//W3C//DTD HTML 4. 01 Transitional//EN">
<html>
<head>
<base href="<%=basePath%>">

<title>煤矿监测大数据平台</title>
<meta http-equiv="pragma"content="no-cache">
<meta http-equiv="cache-control"content="no-cache">
<meta http-equiv="expires"content="0">
<meta http-equiv="keywords"content="keyword1,keyword2,keyword3">
<meta http-equiv="description"content="This is my page">
<link href="css/YJUI_Style. css"rel="stylesheet"type="text/css"/>
<link rel="stylesheet"type="text/css"href="css/style. css">
<script type="text/javascript"src="js/jquery-1. 8. 3. min. js"></script>
<script type="text/javascript"src="js/MyCxcPlug. js"></script>
</head>

<body>
    <div class="indexCont">
        <div class="headerCont">
            <span class="fl"><img src="images/top1. gif"width="1000"
                height="180"/> </span>
            <div class="menu_nav clearfix">
                <ul class="nav_content">
                    <li style="margin-left: -20px ;"><a
href="/coalmine/jsp/layer/layer_data. jsp">顶板离层</a>
                    </li>
```

```
                    <li><a
   href="/coalmine/jsp/WorkeResistance/resistance_data.jsp">工作阻力</a></li>
                    <li><a href="/coalmine/jsp/shake/shack_data.jsp">震动
检测</a></li>
                    <li><a href="/coalmine/jsp/warning/warn_data.jsp">冲
击地压</a></li>
                    <li><a href="<%=basePath%>jsp/coal_data.jsp">轨道
顺槽</a></li>
                    <li><a href="/coalmine/jsp/hole/hole_data.jsp">钻屑法
</a></li>

                </ul>
                <div class="menu_nav_right"></div>

                <div class="search">
                    <input class="s_txt"type="text"/> <input class="s_sc"
                        type="button"value=""/>
                </div>
            </div>
        </div>
        <div style="clear:both "></div>
        <! --first_1-->

        <! --first_1-end-->

        <! --sec_2-start-->
        <div class="sec_2">
            <div class="s_left">
                <h4 class="h_tit">
                    <i>数据挖掘</i><span class="fr mr20"><a href="#"
>更多>></a>
                    </span>
                </h4>
                <table border="0"class="tab_border"cellspacing="0"cellpadding="0">
                    <thead>
                        <tr>
                            <th>时间</th>
                            <th>x</th>
                            <th>y</th>
                            <th>z</th>
                            <th>energia</th>
                            <th>rejon</th>
                        </tr>
```

```
                </thead>
                <tbody>
                    <tr>
                        <td>2015-06-26 00:17:21</td>
                        <td>491568.9</td>
                        <td>3934172.39</td>
                        <td>-1083.62</td>
                        <td>36.2320099205443</td>
                        <td>运输顺槽</td>
                    </tr>
                    <tr>
                        <td>2015-06-26 01:42:44</td>
                        <td>492460.25</td>
                        <td>3934235.7</td>
                        <td>-1197.07</td>
                        <td>166.132551370987</td>
                        <td>运输顺槽</td>
                    </tr>
                    <tr>
                        <td>2015-06-26 01:44:48</td>
                        <td>492457.01</td>
                        <td>3934347.59</td>
                        <td>-1207.1</td>
                        <td>833.588044457019</td>
                        <td>运输顺槽</td>
                    </tr>
                </tbody>
            </table>
        </div>
        <div class="user_login">
            <h4 class="h_tit">
                <i class="fl">用户登录</i><a class="fl"
href="javascript:void(0);">更多  <i><img
                        src="images/ico_down.png"width="7"height="4"/>
</i> </a>
            </h4>
            <div class="form_log">
                <p>
                    <label class="l_arr">用户名:</label><input
class="l_txt"type="text"/>
                </p>
                <p>
                    <label class="l_arr">密    码:
```

```
</label><input
                                        class="l_txt"type="text"/>
                               </p>
                               <p>
                                   <label class="fl l_arr">验证码:</label><span
class="fl"><img
                                          src="images/ya.gif"width="69"height="27"/>
</span>
                               </p>
                               <p>
                                   <input class="log_btn"type="button"value="登录"/>
                               </p>
                          </div>
                     </div>
                </div>
                <! --sec_2-end-->

                <! --thr_3-start-->
                <div class="thr_3">
                     <div class="s_left">
                          <h4 class="h_tit">
                               <i>数据采集</i>
                          </h4>
                          <div class="bor">
                                   < table width = "746" border = "0" class = "tab_ border"
cellspacing="0"
                                   cellpadding="0">
                                   <thead>
                                        <tr>
                                             <th width="10%">序号</th>
                                             <th width="90%">内容</th>
                                        </tr>
                                   </thead>
                                   <tbody>
                                        <tr>
                                             <td nowrap="nowrap"align="center">1</td>
                                             <td nowrap="nowrap"><div
class="td_cont">          
  <a href="#">≥>综采支架压力数据</a>

                                                  </div></td>
                                        </tr>
                                        <tr>
```

```
                        <td nowrap="nowrap"align="center">2</td>
                        <td nowrap="nowrap"><div
class="td_cont">      <a href="#">≥>超前应
力数据</a>
                        </div></td>
                    </tr>
                    <tr>
                        <td nowrap="nowrap"align="center">3</td>
                        <td nowrap="nowrap"><div
class="td_cont">      <a href="#">≥>冲击地
压数据</a>
                        </div></td>
                    </tr>
                    <tr>
                        <td nowrap="nowrap"align="center">4</td>
                        <td nowrap="nowrap"><div
class="td_cont">      <a href="#">≥>顶板离
层数据</a>

                        </div></td>
                    </tr>
                    <tr>
                        <td nowrap="nowrap"align="center">5</td>
                        <td nowrap="nowrap"><div class="td_cont"><
a href="#">≥>微震数据</a>
                        </div></td>
                    </tr>
                    <tr>
                        <td nowrap="nowrap"align="center">6</td>
                        <td nowrap="nowrap"><div class="td_cont"><
a href="#">≥>更多数据</a>
                        </div></td>
                    </tr>
                </tbody>
            </table>
        </div>
    </div>

    <div class="user_login">
        <h4 class="h_tit">
            <i class="fl">相关</i><a class="fl"
href="javascript:void(0);">更多  <i><img
                src="images/ico_down.png"width="7"height="4"/>
```

```
</i> </a>
                    </h4>
                    <div class="t_cont_list">
                        <ul class="t_list_ul">
                            <li><a href="javascript:;"><img
src="images/yj_img1.gif"
                                    width="208"height="41"/> </a></li>
                            <li><a href="javascript:;"><img
src="images/yj_img2.gif"
                                    width="208"height="41"/> </a></li>
                            <li><a href="javascript:;"><img
src="images/yj_img3.gif"
                                    width="208"height="41"/> </a></li>
                            <li><a href="javascript:;"><img
src="images/yj_img4.gif"
                                    width="208"height="41"/> </a></li>
                        </ul>
                    </div>

                </div>
            </div>
            <! --thr_3-end-->
            <div class="footer">
                <div class="f_line_top"></div>
                <span class="f_txt">
                    <p>
                        Copyright © 2016 All Rights Reserved 制作维护:<a
                         href="#"target="_blank"></a>
                    </p>
                    <p>欢迎使用数据平台</p> </span>
            </div>
        </div>


    </body>
    </body>
    </html>
```

源程序 5.3　实时数据查询设置

CoalMineAction.java

```
package cn.edu.tsmc.action;
```

```
import java.util.HashMap;
import java.util.Map;

import cn.edu.tsmc.pojo.CoalData;
import cn.edu.tsmc.util.ParseUtils;

public class ColeMineAction extends BaseAction {

    private static final long serialVersionUID = -3743230229131777761L;

    private CoalData coaldata = null;

    private String begin = null; // 查询的开始日期

    private String end = null;// 查询的截止日期

    private String area = null; // 查询的区域;

    private String rows;// 每页显示的记录数
    private String page;// 当前的页码

    private String wyrobisko = null;

    public String datashow() {

        System.out.println("begin" + begin + "end" + end + "area" + area
                + "-----------");

        try {
            int total = mCoalDataDAO.getCoalDataCount(begin, end, area,
                    wyrobisko);
            message.put("total", total);
            message.put("rows", mCoalDataDAO.loadCoalData(page, rows, begin,
                    end, area, wyrobisko));
            message.put("rows", mCoalDataDAO.findAll());
            message.put("success", true);
        } catch (Exception e) {

            System.out.println(e.toString());
            message.put("success", false);
            message.put("message", "服务器异常!");
        }
```

```
        return "success";
    }

    public String chart() {

        try {
            message = ParseUtils.Object2Chart(mCoalDataDAO.loadCoalData(begin,
                    end));
            message.put("success", true);
        } catch (Exception e) {
            message.put("success", false);
            message.put("message", "服务器异常!");
        }

        return SUCCESS;
    }

    public CoalData getCoaldata() {
        return coaldata;
    }

    public void setCoaldata(CoalData coaldata) {
        this.coaldata = coaldata;
    }

    public String getBegin() {
        return begin;
    }

    public void setBegin(String begin) {
        this.begin = begin;
    }

    public String getEnd() {
        return end;
    }

    public void setEnd(String end) {
        this.end = end;
    }

    public String getArea() {
        return area;
```

```
    }

    public void setArea(String area) {
        this.area = area;
    }

    public String getRows() {
        return rows;
    }

    public void setRows(String rows) {
        this.rows = rows;
    }

    public String getPage() {
        return page;
    }

    public void setPage(String page) {
        this.page = page;
    }

    public String getWyrobisko() {
        return wyrobisko;
    }

    public void setWyrobisko(String wyrobisko) {
        this.wyrobisko = wyrobisko;
    }

}
```

源程序 5.4　参数设置

CoalDataDAO. java

```
package cn.edu.tsmc.dao;

// default package

import java.sql.Time;
import java.text.ParseException;
```

```
import java.text.SimpleDateFormat;
import java.util.Date;
import java.util.List;

import org.hibernate.Criteria;
import org.hibernate.LockMode;
import org.hibernate.Query;
import org.hibernate.criterion.Example;
import org.hibernate.criterion.Order;
import org.hibernate.criterion.Projections;
import org.hibernate.criterion.Restrictions;
import org.slf4j.Logger;
import org.slf4j.LoggerFactory;

import cn.edu.tsmc.pojo.CoalData;

/**
 * A data access object (DAO) providing persistence and search support for
 * CoalData entities. Transaction control of the save(), update() and delete()
 * operations can directly support Spring container-managed transactions or they
 * can be augmented to handle user-managed Spring transactions. Each of these
 * methods provides additional information for how to configure it for the
 * desired type of transaction control.
 *
 * @see .CoalData
 * @author MyEclipse Persistence Tools
 */
public class CoalDataDAO extends BaseHibernateDAO {
    private static final Logger log = LoggerFactory
            .getLogger(CoalDataDAO.class);
    // property constants
    public static final String DATA = "data";
    public static final String CZAS = "czas";
    public static final String X = "x";
    public static final String Y = "y";
    public static final String Z = "z";
    public static final String ENERGIA = "energia";
    public static final String REJON = "rejon";
    public static final String WYROBISKO = "wyrobisko";
    public static final String POKLAD = "poklad";

    public void save(CoalData transientInstance) {
        log.debug("saving CoalData instance");
```

```
        try {
            getSession(). save(transientInstance);
            log. debug("save successful");
        } catch (RuntimeException re) {
            log. error("save failed", re);
            throw re;
        }
    }

    public void delete(CoalData persistentInstance) {
        log. debug("deleting CoalData instance");
        try {
            getSession(). delete(persistentInstance);
            log. debug("delete successful");
        } catch (RuntimeException re) {
            log. error("delete failed", re);
            throw re;
        }
    }

    public CoalData findById(java. lang. String id) {
        log. debug("getting CoalData instance with id: " + id);
        try {
            CoalData instance = (CoalData) getSession(). get("CoalData", id);
            return instance;
        } catch (RuntimeException re) {
            log. error("get failed", re);
            throw re;
        }
    }

    public List findByExample(CoalData instance) {
        log. debug("finding CoalData instance by example");
        try {
            List results = getSession(). createCriteria("CoalData")
                    . add(Example. create(instance)). list();
            log. debug("find by example successful, result size: "
                    + results. size());
            return results;
        } catch (RuntimeException re) {
            log. error("find by example failed", re);
            throw re;
        }
```

```
}

public List findByProperty(String propertyName, Object value) {
    log.debug("finding CoalData instance with property: " + propertyName
            + ", value: " + value);
    try {
        String queryString = "from CoalData as model where model. "
                + propertyName + "= ?";
        Query queryObject = getSession().createQuery(queryString);
        queryObject.setParameter(0, value);
        return queryObject.list();
    } catch (RuntimeException re) {
        log.error("find by property name failed", re);
        throw re;
    }
}

public List findByData(Object data) {
    return findByProperty(DATA, data);
}

public List findByCzas(Object czas) {
    return findByProperty(CZAS, czas);
}

public List findByX(Object x) {
    return findByProperty(X, x);
}

public List findByY(Object y) {
    return findByProperty(Y, y);
}

public List findByZ(Object z) {
    return findByProperty(Z, z);
}

public List findByEnergia(Object energia) {
    return findByProperty(ENERGIA, energia);
}

public List findByRejon(Object rejon) {
    return findByProperty(REJON, rejon);
```

```
    }

    public List findByWyrobisko(Object wyrobisko) {
        return findByProperty(WYROBISKO, wyrobisko);
    }

    public List findByPoklad(Object poklad) {
        return findByProperty(POKLAD, poklad);
    }

    public List<CoalData> findAll() {
        log.debug("finding all CoalData instances");
        try {
            String queryString = "from CoalData";
            Query queryObject = getSession().createQuery(queryString);
            return queryObject.list();
        } catch (RuntimeException re) {
            log.error("find all failed", re);
            throw re;
        }
    }

    @SuppressWarnings({ "unchecked", "null" })
    public List<CoalData> loadCoalData(String start, String size, String begin,
            String end, String rejon, String wyrobisko) {
        // 当为默认值的时候进行赋值
        int currentpage = Integer
                .parseInt((start == null || start == "0") ? "1" : start);
        int pagesize = Integer.parseInt((size == null || size == "0") ? "20"
                : size);// 每页多少行
        Criteria criteria = getSession().createCriteria(CoalData.class);

        if ((begin != null && begin.trim().length() > 0)
                && (end != null && end.trim().length() > 0)) {
            criteria.add(Restrictions.between("datetime", begin, end));
        }

        if (rejon != null && rejon.trim().length() > 0) {
            criteria.add(Restrictions.like("rejon", "%" + rejon + "%"));
        }
```

```
    if (wyrobisko != null && wyrobisko.trim().length() > 0) {
        criteria.add(Restrictions.like("wyrobisko", "%" + wyrobisko + "%"));
    }

    criteria.setFirstResult((currentpage - 1) * pagesize).setMaxResults(
            pagesize);

    criteria.addOrder(Order.asc("id"));
    List<CoalData> list = criteria.list();

    getSession().close();
    return list;
}

@SuppressWarnings({ "unchecked", "null" })
public List<CoalData> loadCoalData(String begin, String end) {
    // 当为默认值的时候进行赋值
    Criteria criteria = getSession().createCriteria(CoalData.class);

    if ((begin != null && begin.trim().length() > 0)
            && (end != null && end.trim().length() > 0)) {
        criteria.add(Restrictions.between("datetime", begin, end));
    }
    criteria.setMaxResults(10000);//最大条数一万条
    criteria.addOrder(Order.asc("id"));
    List<CoalData> list = criteria.list();

    getSession().close();
    return list;
}

public CoalData merge(CoalData detachedInstance) {
    log.debug("merging CoalData instance");
    try {
        CoalData result = (CoalData) getSession().merge(detachedInstance);
        log.debug("merge successful");
        return result;
    } catch (RuntimeException re) {
        log.error("merge failed", re);
        throw re;
```

```
        }
    }

    public void attachDirty(CoalData instance) {
        log.debug("attaching dirty CoalData instance");
        try {
            getSession().saveOrUpdate(instance);
            log.debug("attach successful");
        } catch (RuntimeException re) {
            log.error("attach failed", re);
            throw re;
        }
    }

    public void attachClean(CoalData instance) {
        log.debug("attaching clean CoalData instance");
        try {
            getSession().lock(instance, LockMode.NONE);
            log.debug("attach successful");
        } catch (RuntimeException re) {
            log.error("attach failed", re);
            throw re;
        }
    }

    public int getCoalDataCount(String begin, String end, String rejon,
            String wyrobisko) {

        Criteria criteria = getSession().createCriteria(CoalData.class);

        if ((begin != null && begin.trim().length() > 0)
                && (end != null && end.trim().length() > 0)) {
            criteria.add(Restrictions.between("datetime", begin, end));
        }
        if (wyrobisko != null && wyrobisko.trim().length() > 0) {
            criteria.add(Restrictions.eq("wyrobisko", wyrobisko));
        }
        if (rejon != null && rejon.trim().length() > 0) {
            criteria.add(Restrictions.like("rejon", "%" + rejon + "%"));
        }
```

```
            int count = ((Number) criteria.setProjection(Projections.rowCount())
                    .uniqueResult()).intValue();

            getSession().close();
            return count;
        }
    }
……
```

因源程序过于冗长，其余省略。有了上述大数据分析平台，就可以对汇集来的数据进行分析了。

大数据系统分析方法及在安全预警中的应用

随着现代科学技术的发展，大数据技术与相关理论应运而生。根据麦肯锡全球数据研究所的定义，大数据是指大小超出了典型数据库软件工具收集、存储、管理和分析能力的数据集。在复杂的地质构造中，煤矿开采每天要获取各种各样的数据，也属于大数据分析的范畴。大数据处理分析的常用工具有 Hadoop、HPCC、Storm、Apache Drill、RapidMiner、Pentaho BI 等。

常用的大数据分析挖掘方法有分类、异常观测值、强影响点、Spark、回归分析、聚类分析、关联规则、神经网络方法、Web 数据挖掘、深度搜索大数据分析等。限于篇幅，仅对聚类和支持向量机的分析方法做适当论述。

6.1 数据来源

选取了山东曲阜星村煤矿 2015 年 6 月 12 日～2016 年 4 月 2 日的部分原始数据。为了保持数据的完整性，作者没有做任何处理。表 6.1 为综采压力数据，表 6.2 为微震原始数据（表中“#”与“/”为传感器故障情况下的数据缺失，使用时必须进行数据清洗）。因为两表的日期完全对应，可以单独分析，也可以看成一个表格综合分析。矿震中十万数量级的能量曾经发生过，但本周期中数据为零。

表 6.1 综采压力数据

日期	25# 压力值	26# 压力值	27# 压力值	28# 压力值	29# 压力值	30# 压力值	整架平均值	承载率
6/12	1366	4189	3746	1901	4232		3087	50%
6/13	1974	4524	4219	1670	3909		3259	53%
6/14	2728	4388	4215	2919	3444		3539	57%
6/15	3811	4791	4583	3593	4636		4283	69%
6/16	3960	4478	4078	3420	2360		3659	59%
6/17	4066	4032	4236	3409	3879		3925	63%
6/18	3320	5246	4594	2683	4532		4075	66%
6/19	3587	4189	4324	3392	3935		3885	63%
6/20	3991	4321	4255	3321	3851		3948	64%
6/21	3888	5312	4324	3363	2819		3941	64%
6/22	3809	3473	4769	3971	3776		3960	64%

续表

日期	25# 压力值	26# 压力值	27# 压力值	28# 压力值	29# 压力值	30# 压力值	整架平均值	承载率
6/23	3640	5767	4178	2570	3688		3968	64%
6/24	3568	5158	4730	2370	3862	未扩面	3938	64%
6/25	3425	4572	4349	2246	3112		3541	57%
6/26	3656	4163	3929	2291	4058		3620	58%
6/27	3650	4240	3934	2003	3422		3450	56%
6/28	3558	4985	4003	2405	3862	2744	3593	58%
6/29	3143	4452	4315	2646	3568	1698	3304	53%
6/30	3926	4551	4018	2350	3423	1875	3357	54%
7/03	3227	4268	3611	3710	3665	3158	4328	70%
7/04	3873	4530	3240	3811	3695	3249	4480	72%
7/05	3955	4182	3029	3799	3693	3816	4495	72%
7/06	2683	4202	3423	4259	4200	2994	4352	70%
7/07	3696	4096	3371	3734	4955	3945	3966	64%
7/08	3487	4232	3211	4024	3232	4028	3702	60%
7/09	3221	3473	3317	3690	3055	3255	3335	54%
7/10	3541	3683	4469	4237	3677	4493	4820	78%
7/11	4191	4147	5023	4300	3665	5029	5271	85%
7/12	4323	4238	5290	4311	3897	5200	5452	88%
7/13	4333	4335	5734	5316	4372	4725	5763	93%
7/14	4350	4475	5685	4317	3538	4220	4431	71%
7/15	4376	4585	4320	4217	3830	4354	4281	69%
7/16	4346	4670	4692	4191	4071	4542	4419	71%
7/17	4148	4501	4705	4153	3876	4498	4313	70%
7/18	2900	3447	3448	3666	2810	4169	3407	55%
7/19	3182	3278	3033	3766	3870	4311	3573	58%
7/20	3135	3935	3791	2825	2954	4781	3570	58%
7/21	3223	3653	3971	3743	2293	3529	3402	55%
7/22	2906	4200	2601	2783	3070	3755	3219	52%
7/23	2684	4968	3659	2846	2673	3411	3373	54%
7/24	2935	4579	4181	3696	2951	3987	3722	60%
7/25	2621	4469	4404	3354	2446	4147	3574	58%
7/26	3959	3985	3805	3900	2781	4576	3834	62%
7/27	4069	4057	3905	4006	2935	4600	3929	63%
7/28	0	4086	4120	5261	2093	4178	3948	64%
7/29	0	4049	4701	4134	1098	3784	3553	57%
7/30	0	4074	4711	3170	1888	3691	3507	57%
7/31	2776	4129	4958	4105	3982	3905	3976	64%

续表

日期	25# 压力值	26# 压力值	27# 压力值	28# 压力值	29# 压力值	30# 压力值	整架平均值	承载率
8/01	4460	3839	5256	3190	3940	3915	4100	66%
8/02	3921	3871	4327	3439	2807	3369	3622	58%
8/03	3066	4047	3259	3435	2623	2826	3209	52%
8/04	3856	3834	3123	4107	3702	3396	3670	59%
8/09	3868	4027	3764	3710	0	3313	3736	60%
8/10	3716	4945	3343	3904	0	3968	3975	64%
8/11	3226	4639	3545	3575	0	3386	3674	59%
8/12	3637	4906	3137	4138	0	4118	3987	64%
8/13	4058	4435	3829	4963	0	4034	4264	69%
8/14	3968	4309	3863	4069	4285	4129	4104	66%
8/15	4041	4405	4219	4105	4398	4308	4246	68%
8/16	4087	3738	3870	3913	4541	3814	3994	64%
8/17	3520	4091	3833	3860	4297	2114	3619	58%
8/18	4241	3911	4132	3940	3932	3720	3979	64%
8/19	3583	4165	3972	2910	3473	2644	3458	56%
8/20	3749	4493	3867	3883	4565	3419	3996	64%
8/21	4100	3146	3701	3443	3806	3243	3573	58%
8/22	3771	5010	5171	3172	5077	4315	4419	71%
8/23	4088	3682	4714	4038	4794	4802	4353	70%
8/24	3768	3832	4502	4032	4933	4845	4319	70%
8/25	3780	3992	4638	3855	4601	4520	4231	68%
8/26	3796	4244	4658	3991	4734	4288	4285	69%
8/27	3855	3992	3846	3305	4501	4025	3921	63%
8/28	3697	4244	4658	2991	4437	3188	3869	62%
8/29	3246	4186	4261	3741	4719	4173	4054	65%
8/30	2771	3982	4982	2928	3474	4155	3715	60%
8/31	2901	4125	3897	3547	4728	3147	3724	60%
9/01	3127	4487	4150	2715	4730	2236	3574	58%
9/02	3654	4361	3762	4172	4156	3147	3875	63%
9/03	3004	4836	4522	4200	5180	2756	4083	66%
9/04	2173	4840	3873	4080	3490	4701	3860	62%
9/05	3060	4875	4005	4929	3780	4800	4242	68%
9/06	2684	4413	4022	4175	4140	2579	3669	59%
9/07	2641	2974	5073	4641	3373	2869	3595	58%
9/08	3124	3767	4152	4526	3628	4142	3890	63%
9/09	4294	4189	4385	4523	3268	3510	4028	65%
9/10	4632	4331	4831	4327	3561	4160	4307	69%

续表

日期	25#压力值	26#压力值	27#压力值	28#压力值	29#压力值	30#压力值	整架平均值	承载率
9/11	3330	4388	4153	4363	3364	3676	3879	63%
9/12	3557	3546	4933	3419	3651	3146	3709	60%
9/13	3874	4466	3889	4385	4088	3322	4004	65%
9/14	3446	4096	3808	4949	4398	3381	4013	65%
9/15	3659	3729	4020	4284	4706	3799	4033	65%
9/16	4203	4204	3647	5344	4256	4286	4323	70%
9/17	3453	4758	4180	4336	4446	4149	4220	68%
9/18	4309	5022	4290	5384	4126	4216	4558	74%
9/19	3339	4083	4065	4478	5010	2995	3995	64%
9/20	3015	5018	4633	5343	4088	3990	4348	70%
9/21	故障		4743	5818	4830	4261	4913	79%
9/22	3416	5061	4552	4118	5156	4216	4420	71%
9/23	3547	5580	4810	5175	4573	3988	4612	74%
9/24	4443	故障	4718	5704	5277	4887	5006	81%
9/25	4092	4654	4374	5847	5597	4871	4906	79%
9/26	4410	4208	4509	4740	4946	5113	4654	75%
9/27	5646	3648	5375	5279	5085	5415	5075	82%
9/28	3322	4421	3762	5286	5673	4986	4575	74%
9/29	4318	2811	4960	5315	4999	4616	4503	73%
9/30	3472	4827	4123	5075	5048	4621	4528	73%
10/01	4133	4838	4588	4824	5592	5542	4920	79%
10/02	4456	4869	4956	4429	6104	5825	5107	82%
10/03	4929	4819	5263	4827	5406	4685	4988	80%
10/04	4889	4738	4967	4576	5660	5040	4978	80%
10/05	4378	4953	4560	4846	5598	5227	4927	79%
10/06	3327	4488	4236	4106	4940	4268	4228	68%
10/07	3955	4711	4687	4324	4804	3063	4257	69%
10/08	3336	3812	4620	5211	5130	3220	4222	68%
10/09	3312	3729	4610	5260	5161	3155	4205	68%
10/10	3217	4821	4641	4614	5345	4777	4569	74%
10/11	3277	5709	4386	4268	5010	5159	4635	75%
10/12	3652	5158	3348	5374	4624	5162	4553	73%
10/13	4422	4966	4008	5074	4572	4619	4610	74%
10/14	3916	4588	4237	5051	5243	4869	4651	75%
10/15	4535	4289	4111	4736	5041	4880	4599	74%
10/16	3661	4939	4659	4248	5403	5066	4663	75%
10/17	3440	4601	4395	4163	4531	4359	4248	69%

续表

日期	25# 压力值	26# 压力值	27# 压力值	28# 压力值	29# 压力值	30# 压力值	整架平均值	承载率
10/18	3502	4601	4208	5771	5057	4850	4665	75%
10/19	3103	3841	4280	5058	4748	4852	4314	70%
10/20	3566	3823	4031	5001	5482	3557	4243	68%
10/21	3683	3783	4055	4758	5025	4942	4374	71%
10/22	3472	3336	3931	4615	4762	4647	4127	67%
10/23	3059	4350	3927	4765	4850	4955	4318	70%
10/24	4016	4220	4520	5559	4902	4922	4690	76%
10/25			4758	5089	5400	4611	4965	80%
10/26	4345	4081	3471	5298	5452	4605	4542	73%
10/27	4296	3952	3929	4477	5544	5045	4540	73%
10/28	3551	4717	3712	5145	4750	4977	4475	72%
10/29	2446	5416	3644	5374	5224	5792	4649	75%
10/30	3311	4600	3832	5221	4002	5015	4330	70%
10/31	3207	4653	3865	5248	4694	4468	4356	70%
11/01	3236	4232	3994	4622	4461	4693	4206	68%
11/02	2906	4481	4221	5111	4412	4984	4353	70%
11/03	3014	3697	3689	4742	4826	5067	4173	67%
11/04	2738	4388	3746	5220	4897	4983	4329	70%
11/05	4019	4845	4632	4905	4373	4220	4499	73%
11/06	4372	3989	4234	4909	4555	4405	4411	71%
11/07	3867	4523	4829	4820	4593	4825	4576	74%
11/08	4350	4546	4925	4866	4766	5003	4743	76%
11/13	4792	3452	4046	3472	5094	5475	4389	71%
11/14	4676	4356	3480	4044	4808	5188	4425	71%
11/15	4610	4905	4649	4713	4988	4929	4799	77%
11/16	4569	4823	4804	4742	4934	4832	4784	77%
11/17	4604	4680	4154	5644	4309	5116	4751	77%
11/18	4416	5272	4315	4923	4293	5195	4736	76%
11/19	4637	5482	3672	5050	4541	5114	4594	74%
11/20	4675	4679	4776	5436	4004	4468	4673	75%
11/21	4682	5520	4637	5543	5156	5145	5114	82%
11/22	4548	4730	4524	5935	5764	5197	5116	83%
11/23	4498	4782	4625	3825	3862	5020	4435	72%
11/24	4504	4794	4095	3571	5059	5271	4549	73%
11/25	4818	5097	4750	4088	5206	5734	4949	80%
11/26	4739	4803	4453	3553	4872	5545	4661	75%
11/27	4153	4660	4360	2824	4098	4444	4090	66%

续表

日期	25#压力值	26#压力值	27#压力值	28#压力值	29#压力值	30#压力值	整架平均值	承载率
11/28	4223	4461	4346	3622	4534	4389	4263	69%
11/29	4428	5009	4217	2629	5299	4740	4221	68%
11/30	4344	4557	4380	4499	4609	5016	4567	74%
12/01	4006	4413	4213	5823	4746	5371	4762	77%
12/02	3173	4542	4144	5139	4191	4791	4330	70%
12/03	4063	4898	4759	5761	4842	4945	4878	79%
12/04	3902	4680	5075	4870	4855	4760	4690	76%
12/05	3831	4097	4907	5434	4284	5005	4593	74%
12/06	4145	4551	4249	4855	4833	5118	4625	75%
12/07	4286	4352	4790	4583	5344	5534	4815	78%
12/08	4295	4601	4920	5726	4318	4845	4784	77%
12/09	4246	4279	5047	5481	4651	5216	4820	78%
12/10	4325	4143	4307	4349	4971	5103	4683	76%
12/11	3925	4516	4910	5814	4899	4869	4822	78%
12/12	3923	4939	4198	4975	4598	4629	4544	73%
12/13	4576	3874	5034	5823	4687	4347	4724	76%
12/14	4516	4908	5091	5454	4433	4755	4860	78%
12/15	4114	4543	3988	5554	4797	4503	4583	74%
12/16	3718	4488	5101	4349	5075	5263	4666	75%
12/17	4061	5397	4401	4558	4465	5156	4673	75%
12/18	4417	4408	4954	4268	4708	4965	4620	75%
12/19	4834	5109	4102	4843	4516	4698	4684	76%
12/20	4337	5362	4877	4959	3959	4647	4690	76%
12/21	5371	4809	4865	4274	4794	4693	4656	75%
12/22							0	0%
12/23	3882	5337	3864	4382	5220	5384	4678	75%
12/24	3992	5510	4161	4475	4531	5542	4702	76%
12/25	4623	4224	4532	4562	4877	5527	4724	76%
12/26	4261	3984	4178	4099	4754	4730	4334	70%
12/27	3898	4343	4519	4966	4326	4937	4498	73%
12/28	4146	5036	4488	4503	3544	5190	4485	72%
12/29	4049	5014	3972	5154	4511	5045	4624	75%
12/30	4597	4241	4880	4877	4480	5153	4705	76%
12/31	4012	4583	3830	4189	4450	5336	4400	71%
1/01	3720	4884	3211	4935	4273	5106	4355	70%
1/02	4415	4661	2540	5038	4474	4166	4216	68%
1/03	4488	4810	3706	4883	4738	4983	4601	74%

续表

日期	25# 压力值	26# 压力值	27# 压力值	28# 压力值	29# 压力值	30# 压力值	整架平均值	承载率
1/04	4027	5133	4264	4810	4613	4422	4545	73%
1/05	3075	4720	4454	5421	4285	5028	4497	73%
1/06	4321	5233	4807	4434	4397	5115	4688	76%
1/07	4579	4237	4230	4890	5098	4729	4627	75%
1/08	4042	4884	4294	3909	5137	4753	4503	73%
1/09	4008	5106	4768	4526	4656	5164	4705	76%
1/10	4119	4908	5310	4922	4526	4805	4765	77%
1/23		4598	4130	5491	4688	5084	4798	77%
1/24		4714	4358	5029	5236	4081	4684	76%
1/25		4511	3721	4566	4780	3990	4314	70%
1/26		4212	4812	4344	4775	4472	4523	73%
1/27		4587	5089	4885	4692	4875	4826	78%
1/28		4528	4748	5132	4832	4576	4763	77%
1/29		5045	4019	5450	5690	5165	5074	82%
1/30		4970		5186	5886	5605	5412	87%
1/31		4928		5268	5943	5674	5453	88%
2/01		5323		5451	5562	5337	5418	87%
2/02		4781		5136	5714	5074	5176	83%
2/03		5031		4865	5569	4466	4983	80%
2/04		4259		4435	4892	3475	4265	69%
2/05		3724		4760	5319	3814	4404	71%
2/06		4635		4819	5019	4929	4851	78%
2/07		4977		5292	3724	5320	4828	78%
2/08		4997		4595	4803	5181	4894	79%
2/09		4581		5498	5588	5803	5368	87%
2/10		4721		4130	5698	4791	4835	78%
2/11		4652		4435	4614	4640	4585	74%
2/12		4823		4747	4926	4618	4779	77%
2/13		4824		5025	4484	3018	4338	70%
2/14		4309	3325	5150	4607	1779	3834	62%
2/15		3688	4555	4794	4999	2101	4027	65%
2/16		4512	5023	4467	5731	4009	4748	77%
2/17		4234	4688	5148	4927	4216	4643	75%
2/18		4248	4421	4308	4903	4259	4428	71%
2/19		4368	4329	5416	5407	4471	4798	77%
2/20		4556	5013	5011	5120	4461	4832	78%
2/21		4475	5218	5045	5130	4626	4899	79%

续表

日期	25#压力值	26#压力值	27#压力值	28#压力值	29#压力值	30#压力值	整架平均值	承载率
2/22	3500	4741	4567	4562	4402	3800	4262	69%
2/23	4388	4790	3867	5151	4630	3003	4305	69%
2/24	3596	4309	3325	5150	4607	1779	3794	61%
2/25	4010	3688	4555	4794	4999	2101	4025	65%
2/26	4398	4512	4023	4467	5731	4009	4523	73%
2/27	4643	4234	4688	5148	4927	4216	4643	75%
2/28	4271	4248	4421	4308	4903	4259	4402	71%
3/01	4541	4368	4329	4416	5407	4471	4589	74%
3/02	4761	5237	4965	4862	4389	3951	4694	76%
3/03	4920	5424	4966	4892	4506	3993	4784	77%
3/04	4369	4104	4622	4755	4179	3571	4267	69%
3/05	4097	4378	4671	4999	4512	3545	4367	70%
3/06	4096	4338	4357	4123	4292	4570	4296	69%
3/07	3967	4217	4838	5010	4155	4160	4391	71%
3/08	2871	4142	4700	4595	4506	4380	4199	68%
3/09	3361	4202	4778	4362	4427	3704	4139	67%
3/10	2926	5210	3857	4844	4691	3420	4158	67%
3/11	3792	4241	3867	4678	4407	4199	4197	68%
3/12	4435	3560	4318	4419	4356	3088	4029	65%
3/13	4343	4124	3176	4461	4379	4269	4125	67%
3/14	3977	4364	5330	5224	4117	4292	4551	73%
3/15	3828	4246	3921	3926	4123	4313	4060	65%
3/16	4137	4405	4119	4547	5081	4117	4401	71%
3/17	3205	4262	4828	3887	4707	4106	4166	67%
3/18	4708	4375	4227	3900	4565	3766	4257	69%
3/19	3679	4243	3769	4397	3869	3403	3893	63%
3/20	4286	4423	3728	4467	4387	3490	4130	67%
3/21	4177	4309	4762	4963	4009	3057	4213	68%
3/22	4029	4130	3948	3705	4360	4330	4084	66%
3/23	4514	4239	3335	3415	4069	4371	3991	64%
3/24	4446	4323	3303	2713	3609	4099	3749	60%
3/25	4221	5662	4325	4819	4125	4357	4585	74%
3/26	4220	5747	4286	4951	4198	4388	4632	75%
3/27	4036	5252	4238	5468	4121	4401	4586	74%
3/28	3699	3158	4123	5240	4396	4261	4146	67%
3/29	3638	4242	3941	4867	4419	4384	4249	69%
3/30	4132	4314	4228	4052	4756	4555	4340	70%

续表

日期	25# 压力值	26# 压力值	27# 压力值	28# 压力值	29# 压力值	30# 压力值	整架平均值	承载率
3/31	4025	4101	4227	3786	4628	4143	4152	67%
4/01	4351	3967	3865	4172	4582	4002	4157	67%
4/02	3831	3767	3564	3809	3643	3084	3616	58%

表 6.2 微震原始数据

日期	总次数	总能量	次数	一百级能量/J	次数	一千级能量/J	次数	一万级能量/J	次数	十万级能量/J	推进度	平均每刀能量
6/12	53	51877	44	12674	9	39203	0	0	0	0	3.9	13302
6/13	44	48275	38	8877	6	39398	0	0	0	0	3.9	12378
6/14	28	41025	20	6317	8	34708	0	0	0	0	4.2	9768
6/15	32	71299	23	11368	8	33978	1	25953	0	0	3.6	19805
6/16	18	27962	15	5231	3	22731	0	0	0	0	3.3	8473
6/17	31	25002	27	5326	4	19676	0	0	0	0	3.3	7576
6/18	22	16211	20	5105	2	11106	0	0	0	0	3.3	4912
6/19	26	29568	22	5090	4	24478	0	0	0	0	3.3	8960
6/20	23	50965	16	7087	7	43878	0	0	0	0	3.5	14561
6/21	20	34367	15	5902	5	28465	0	0	0	0	3.6	9546
6/22	17	43164	9	4237	8	38927	0	0	0	0	3.6	11990
6/23	32	26925	28	8696	4	18229	0	0	0	0	3.6	7479
6/24	33	58639	24	6014	9	52625	0	0	0	0	3.3	17769
6/25	47	62516	40	8864	6	23911	1	29741	0	0	3.9	16030
6/26	42	58479	36	7794	5	25225	1	25460	0	0	3.6	16244
6/27	40	33639	36	#####	4	22538	0	0	0	0	2.4	14016
6/28	11	19899	8	2170	3	17729	0	0	0	0	1.8	11055
6/29	65	60596	57	#####	8	39119	0	0	0	0	3.9	15537
6/30	46	109570	37	#####	8	45441	1	52935	0	0	2.7	40581
7/03	61	53021	54	20999	7	32022	0	0	0	0	3.9	13595
7/04	78	119113	67	23234	10	51611	1	44268	0	0	3.6	33087
7/05	65	55461	59	16225	5	25027	1	14209	0	0	3.6	15406
7/06	85	102727	68	23088	17	79639	0	0	0	0	4.2	24459
7/07	41	43065	35	12996	6	30069	0	0	0	0	3.6	11963
7/08	54	65329	46	15784	8	49545	0	0	0	0	3.6	18147
7/09	45	56928	39	14519	6	42409	0	0	0	0	3.0	18976
7/10	8	12151	7	2668	1	9483	0	0	0	0	0	0
7/11	0	0	0	0	0	0	0	0	0	0	0	0
7/12	7	608	7	608	0	0	0	0	0	0	0	0
7/13	3	1548	2	33	1	1515	0	0	0	0	0	0

续表

日期	总次数	总能量	次数	一百级能量/J	次数	一千级能量/J	次数	一万级能量/J	次数	十万级能量/J	推进度	平均每刀能量
7/14	5	1447	5	1447	0	0	0	0	0	0	0	0
7/15	3	509	3	509	0	0	0	0	0	0	0	0
7/16	5	3496	4	221	1	3275	0	0	0	0	0	0
7/17	23	13065	21	4541	2	8524	0	0	0	0	0.9	14071
7/18	30	28621	25	9899	5	18722	0	0	0	0	3.4	8407
7/19	40	56349	35	8295	4	19549	1	28505	0	0	3.1	18206
7/20	21	30646	17	6553	4	24093	0	0	0	0	3.1	9902
7/21	22	27901	19	5566	3	22335	0	0	0	0	2.8	10017
7/22	30	30743	26	8455	4	22288	0	0	0	0	3.7	8278
7/23	22	35801	16	5965	6	29836	0	0	0	0	3.1	11567
7/24	30	42598	25	6223	5	36375	0	0	0	0	3.7	11470
7/25	22	40814	18	6175	3	12806	1	21833	0	0	2.2	18839
7/26	26	28383	21	3856	5	24527	0	0	0	0	2.8	10190
7/27	32	27748	24	8562	8	19186	0	0	0	0	2.8	9961.6
7/28	47	78408	34	13393	13	65015	0	0	0	0	3.6	21780
7/29	35	33394	31	8596	4	24798	0	0	0	0	1.8	18552
7/30	52	39771	47	16037	5	23734	0	0	0	0	3.0	13257
7/31	40	43713	33	9853	6	19064	1	14796	0	0	3.0	14571
8/01	51	138922	44	19567	5	22364	2	96991	0	0	3.3	42098
8/02	30	72758	23	10525	5	19702	2	42531	0	0	2.7	26947
8/03	24	60569	17	4592	6	34715	1	21262	0	0	2.4	25237
8/04	47	43855	40	14397	7	29458	0	0	0	0	3.3	13289
8/09	51	101041	39	15439	11	51758	1	33844	0	0	2.4	42100
8/10	33	42066	27	10749	6	31317	0	0	0	0	1.8	23370
8/11	24	41957	18	6895	6	35062	0	0	0	0	1.8	23309
8/12	19	32818	13	3864	6	28954	0	0	0	0	1.8	18232
8/13	16	26157	11	4576	5	21581	0	0	0	0	2.1	12456
8/14	26	30080	20	9610	6	20470	0	0	0	0	2.4	12533
8/15	46	70286	34	17114	11	30328	1	22844	0	0	2.4	29286
8/16	42	32190	37	16191	5	15999	0	0	0	0	3.0	10730
8/17	26	106309	19	6152	5	15651	2	84506	0	0	3.0	35436
8/18	37	46895	29	11129	8	35766	0	0	0	0	3.0	15632
8/19	33	75869	23	8751	9	43040	1	24078	0	0	3.0	25290
8/20	37	31306	33	15502	4	15804	0	0	0	0	2.7	11595
8/21	31	94452	22	9921	8	39702	1	44829	0	0	3.0	31484
8/22	30	37146	24	8981	6	28165	0	0	0	0	1.2	30955

续表

日期	总次数	总能量	次数	一百级能量/J	次数	一千级能量/J	次数	一万级能量/J	次数	十万级能量/J	推进度	平均每刀能量
8/23	23	12638	19	5730	4	6908	0	0	0	0	1.5	8425
8/24	44	43685	37	19109	7	24576	0	0	0	0	3.0	14562
8/25	35	35027	31	11285	4	23742	0	0	0	0	3.3	10614
8/26	38	76667	31	13710	6	37156	1	25801	0	0	3.0	25556
8/27	42	54261	33	14261	9	40000	0	0	0	0	3.3	16443
8/28	54	49765	47	18807	7	30958	0	0	0	0	3.3	15080
8/29	64	49437	57	20569	7	28868	0	0	0	0	3.3	14981
8/30	56	45920	49	20728	7	25192	0	0	0	0	3.3	13915
8/31	36	24653	32	10641	4	14012	0	0	0	0	3.3	7471
9/01	40	50945	30	11478	10	39467	0	0	0	0	3.3	15438
9/02	47	57921	41	17940	5	13693	1	26288	0	0	3.3	17552
9/03	39	33797	36	16319	3	17478	0	0	0	0	3.3	10242
9/04	30	35717	24	12017	6	23700	0	0	0	0	3.3	10823
9/05	26	46221	21	9541	5	36680	0	0	0	0	3.3	14006
9/06	25	22063	22	8170	3	13893	0	0	0	0	3	7354
9/07	34	36466	29	13718	5	22748	0	0	0	0	3	12155
9/08	36	19044	34	12943	2	6101	0	0	0	0	2.4	7935
9/09	4	1574	4	1574	0	0	0	0	0	0	0	######
9/10	2	2927	1	13	1	2914	0	0	0	0	0	######
9/11	23	6676	23	6676	0	0	0	0	0	0	2.4	2782
9/12	20	17517	17	5501	3	12016	0	0	0	0	2.4	7299
9/13	19	19977	16	6131	3	13846	0	0	0	0	2.4	8324
9/14	28	19087	25	9300	3	9787	0	0	0	0	2.4	7953
9/15	17	16558	12	5021	5	11537	0	0	0	0	3	5519
9/16	28	28133	22	8760	6	19373	0	0	0	0	2.6	10820
9/17	31	30683	26	9524	5	21159	0	0	0	0	3.1	9898
9/18	29	23907	26	11736	3	12171	0	0	0	0	3.3	7245
9/19	36	30158	33	15694	3	14464	0	0	0	0	3	10053
9/20	33	31920	29	10439	4	21481	0	0	0	0	2.7	11822
9/21	36	32794	32	12189	4	20605	0	0	0	0	2.7	12146
9/22	28	48031	25	10795	2	11923	1	25313	0	0	2.7	17789
9/23	18	24087	13	6471	5	17616	0	0	0	0	2.7	8921
9/24	19	29991	16	7820	3	22171	0	0	0	0	2.7	11108
9/25	17	15615	13	5518	4	10097	0	0	0	0	1.5	10410
9/26	17	17724	13	5618	4	12106	0	0	0	0	1.8	9847
9/27	12	7843	11	4904	1	2939	0	0	0	0	0.7	11204

续表

日期	总次数	总能量	次数	一百级能量/J	次数	一千级能量/J	次数	一万级能量/J	次数	十万级能量/J	推进度	平均每刀能量
9/28	17	20211	14	5222	3	14989	0	0	0	0	2.7	7486
9/29	20	28307	14	3664	6	24643	0	0	0	0	2.7	10484
9/30	24	29475	21	8611	3	20864	0	0	0	0	1.2	24563
10/01	5	7590	4	2647	1	4943	0	0	0	0	0.0	######
10/02	7	2441	7	2441	0	0	0	0	0	0	0.0	######
10/03	5	2843	5	2843	0	0	0	0	0	0	0.0	######
10/04	11	5608	10	4191	1	1417	0	0	0	0	0.7	8011
10/05	22	29635	19	7130	3	22505	0	0	0	0	1.8	16464
10/06	23	33419	19	7172	4	26247	0	0	0	0	1.8	18566
10/07	14	27817	11	2770	3	25047	0	0	0	0	1.2	23181
10/08	11	6331	10	4588	1	1743	0	0	0	0	1.5	4221
10/09	27	36309	22	9581	5	26728	0	0	0	0	2.4	15129
10/10	28	30360	24	9129	4	21231	0	0	0	0	2.4	12650
10/11	27	68427	20	7259	6	33011	1	28157	0	0	2.4	28511
10/12	27	30279	22	8352	5	21927	0	0	0	0	2.4	12616
10/13	32	27939	27	11904	5	16035	0	0	0	0	2.4	11641
10/14	30	72851	24	7467	5	21143	1	44241	0	0	2.4	30355
10/15	24	11957	23	9880	1	2077	0	0	0	0	2.4	4982
10/16	37	16197	35	9710	2	6487	0	0	0	0	2.4	6749
10/17	34	43468	26	9047	8	34421	0	0	0	0	2.4	18112
10/18	54	49613	46	14152	8	35461	0	0	0	0	2.7	18375
10/19	31	41009	21	5940	10	35069	0	0	0	0	2.7	15189
10/20	41	40772	33	10578	8	30194	0	0	0	0	2.7	15101
10/21	44	57124	34	13377	10	43747	0	0	0	0	2.7	21157
10/22	43	34240	37	12421	6	21819	0	0	0	0	2.4	14267
10/23	47	51724	41	18240	5	18090	1	15394	0	0	2.4	21552
10/24	40	43338	35	11145	5	32193	0	0	0	0	2.4	18058
10/25	28	123225	19	7483	8	30199	1	85543	0	0	2.4	51344
10/26	41	34379	34	11943	7	22436	0	0	0	0	2.4	14325
10/27	43	54195	34	10026	9	44169	0	0	0	0	2.7	20072
10/28	48	23842	44	13632	4	10210	0	0	0	0	2.7	8830
10/29	7	1657	7	1657	0	0	0	0	0	0	0	######
10/30	40	45086	30	10919	10	34167	0	0	0	0	2.4	18786
10/31	45	82038	37	11098	7	22107	1	48833	0	0	2.4	34183
11/01	39	118638	29	6828	9	33609	1	78201	0	0	2.4	49433
11/02	29	39089	20	6283	9	32806	0	0	0	0	2.4	16287

续表

日期	总次数	总能量	次数	一百级能量/J	次数	一千级能量/J	次数	一万级能量/J	次数	十万级能量/J	推进度	平均每刀能量
11/03	55	58696	45	14713	10	43983	0	0	0	0	2.4	24457
11/04	48	36620	43	11598	5	25022	0	0	0	0	2.4	15258
11/05	41	78440	30	10229	10	44748	1	23463	0	0	2.4	32683
11/06	69	57957	58	20664	11	37293	0	0	0	0	3	19319
11/07	55	46225	49	17698	6	28527	0	0	0	0	3	15408
11/08	50	57855	41	15022	9	42833	0	0	0	0	3	19285
11/13	61	49931	55	18947	6	30984	0	0	0	0	3	16644
11/14	50	39268	46	16762	4	22506	0	0	0	0	3	13089
11/15	40	27547	36	11441	4	16106	0	0	0	0	2.4	11478
11/16	46	70151	35	13020	10	38883	1	18248	0	0	3	23384
11/17	42	55678	32	12083	10	43595	0	0	0	0	3	18559
11/18	38	40869	33	10196	5	30673	0	0	0	0	3	13623
11/19	48	45392	41	12914	7	32478	0	0	0	0	3	15131
11/20	56	49638	46	14600	10	35038	0	0	0	0	3	16546
11/21	79	63157	71	22538	8	40619	0	0	0	0	3	21052
11/22	79	80742	69	21368	9	35004	1	24370	0	0	3	26914
11/23	62	44988	55	15996	7	28992	0	0	0	0	3	14996
11/24	55	44690	49	14163	6	30527	0	0	0	0	3	14897
11/25	37	33359	32	7669	5	25690	0	0	0	0	1	33359
11/26	32	25764	30	7529	2	18235	0	0	0	0	3	8588
11/27	35	27405	31	11449	4	15956	0	0	0	0	2.4	11419
11/28	49	36179	42	9570	7	26609	0	0	0	0	3	12060
11/29	25	16569	23	4635	2	11934	0	0	0	0	1.2	13808
11/30	38	24553	33	10612	5	13941	0	0	0	0	3	8184
12/01	41	57585	32	8413	8	30262	1	18910	0	0	2.7	21328
12/02	57	39404	49	12846	8	26558	0	0	0	0	2.4	16418
12/03	45	33445	39	14131	6	19314	0	0	0	0	2.4	13935
12/04	60	40438	54	12482	6	27956	0	0	0	0	2.4	16849
12/05	57	48717	51	8435	5	22309	1	17973	0	0	3	16239
12/06	46	68468	39	11500	6	34190	1	22778	0	0	3	22823
12/07	54	50671	50	11883	3	12601	1	26187	0	0	2.4	21113
12/08	52	53492	42	10009	10	43483	0	0	0	0	3	17831
12/09	43	57045	34	12885	9	44160	0	0	0	0	3	19015
12/10	59	59694	50	13283	9	46411	0	0	0	0	3	19898
12/11	62	33059	57	17416	5	15643	0	0	0	0	3	11020
12/12	45	54830	36	14695	9	40135	0	0	0	0	3	18277

续表

日期	总次数	总能量	次数	一百级能量/J	次数	一千级能量/J	次数	一万级能量/J	次数	十万级能量/J	推进度	平均每刀能量
12/13	44	43945	36	8259	8	35686	0	0	0	0	2.4	18310
12/14	54	26825	49	6368	5	20457	0	0	0	0	2.4	11177
12/15	38	27852	35	12240	3	15612	0	0	0	0	2.1	13263
12/16	24	29726	17	6194	7	23532	0	0	0	0	2.4	12386
12/17	41	28201	35	7705	6	20496	0	0	0	0	2.4	11750
12/18	32	34298	27	11141	5	23157	0	0	0	0	2.4	14291
12/19	28	32762	21	7512	7	25250	0	0	0	0	2.4	13651
12/20	51	43197	43	16208	8	26989	0	0	0	0	2.4	17999
12/21	55	39733	49	14759	6	24974	0	0	0	0	2.4	16555
12/22	11	12500	10	2898	1	9602	0	0	0	0	0	######
12/23	8	1654	8	1654	0	0	0	0	0	0	0	######
12/24	8	1619	8	1619	0	0	0	0	0	0	0	######
12/25	8	616	8	616	0	0	0	0	0	0	0	######
12/26	50	25706	45	11556	5	14150	0	0	0	0	2.4	10711
12/27	37	52656	29	9662	8	42994	0	0	0	0	3	17552
12/28	33	24981	29	8395	4	16586	0	0	0	0	3	8327
12/29	38	45394	29	7298	9	38096	0	0	0	0	3	15131
12/30	35	77988	29	11710	5	23692	1	42586	0	0	3	25996
12/31	32	44800	24	8431	8	36369	0	0	0	0	3	14933
1/01	40	48047	31	10738	9	37309	0	0	0	0	3	16016
1/02	35	42449	28	8109	7	34340	0	0	0	0	2.4	17687
1/03	50	45543	43	12820	7	32723	0	0	0	0	3	15181
1/04	58	85373	50	15913	7	26356	1	43104	0	0	3	28458
1/05	62	49323	56	21217	6	28106	0	0	0	0	3	16441
1/06	74	88052	63	15448	10	46966	1	25638	0	0	2.5	35221
1/07	47	53045	39	12056	8	40989	0	0	0	0	2.5	21218
1/08	45	75279	38	12826	6	37078	1	25375	0	0	2.5	30112
1/09	34	34762	27	8871	7	25891	0	0	0	0	2.5	13905
1/10	37	41848	30	8337	7	33511	0	0	0	0	2.5	16739
1/23	62	29742	57	17992	5	11750	0	0	0	0	3	9914
1/24	46	29962	43	12808	3	17154	0	0	0	0	2.4	12484
1/25	40	39861	34	11694	6	28167	0	0	0	0	3	13287
1/26	39	34390	32	9943	7	24447	0	0	0	0	2.4	14329
1/27	43	28501	40	13551	3	14950	0	0	0	0	3	9500
1/28	42	42965	34	8861	8	34104	0	0	0	0	3	14322
1/29	15	11776	12	3254	3	8522	0	0	0	0	0	0

续表

日期	总次数	总能量	次数	一百级能量/J	次数	一千级能量/J	次数	一万级能量/J	次数	十万级能量/J	推进度	平均每刀能量
1/30	7	6596	6	1011	1	5585	0	0	0	0	0	0
1/31	6	2028	6	2028	0	0	0	0	0	0	0	0
2/01	3	3041	2	468	1	2573	0	0	0	0	0	0
2/02	4	3230	3	1185	1	2045	0	0	0	0	0	0
2/03	3	1077	3	1077	0	0	0	0	0	0	0	0
2/04	7	1332	7	1332	0	0	0	0	0	0	0	0
2/05	5	14272	3	1502	2	12770	0	0	0	0	0	0
2/06	5	1732	5	1732	0	0	0	0	0	0	0	0
2/07	4	1425	4	1425	0	0	0	0	0	0	0	0
2/08	3	1750	3	1750	0	0	0	0	0	0	0	0
2/09	23	20734	19	4057	4	16677	0	0	0	0	2	10367
2/10	36	21365	33	12279	3	9086	0	0	0	0	3	7122
2/11	31	49466	25	8481	6	40985	0	0	0	0	3	16489
2/12	26	44837	21	8523	5	36314	0	0	0	0	3	14946
2/13	46	59720	38	15101	8	44619	0	0	0	0	3	19907
2/14	31	42955	26	9727	5	33228	0	0	0	0	3	14318
2/15	34	38735	29	11976	5	26759	0	0	0	0	3	12912
2/16	38	67051	28	9814	9	44235	1	13002	0	0	3	22350
2/17	30	37333	25	11587	5	25746	0	0	0	0	3	12444
2/18	37	26912	34	13994	3	12918	0	0	0	0	2.2	12233
2/19	26	115388	21	6553	4	21317	1	87518	0	0	2.7	42736
2/20	37	53224	30	7782	6	29974	1	15468	0	0	3	17741
2/21	51	80107	41	9270	8	20098	2	50739	0	0	3	26702
2/22	31	21594	28	9059	3	12535	0	0	0	0	2.4	8998
2/23	39	31898	35	10877	4	21021	0	0	0	0	2.4	13291
2/24	49	27074	44	11482	5	15592	0	0	0	0	2.4	11281
2/25	44	36425	36	10786	8	25639	0	0	0	0	2.4	15177
2/26	32	24270	29	8572	3	15698	0	0	0	0	2.4	10113
2/27	23	21710	19	8039	4	13671	0	0	0	0	2.4	9046
2/28	33	42450	26	10332	7	32118	0	0	0	0	3	14150
3/01	47	30709	44	11857	3	18852	0	0	0	0	3	10236
3/02	47	49635	41	13191	6	36444	0	0	0	0	3	16545
3/03	29	43598	23	6729	5	13358	1	23511	0	0	3	14533
3/04	45	31371	40	13468	5	17903	0	0	0	0	2.4	13071
3/05	42	51404	36	16635	6	34769	0	0	0	0	2.4	21418
3/06	42	49039	34	14993	8	34046	0	0	0	0	3	16346

续表

日期	总次数	总能量	次数	一百级能量/J	次数	一千级能量/J	次数	一万级能量/J	次数	十万级能量/J	推进度	平均每刀能量
3/07	53	51060	43	18722	10	32338	0	0	0	0	3	17020
3/08	52	70824	40	17166	12	53658	0	0	0	0	3	23608
3/09	41	59070	29	13320	12	45750	0	0	0	0	3	19690
3/10	50	45823	43	18463	7	27360	0	0	0	0	3	15274
3/11	39	45360	32	13441	7	31919	0	0	0	0	2.4	18900
3/12	43	47944	36	15508	7	32436	0	0	0	0	3	15981
3/13	48	41874	40	1447	8	40427	0	0	0	0	3	13958
3/14	53	66692	47	22129	5	21078	1	23485	0	0	3	22231
3/15	37	43159	30	12780	7	30379	0	0	0	0	3	14386
3/16	50	64544	43	22737	7	41807	0	0	0	0	3	21515
3/17	53	59978	44	15447	9	44531	0	0	0	0	3	19993
3/18	51	61359	42	17718	9	43641	0	0	0	0	3	20453
3/19	50	58150	40	16393	10	41757	0	0	0	0	3	19383
3/20	47	56642	39	13096	8	43546	0	0	0	0	3	18881
3/21	39	67715	31	12606	7	22677	1	32432	0	0	3	22572
3/22	55	56324	47	22044	8	34280	0	0	0	0	2.5	22530
3/23	53	65756	42	16094	11	49662	0	0	0	0	2.5	26302
3/24	40	40870	31	14068	9	26802	0	0	0	0	2.5	16348
3/25	74	95918	64	20948	9	27641	1	47329	0	0	2.5	38367
3/26	64	46958	57	23572	7	23386	0	0	0	0	2.5	18783
3/27	35	61303	31	10482	3	10275	1	40546	0	0	1.2	51086
3/28	62	46845	56	25212	6	21633	0	0	0	0	3	15615
3/29	87	64123	78	28816	9	35307	0	0	0	0	3	21374
3/30	63	76051	53	23056	10	52995	0	0	0	0	3	25350
3/31	71	32096	68	19924	3	12172	0	0	0	0	2.5	12838
4/01	60	37049	57	23547	3	13502	0	0	0	0	2	18525
4/02	36	45505	32	11153	3	15553	1	18799	0	0	2	22753

6.2 常用数据挖掘工具

有了上述数据，我们就可以对其进行分析和处理了。常见的数据挖掘工具有R语言、Python、SPSS、SAS、MATLAB、STATA等，本章的运行环境为R语言。

R语言是处理大数据的有力工具，主要用于统计、建模、预测、可视化处理等。用户可以根据需要下载并加载软件包，可以自己设计相应的程序，做出拓展包发布。其处理数据的过程是：获取数据、数据清洗和筛选、建立预测模型、数据挖掘、模型评价、模型修正与优化、重新预测、模型的优劣评价等。

6.3 聚类分析在安全预警中的应用

聚类分析就是对数据分群，相同类中的样本比不同类中的样本更具相同的属性，是一种数据规约技术，旨在挖掘一个数据集中观测的子集，并对各子集进行合理的解释，对数据的范围进行界定，对预警值进行设定。聚类通常划分为两大类：层次聚类和划分聚类。层次聚类常用的算法有单联动、全联动、平均联动、质心、离差平均法（Ward 方法）；划分聚类的算法通常有 K-means（K 均值）、PAM（围绕中心点的划分）等。

6.3.1 聚类分析的一般步骤

聚类分析的一般步骤：

① 准备数据；
② 缩放数据；
③ 清洗数据；
④ 计算距离；
⑤ 算法选择；
⑥ 尝试确定类的数量；
⑦ 获得较为合理的结果；
⑧ 解释结果；
⑨ 验证结果；
⑩ 与其他各种方法的比较。

6.3.2 距离的定义

在层次聚类中，一般将每个样本单独看成一类，在规定类间距的条件下，选择距离最小的一对合并成一个新类，并计算新类与其他类之间的距离，再将距离最近的两类合并，这样每次会减少一个类，直到所有的样本合并为一类为止。设：有一组监测数据 x_{ij}，可以表示成矩阵 $\boldsymbol{X}=(x_{ij})_{n\times m}$，其中 n 为样本数量，m 为变量数，$i\in[1,n]$ 表示行，$j\in[1,m]$ 表示列，$\|x_i\|$、$\|x_j\|$ 表示范数或矢量的长度，那么这些距离 d_{ij} 的定义可以表示如下：

绝对值距离：

$$d_{ij}=\sum_{k=1}^{m}|x_{ik}-x_{jk}| \tag{6.1}$$

欧式距离：

$$d_{ij}=\sqrt{\sum_{k=1}^{m}(x_{ik}-x_{jk})^2} \tag{6.2}$$

余弦距离：

$$d_{ij}=\frac{\sum_{k=1}^{m}x_{ik}x_{jk}}{\|x_i\|\|x_j\|} \tag{6.3}$$

其他有明氏距离、切比雪夫距离、马氏距离等。类间的距离有：最长距离法、最短距离法、类平均法、可变类平均法等。

衡量类间距离的方法有多种，下面仅举两例：

(1) 最长距离法

两个类中相距最远的样本间的距离：

$$D = \max d_{ij} \tag{6.4}$$

(2) 最短距离法

两个类中相距最近的样本间的距离：

$$D = \min d_{ij} \tag{6.5}$$

6.3.3 K-means（K 均值）算法

K-means 是一种基于划分的经典聚类算法，其基本步骤如下所示：

① 从数据中随机抽取 K 个点作为初始聚类的 K 个中心，即 K 个聚类；

② 计算数据中所有的点到 K 个中心的距离，即欧式距离；

③ 将每个点归属到离其最近的聚类里，生成 K 个聚类；

④ 计算每个类中所有点的几何中心的平均值；

⑤ 判别聚类是否满足三个终止的条件：中心点不再移动、中心点的移动在许可的范围内、达到迭代次数的上限值；

⑥ 若不满足上述条件，则重新返回步骤②进行分析。

6.3.4 围绕中心点的划分

围绕中心点的划分（PAM），是划分聚类的一种。PAM 算法如下：

① 随机选择 K 个观测值（每个都称为中心点）；

② 计算观测值到各个中心的距离/相异性；

③ 把每个观测值分配到最近的中心点；

④ 计算每个中心点到每个观测值的距离的总和（总成本）；

⑤ 选择一个该类中不是中心的点，并和中心点互换；

⑥ 重新把每个点分配到距它最近的中心点；

⑦ 再次计算总成本；

⑧ 如果总成本比步骤④计算的总成本少，把新的点作为中心点；

⑨ 重复步骤⑤～⑧直到中心点不再改变。

该算法可以容纳混合数据类型，并且不仅限于连续变量。

使用 R 语言中的 Cluster 包中的 Pam（ ）函数，可完成基于中心点的数据划分。

该函数的格式是：Pam（x,k,metric=”euclidean”,stand=FALSE），其中“x”表示数据矩阵或数据框，“k”表示聚类的个数，“metric”表示使用的相似性/相异性的度量，“stand”是一个逻辑值，表示是否有变量应该在计算该指标之前被标准化。

```
function (x, k, diss=inherits(x, "dist"), metric="euclidean",
medoids=NULL, stand=FALSE, cluster.only=FALSE, do.swap=TRUE,
keep.diss=! diss && ! cluster.only && n < 100, keep.data=! diss &&
        ! cluster.only, pamonce=FALSE, trace.lev = 0)
```

选取表 6.1 中的第 2～9 列，表 6.2 中的第 2～8 列，剔除所有缺失和无效的数据，得到 157 行、15 列有效数据，按照 PAM 算法进行聚类分析，图 6.1(a)～(d) 分别为 $K=3\sim6$ 情形下生成的分类图。图中参数 1 和参数 2 包括了 57.43%的可能性。通过对这些类的分析，可以得到当前类的安全区间、安全级别和安全状况，为安全决策提供适当的参考。

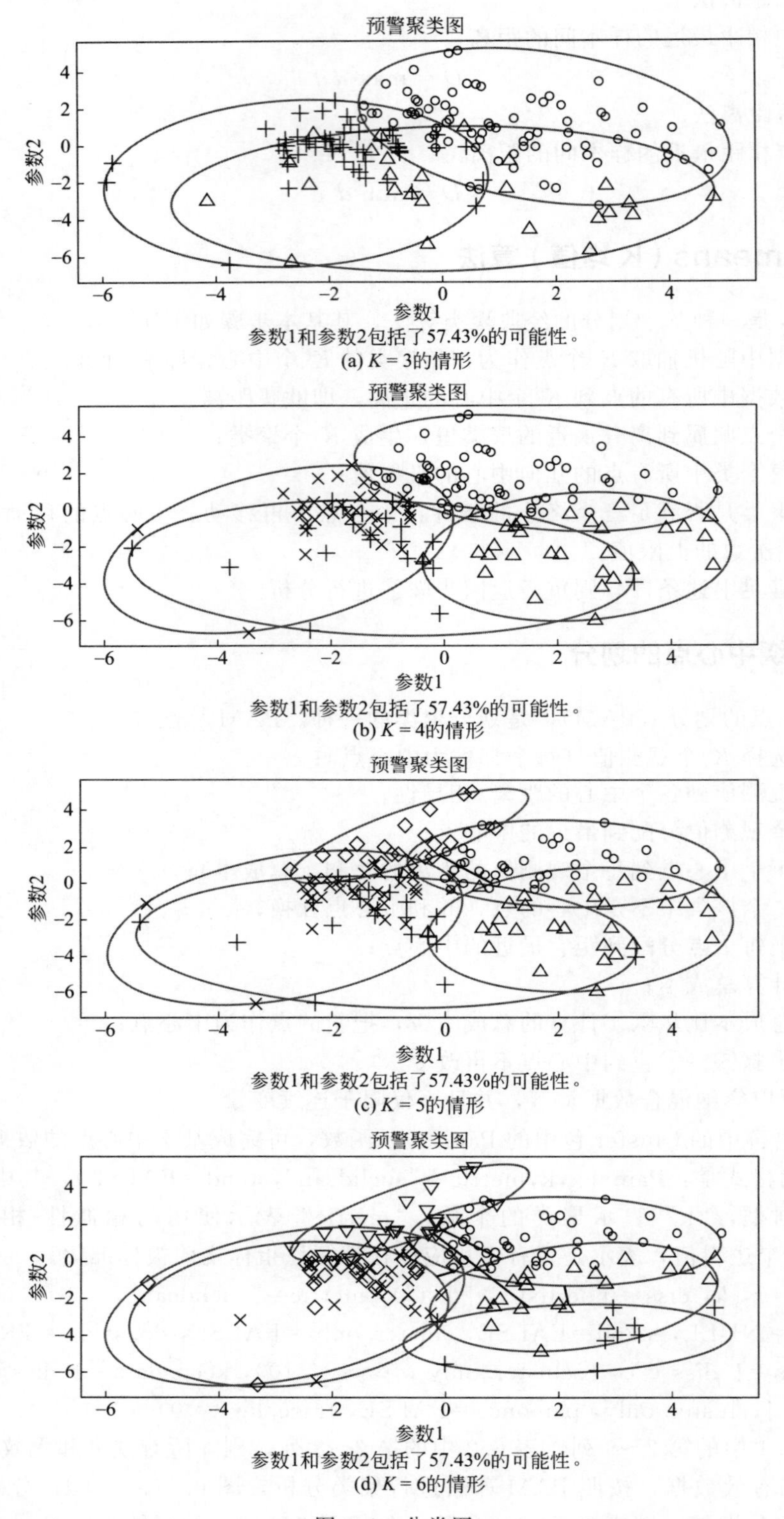

图 6.1 分类图

注：图中不同符号表示不同类型的观测值距离中心点的距离。

6.4 支持向量机在安全预警中的应用

6.4.1 基本原理

支持向量机（support vector machine）是一种支持矢量运算的分类器，由于拥有优秀的泛化能力、成为目前最常用、效果最好的分类器之一。对一个二维线性空间来说，假设存在两类训练样本，若 H 为把两类样本正确分开的分类线，H1 和 H2 分别为过两类样本中离分类线最近的点且平行于分类线的直线，则 H1 和 H2 之间的距离叫作两类的分类空隙或分类间隔，英文为 margin。通过 margin 的概念，得到对数据分布的结构化描述，因此降低了对数据规模和数据分布的要求。使其优化目标-结构化风险最小。SVM 本质上是非线性方法。

具体来说，在图 6.2 所示的一个二维环境中，圆和椭圆与靠近中间直线的点可以看作为支持矢量，它们可以决定分类器，也就是中间直线的具体参数，三条直线的方程已在图中列出。在二维空间中，找到一个能将全部样本单元分成两类的最优平面，这一平面使得两类中距离最近的点的间距尽可能大。

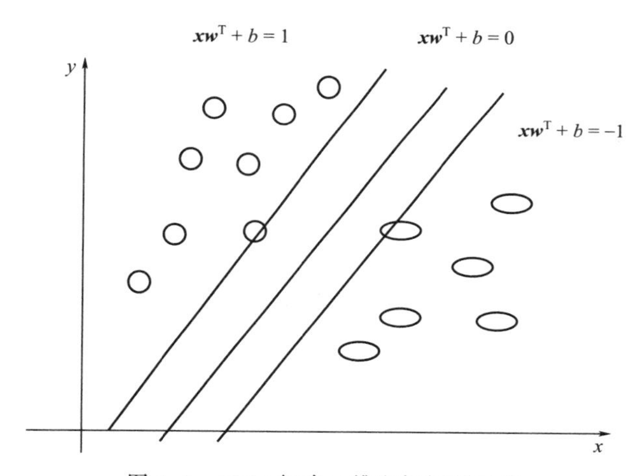

图 6.2 SVM 解决二维空间问题思路

设定训练集样本为

$$\{(x_i, y_i) \mid x_i \in R^d, y_i \in \{-1,1\}, i=1,2,\cdots,N\} \tag{6.6}$$

式中，x_i 为数据集；y_i 为样本所属类别标签；R 为实数；d 是样本维数；N 为训练样本个数。

SVM 的目的是要找到一个线性分类的最佳超平面，该超平面由 w 和 b 决定，其中 b 为偏移量。

$$f(\boldsymbol{x}) = \boldsymbol{x}\boldsymbol{w}^{\mathrm{T}} + b = 0 \tag{6.7}$$

式中，$\boldsymbol{x}$ 为样本的矢量；$\boldsymbol{w}$ 为二维法矢量；T 为矩阵转置；b 为偏移量或截距。

求 $\boldsymbol{w}$ 和 b。首先通过两个分类的最近点，找到 $f(\boldsymbol{x})$ 的约束条件；支持向量机最优化问题的分类须满足下列条件：

$$\min \frac{1}{2} \|\boldsymbol{w}\|^2 \tag{6.8}$$

$$y_i(\boldsymbol{w}^{\mathrm{T}} x_i + b) \geqslant 1, i=1,\cdots,n \tag{6.9}$$

对于很多实际问题，数据不一定完全线性可分，故在上式的基础上引入了松弛变量和惩罚系数，经过拉格朗日变换后可转化为以下优化问题：

$$\max_{\alpha}\sum_{1}^{n}\alpha_i-\frac{1}{2}\sum_{i,j=1}^{n}\alpha_i\alpha_j y_i y_j \boldsymbol{x}_i^{\mathrm{T}}\boldsymbol{x}_j \tag{6.10}$$

$$0\leqslant\alpha\leqslant C \tag{6.11}$$

$$\sum_{1}^{n}\alpha_i y_j=0(i=1,\cdots,n) \tag{6.12}$$

式中，$\boldsymbol{x}_i$、$\boldsymbol{x}_j$ 为样本的矢量；y_i、y_j 为样本所属类别标签，即分类值；α、α_i、α_j 为拉格朗日乘子。

有了约束条件，就可以通过拉格朗日乘子法和 KKT 条件来求解。KKT（Karush-Kuhn-Tucher）条件，是非线性规划（nonlinear programming）最佳解的必要条件。KKT 条件将拉格朗日乘子法中的等式约束优化问题推广至不等式约束，这时，问题变成了求拉格朗日乘子 α_i 和 b。

求出 α_i 后，根据式

$$w=\sum_{i=1}^{n}\alpha_i y_i x_i \tag{6.13}$$

求出 w。

线性支持向量机的判决函数为：

$$f(x)=\mathrm{sgn}(wx+b)=\mathrm{sgn}\left[\sum_{i=1}^{n}\alpha_i y_i(x_i x)+b\right] \tag{6.14}$$

对于线性不可分的样本数据集，采用了一个非线性映射将原始输入数据在多维特征空间上有映射，使得在特征空间上构造最优分类超平面。在多维的特征空间中，即便维数较高，我们仍只需考虑多维空间中点积的运算。因此，有

$$K(\boldsymbol{x}_i,\boldsymbol{y}_j)=\langle\Phi(x_i),\Phi(\boldsymbol{y}_j)\rangle \tag{6.15}$$

式中，$\boldsymbol{x}_i$ 为样本的矢量；$\boldsymbol{y}_j$ 为样本所属类别标签，即分类值；非线性映射$\Phi(\boldsymbol{x}_i)$将数据 $\boldsymbol{x}_i$ 映射到高维空间；$\Phi(y_i)$ 将数据 y_i 映射到高维空间。

非线性支持向量机的判决函数为：

$$f(x_j)=\mathrm{sgn}\left[\sum_{i=1}^{n}\alpha_i y_i K(x_i,x_j)+b\right] \tag{6.16}$$

在前面的讨论中，我们假设数据集是线性可分的。但是现实中，可能并不存在一个超平面将数据集完美地分开。这种情况下，我们可以将原始空间映射到一个高维空间，如果高维空间中数据集是线性可分的，那么问题就可以解决了。核函数的基本作用就是接受两个低维空间里的矢量，能够计算出经过某个变换后在高维空间里的矢量内积值。也就是，可以把低维的坐标升到高维，从而解决了线性不可分问题。常见的核函数有以下三种：

（1）多项式核函数

$$K(x_i,x_j)=(x_i x_j+c)^p,p\in N,c\geqslant 0 \tag{6.17}$$

（2）RBF 核函数

$$K(x_i,x_j)=\mathrm{e}^{-\frac{\|x_i-x_j\|^2}{\sigma^2}} \tag{6.18}$$

（3）Sigmoid 核函数

$$K(x_i,x_j)=\tan[v(x_i,x_j)+c] \tag{6.19}$$

SVM 的数学公式推导比较复杂，不在本书的讨论范围。感兴趣的读者可以查阅相关资料。

6.4.2 支持向量机建模

① 选取表 6.1 中的第 2～9 列，表 6.2 中的第 2～8 列，剔除所有缺失和无效的数据，得到 157 行、15 列有效数据；另加两列数据，第一列为当前数据的安全评价，第二列为序号。这 157 行、17 列数据作为原始数据；

② 组织专家为 157 组数据的安全级别进行分类，有非常安全、安全、比较安全、弱安全、安全预警五个级别；

③ 128 组数据作为训练样本；

④ 29 组数据作为预测样本；

⑤ 第六个级别“危险”的数据暂不讨论，因为百万能量级的微震数据，在本监测周期内没有出现。

6.4.3 结果与讨论

图 6.3、图 6.4 为训练所用的数据，图 6.5 为分类训练结果，图 6.6 为 SVM 训练结果。

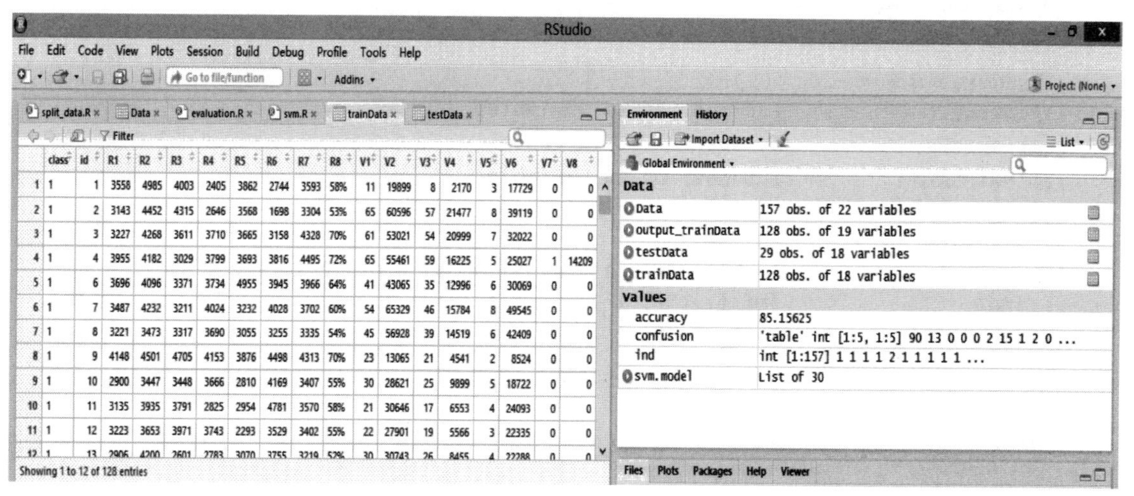

图 6.3 训练数据

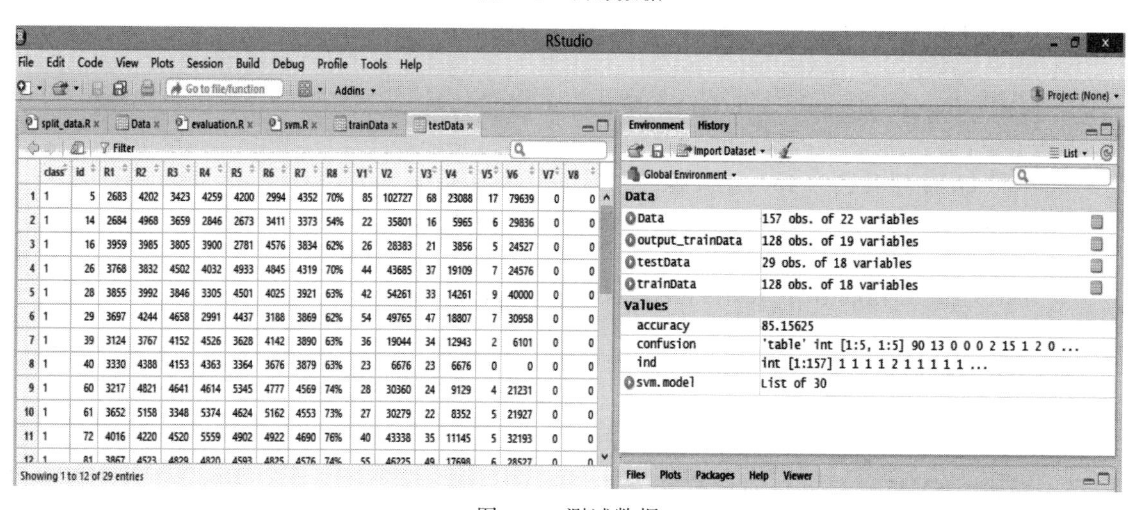

图 6.4 测试数据

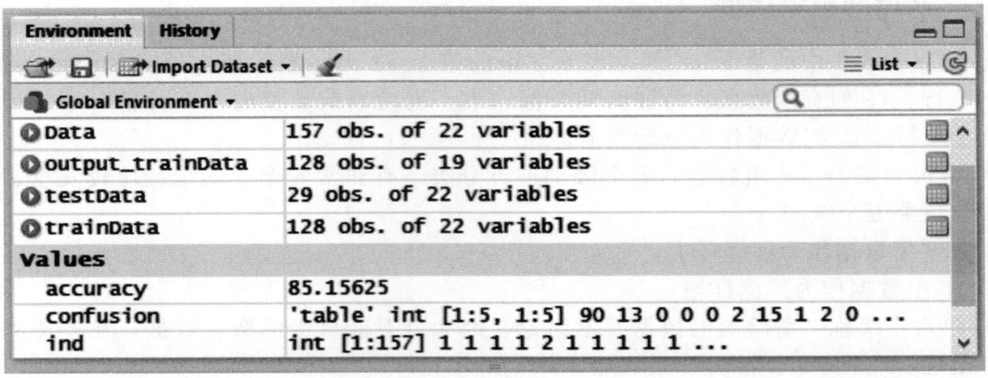

Environment　History

Import Dataset　List

Global Environment

Data	157 obs. of 22 variables
output_trainData	128 obs. of 19 variables
testData	29 obs. of 22 variables
trainData	128 obs. of 22 variables
Values	
accuracy	85.15625
confusion	'table' int [1:5, 1:5] 90 13 0 0 0 2 15 1 2 0 ...
ind	int [1:157] 1 1 1 1 2 1 1 1 1 1 ...

图 6.5　分类训练结果

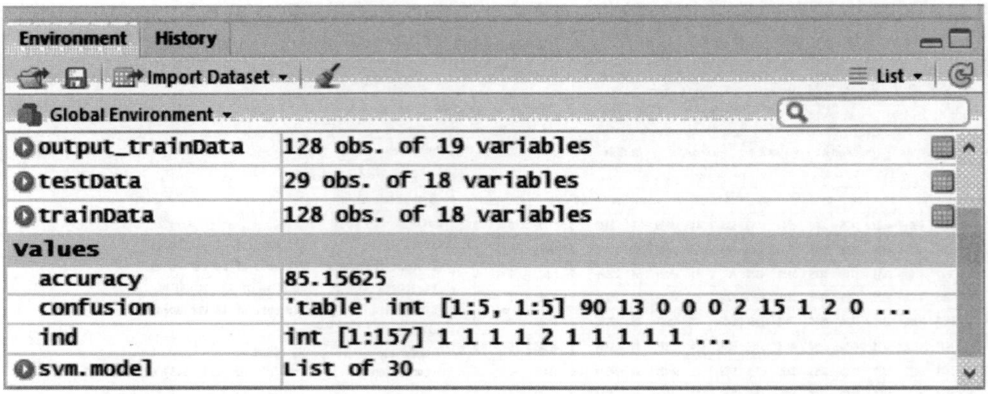

Environment　History

Import Dataset　List

Global Environment

output_trainData	128 obs. of 19 variables
testData	29 obs. of 18 variables
trainData	128 obs. of 18 variables
Values	
accuracy	85.15625
confusion	'table' int [1:5, 1:5] 90 13 0 0 0 2 15 1 2 0 ...
ind	int [1:157] 1 1 1 1 2 1 1 1 1 1 ...
svm.model	List of 30

图 6.6　SVM 训练结果

R 语言的运行界面显示信息如下：

```
#读取数据
> trainData=read.csv("./data/trainData.csv")

> testData=read.csv("./data/testData.csv")

> #将 class 列转换为 factor 类型
> trainData<-transform(trainData,class=as.factor(class))

> testData<-transform(testData,class=as.factor(class))

> ##支持向量机分类模型构建
> library(e1071)#加载 e1071 包

> #利用 SVM 建立支持向量机分类模型
> svm.model<-svm(class~., trainData[,-2])
```

```
> summary(svm. model)

Call:
svm(formula = class~ . , data = trainData[, -2])


Parameters:
   SVM-Type:  C-classification
SVM-Kernel:  radial
       cost:  1
      gamma:  0.02325581

Number of Support Vectors:  78

( 42 28 1 6 1 )


Number of Classes:  5

Levels:
1 2 3 4 5
```

对 29 个样本的预测结果如表 6.3 所示。

表 6.3 预测结果

危险等级	实际数量	正确预测数值	准确率
1	16	13	0.8125
2	6	4	0.6667
3	4	4	1
4	2	1	0.5
5	1	0	0
总数	29	22	0.7586

准确率为 0.7586，并不是预计的那么高。预测率不高的原因：危险等级的设置受专家和工程技术人员的影响；模型本身的原因；传感器精度的影响；训练数量的影响；特别是本预测特别看重的危险等级 5 没有成功预测，说明本模型仍有较大的改进空间。

辐射剂量实时监测与预警系统

7.1 概述

7.1.1 辐射的基本概念

射线是由微观粒子组成的。射线发射或释放的过程称为辐射。微观粒子分为带电粒子和不带电粒子。自然界中的一切物体，只要温度在绝对零度以上，都存在辐射，即都以电磁波和粒子的形式不停地向外传送热量。

人类无时无刻不受到辐射的照射。照射的辐射源主要分为两大类：天然辐射源和人工辐射源。两者照射所占的比例分别为67.6%和30.7%，其他辐射照射占比为1.7%。天然辐射源主要包括宇宙射线、宇生放射性核素、原生放射性核素；人工辐射源主要来源于医疗照射、核试验、核动力生成等。

放射性物质外泄会给人类健康造成很大的影响，引发巨大的环境灾难。切尔诺贝利核事故、日本福岛第一核电站机组核泄漏事故，引起了世界各国对核安全问题的关注。但人们普遍关注的还是辐射对日常生产、生活带来的影响。

7.1.2 辐射对人体的影响

随着科学技术的不断发展，核技术的应用越来越广泛。人们对放射剂量的测量和防护也更加重视。国际放射防护委员会第60号和第103号出版物中明确指出，职业照射（有效剂量）个人剂量限值为5年内平均20mSv，对公众人员的年剂量限值从5mSv减少到1mSv，并规定特殊情况下，可以取连续5年的年有效剂量，其平均值不超过1mSv。

近年来，随着金属和非金属矿山开采深度的不断加大，伴生物质的复杂多样，从业人员受辐射的概率有增加的趋势。例如，潘自强、刘森林等对我国大型煤矿、中型煤矿和小型煤矿（包括石煤）进行了评价与分析，估算出我国煤矿井下工作人员所受天然辐射照射年均有效剂量约为2.4mSv。石煤矿井下矿工所受照射最大，年有效剂量超过了10mSv，小型煤矿井下矿工次之，约3.3mSv。煤炭的开发利用，必然造成不同程度的放射性污染，危及人体健康。煤矿工作人员所受的附加照射包括内、外照射。内照射引起的附加剂量主要由氡及其子体产生，其他核素的贡献相对较小，可以忽略；外照射主要是γ辐射所致。

在地下工程施工中，大部分工程可能辐射水平较低，但也可能会出现高水平辐射区域，其辐射照射对施工工人可能有明显影响。

在辐射浓度较高的场合，通常可采用活性炭、蛭石、超细纤维等作为净化放射性气溶胶的过滤材料，过滤效率较高，但阻力大，容尘量低，过滤负荷小。例如，美国矿务局采用一种以滤纸为滤料的移动式过滤系统，可以净化90%以上的放射性气溶胶。但目前国内开展此项工作的并不多见。

在矿业工程中，存在大量电磁辐射，对人体的影响较小；和电磁辐射相比，电离辐射产生的概率较小，但其对人体的影响是客观存在的。为了有效确保工作场所、辐射场所及周边人员受到的辐射不超过国家辐射剂量标准，在核辐射环境下安装可靠的监测装置，对辐射指标进行监测，对工作环境的辐射风险进行评估，就显得非常必要。

为了有效确保辐射场所及周边人员受到的辐射不超过国家辐射剂量标准，在核辐射环境下安装可靠的检测装置可以对辐射指标进行连续监测。一旦被监测区域出现超剂量的辐射情况时，能够及时地报警，通知工作人员注意，以便采取有效的措施，确保工作场所及其周边的辐射安全。

7.1.3 射线探测理论

通常，拥有足够高能量的辐射，可以把原子电离。电离辐射主要有三种：α、β及γ辐射（或称射线）。利用α、β及γ三种射线在物质中的光电效应、康普顿效应和电子对产生效应等产生的次级电子再引起物质的电离和激发，这样这三种射线才能被探测到。以γ射线为例，从科学发展的历史简述射线探测理论。

（1）光电效应

射线进入探测器与探测介质相互作用发生光电效应（图7.1），进而产生次级电子，通过对次级电子的测量来达到探测γ射线的目的。光电效应中γ射线将其全部能量传递给原子轨道上的某电子，而本身不再存在。

$$hv = E_e + E_b \tag{7.1}$$

式中，hv 为光子能量；E_e 为光电子动能；E_b 为原子第 i 层电子的结合能，与原子序数和壳层数有关。

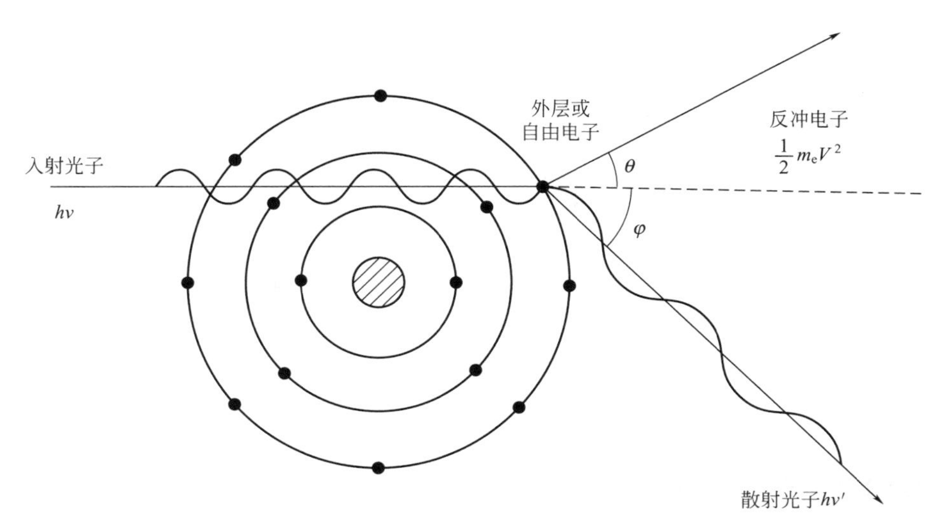

图7.1 光电效应示意图

（2）康普顿效应

康普顿效应（图7.2）中，γ射线只将部分能量传递给原子轨道上某一电子，运动方向发生了改变。损失能量后的γ射线称为散射光子。

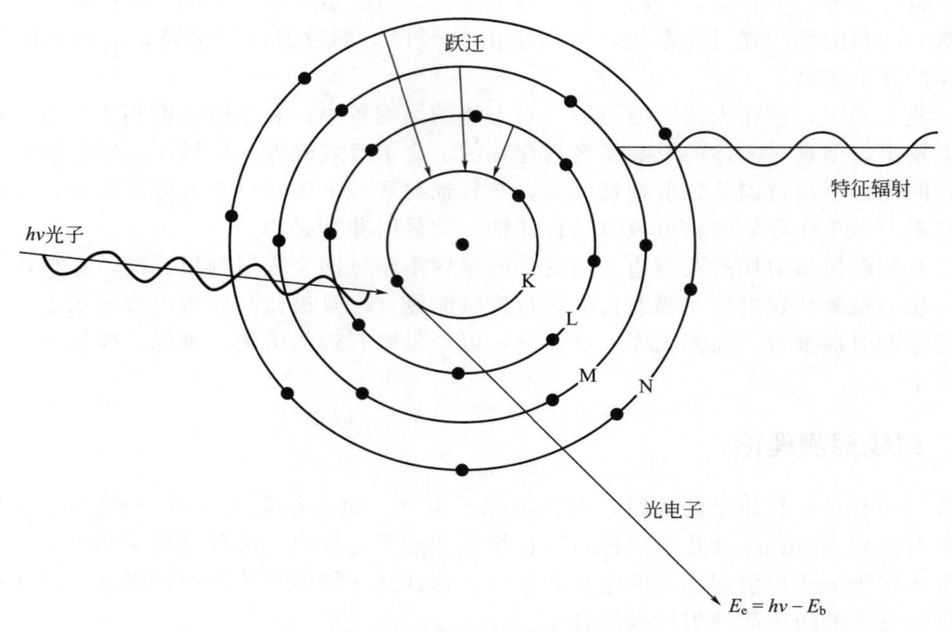

图 7.2 康普顿效应示意图

(3) 电子对产生效应

当辐射光子能量足够高时，在它从原子核旁边经过时，在核库仑场作用下，辐射光子可能转化成一个正电子和一个负电子，这种过程称作电子对产生效应（图 7.3）。

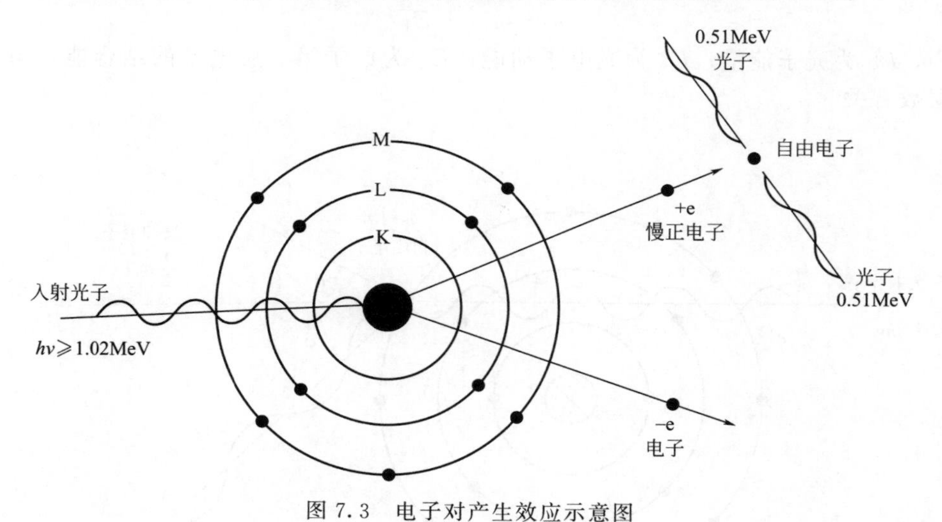

图 7.3 电子对产生效应示意图

7.2 辐射探测器的类型

辐射是不能感知的，因此人们必须借助于辐射探测器探测各种辐射，给出辐射的类型、强度（数量）、能量及时间等特性。利用辐射在气体、液体或固体中引起的电离、激发效应或其他物理、化学变化进行辐射探测的器件称为辐射探测器。常用的探测器主要有电离室、正比计数器、G-M 计数管、闪烁探测器和半导体探测器等。

（1）电离室

电离室利用电离辐射的电离效应进行测量。因为电离电流与辐射的强度成正比，所以测量该电流即可得到电离辐射的强度。电离室可测量α、β、γ、中子和X射线，具有测量稳定、量程宽、寿命长、线性度好等优点，对电子线路和测量环境要求较高。

（2）正比计数器

正比计数器的输出脉冲幅度与初始电离成正比关系，根据输出信号的脉冲高度即可确定入射辐射的能量。正比计数器可测量α、β、γ、中子、电子和X射线，灵敏度高，脉冲幅度大，可做能谱测量。但对电源稳定性要求较高，易受环境因素的影响。

（3）盖革-米勒（G-M）计数管

G-M计数管可测量α、β、γ、中子、电子和X射线，是一种具有两个电极的气体放电管，其主要特性包括坪曲线、死时间、恢复时间和分辨时间等。当射线照射到G-M计数管时，通过改变加在G-M计数管上的电压，求得计数率，进而得到坪曲线。曲线中，开始计数的电压为起始电压，当计数率达到基本恒定的区域，则是放射计数的有效测试端。正常的G-M计数管在强度不变的放射源的照射下，测量计数率随阳极和阴极间外加电压的变化遵循固定的变化规律。G-M计数管结构简单，经济性好。缺点是容易产生阻塞效应，不能鉴别粒子和能量。测量计数率N随阳极和阴极间外加电压U的关系如图7.4所示，图中AB段为饱和段。

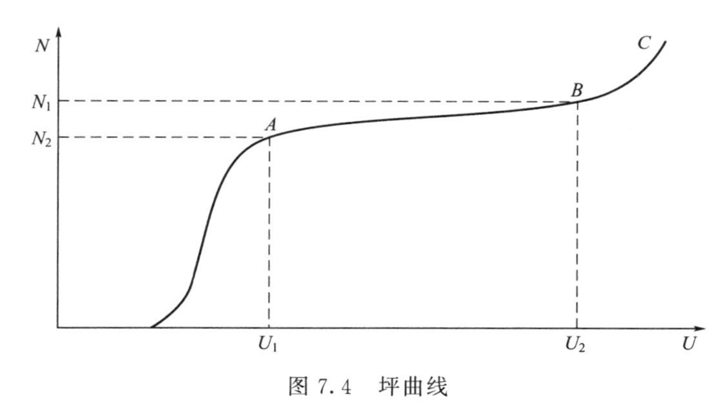

图7.4　坪曲线

（4）闪烁探测器

闪烁探测器利用光导和反射体等光的收集部件使荧光尽量多地射到光电转换器件的光敏层上并打出光电子，这些光电子可直接或经过倍增后，由输出级收集而形成电脉冲，可测量α、β、γ、中子和X射线。闪烁探测器价格和精度适中，易受外界环境的影响。

（5）半导体探测器

又称固体电离室，其测量实质是一种特殊的PN型二极管，受到电离辐射，会产生电离电流，电离电流的大小与入射辐射的强度成正比。半导体探测器可用来测量α、β、γ、电子和X射线。其优点是分辨率高，常温工作特性较好，但价格昂贵，后期维护费用较高。

7.3　煤矿辐射剂量监测要实现的基本功能

7.3.1　仪表分类

目前常用的辐射剂量监测仪表分为以下三类。

（1）环境级监测仪表

主要针对低剂量率水平的环境进行测量，测量 X-γ 的剂量率范围是 0.01～10000.01μSv/h。探头通常采用塑料闪烁体探测器、NaI(Tl) 闪烁体探测器、G-M 计数管等。比如，北京核仪器厂近年来研制的环境 X-γ 剂量率仪表 BH3103A 和 BH3103B，即属于这一类。

(2) 防护级监测仪表

其测量 X-γ 剂量率范围是 1～0.1μSv/h，它们主要以 G-M 计数管为探头，比如西安核仪器厂的 X-γ 辐射剂量仪 PM1621，中国辐射防护研究院研制的 TJ-IIX、γ 剂量率报警仪等。

(3) 高压电离室作探头的剂量率仪表

其量程宽、线性好，但其成本高，而且非常庞大。但煤矿辐射剂量测量有其特殊性。原因是煤炭的开采地下空间狭窄，要求传感器的安装使用简单便捷，符合本质安全防爆的煤安要求，检测系统最好能嵌入现有的安全监控系统中去。

7.3.2 煤矿辐射剂量检测项目简介

(1) 项目的研究内容

① 监测矿业工程（地下工程）环境的辐射水平，并与企业的监控系统进行对接，也可以对医院、科研院所放射剂量进行不间断的实时监测。

② 对长期在恶劣环境工作的人员的辐射剂量进行连续跟踪和风险评估。

③ 对超标的辐射环境进行预警，并提醒决策部门、工作人员采取必要的防护措施。

(2) 需解决的关键技术问题

① 对环境放射性水平进行设计监测。本项目主要监测工作场所的氡和 γ 射线。通过传感器获得井下实时数据。采用软件自复位和硬件看门狗技术，系统在无人值守的情况下能够自动、可靠地运行；设计监测系统及风险评估软件，该软件对于采集到的辐射信息采用表格、曲线、报表、图形等方式，进行动态显示和可视化输出，并可进行相应的编辑、打印等操作，方便用户直观查询和使用。系统集数据采集、数据处理、数据网络共享、辅助决策于一体，达到对辐射水平早发现、早预报、早防治的目的。

② 本监测系统可根据企业需要采取灵活的数据传输方式。如果企业有工业以太网，就采用工业以太网解决数据的传输问题。即通过接入井下分站，把分站设备的信息源转换成统一的工业以太网数据包格式，实现无缝连接。井下部分采用总线型网络拓扑结构，所有智能监测分站挂接在一条传输总线上，与地面主机通信，并将监测结果存入相应的数据库中。采用多用户的 SQL-SERVER 数据库管理系统作为开发平台，通过局域网或广域网可对辐射数据进行查询、统计、浏览，使相关领导及专业技术人员及时得到相关信息。如果没有井下工业以太网，可采用无线网络、自组网方式传输数据。地面部分可根据需要生成由 GSM/GPRS 国家公网构成的无线监测系统，同样达到监测监控的目的。

7.4 辐射剂量监测的基本原理

7.4.1 系统要实现的基本功能

“基于无线网络的辐射剂量实时监测与风险评估系统研究”，预期目标是建立一套基

于无线网络的辐射剂量实时监测与风险评估系统研究平台，对金属、非金属矿山环境进行辐射剂量的连续监测、风险评估和预警。通过监测可以发现潜在危险区，从而采取必要的防护措施。系统还会根据要求增加监测内容与类别，并根据辐射防护三原则制定相应的安全措施。

经过系统分析、硬件设计、软件设计、系统调试、系统优化等环节，项目组完成了合同规定的技术指标、经济效益指标。

① 运用已有的煤矿监控系统，嵌入了辐射剂量传感器，并入到监测分站，经光纤传入地面监测系统。

② 能对矿井辐射环境中的X、γ射线进行不间断检测。对长期在复杂环境工作的人员辐射剂量进行连续跟踪和风险评估。

③ 对超标的辐射环境进行预警，并提醒决策部门、工作人员采取必要的防护措施。

④ 建立了SQL数据库，通过传感器获得井下实时数据。采用软件自复位和硬件看门狗技术，系统在无人值守的情况下能够自动、可靠地运行；设计监测系统及风险评估软件，该软件对于采集到的辐射信息采用表格、曲线、报表、图形等方式进行动态显示和可视化输出，并可进行相应的编辑、打印等操作，方便用户直观查询和使用。

7.4.2 辐射剂量传感器

为了加快开发速度，使用第三方传感器，该传感器特征参数如下：

① 探测器：金属G-M管（J305），该探头安装在矿井下、射线机房或放射源室里的人员活动多的地方，作为在线监测，实现超设置的安全阈值即报警。

② 测量范围：0.01～5000μSv/h；最大过载剂量率10mSv/h。

③ 响应时间：3s。

④ 测量误差：≤±30%。

⑤ 能量响应：40keV～1.5MeV。

⑥ 使用环境：温度－10～＋50℃、相对湿度（在40℃温度下）≤98%。

7.5 硬件设计

辐射剂量监测系统的原理如图7.5所示。

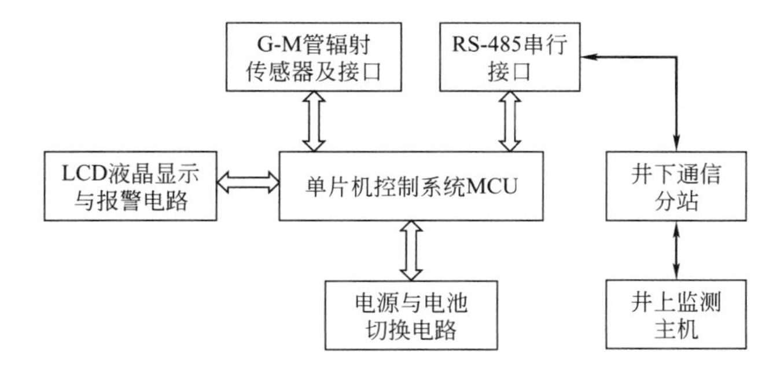

图7.5 辐射剂量监测系统原理框图

串口与监测通信服务器之间访问的界面如图7.6所示。

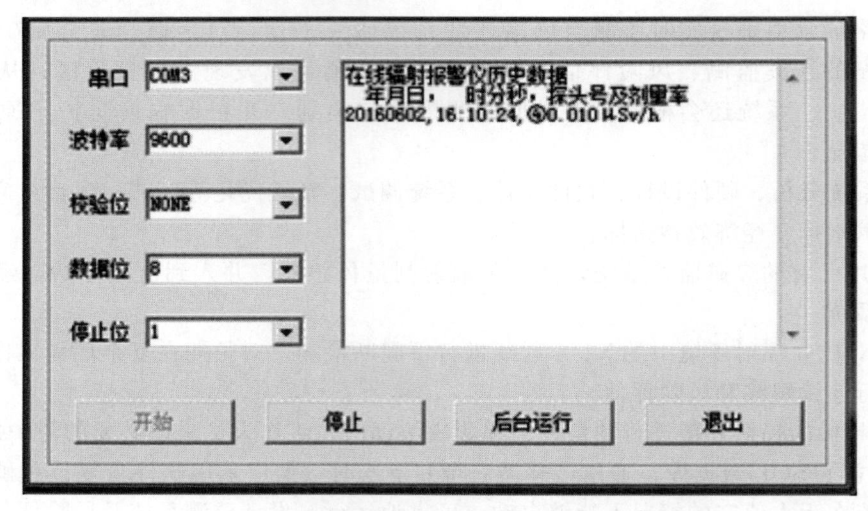

图 7.6 串口与监测通信服务器之间访问的界面

7.6 软件设计

上位机软件采用 Visual Studio 2010 编程。Visual Studio 2010 是微软公司推出的软件开发环境，数据库设计采用 SQL Server 2008。

图 7.7 为 Microsoft SQL Server Management Studio（对象资源管理器）工作界面。该工具由 Microsoft Visual Studio、Management Studio 内部承载，它提供了用于数据库管理的图形工具和功能丰富的开发环境。通过 Management Studio，可以在同一个工具中访问和管理数据库引擎、Analysis Manager 和 SQL 查询分析器，并且能够编写 Transact-SQL、MDX、XMLA 和 XML 语句。从图 7.7(a) 中可以看出，在本界面中可以进行系统设置、人员管理、权限管理、密码修改、辐射值监测、在线监测、历史数据和历史数据曲线图查询等操作。

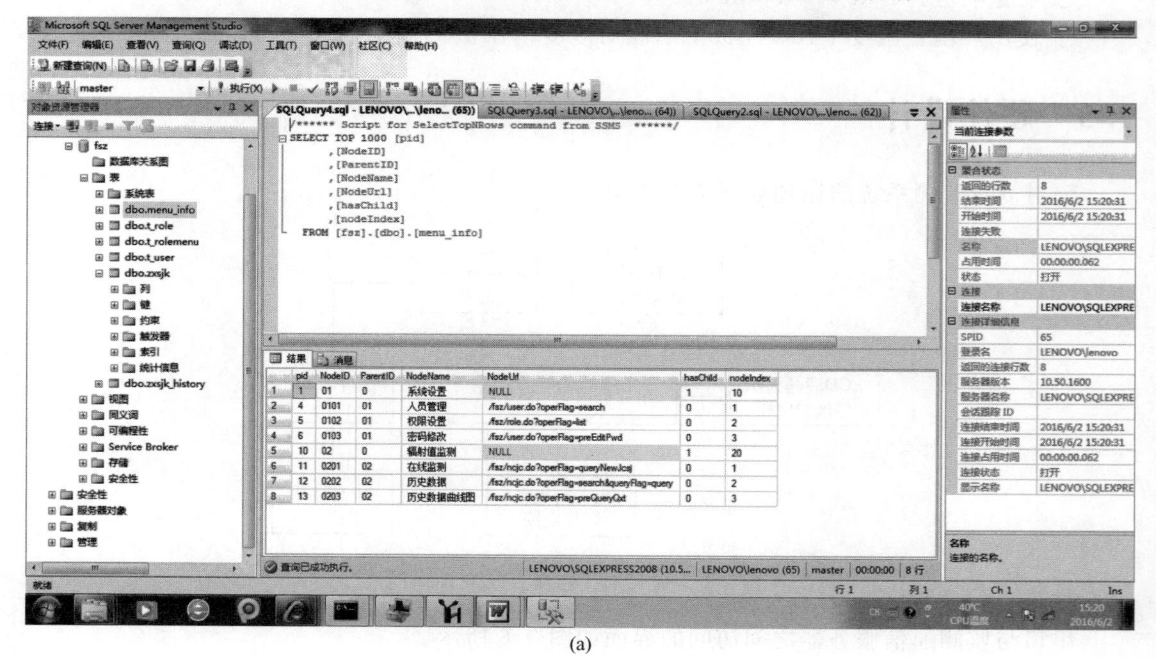

(a)

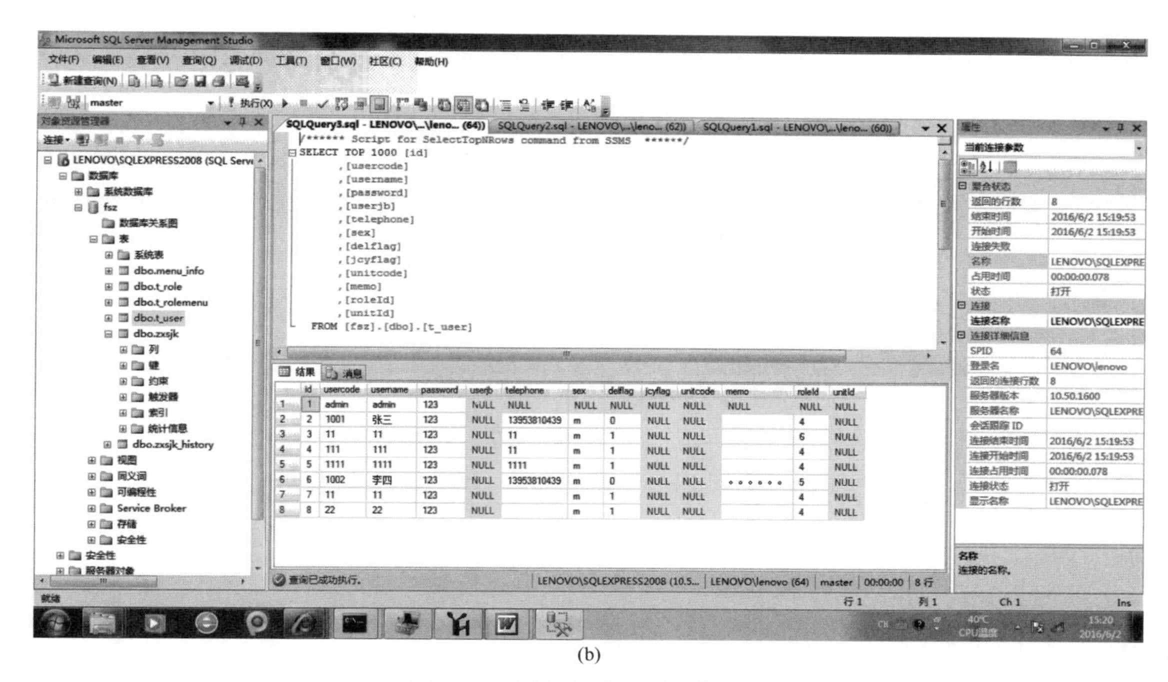

(b)

图 7.7　对象资源管理器工作界面

7.7　软件运行界面

软件登录界面如图 7.8 所示。

图 7.8　软件登录界面

图 7.9 和图 7.10 所示界面可以对人员进行管理，如增加、删除、统计、列表。

图 7.9 人员管理列表

图 7.10 用户角色管理列表

图 7.11 所示界面可对登录密码进行修改。

图 7.12～图 7.14 为在线测量的结果显示。从图 7.12 所示测量界面中可以看到，安装在不同位置的四个探头，在当前时刻的剂量率亦各不相同。图 7.13 则显示了当前时刻和下一间隔时刻的值；图 7.14 是对图 7.13 的结果用图形显示出来的曲线图。

除了上述功能外，辐射值在线监测系统可以设置报警阈值，当测量值超过报警值时，可实现在线报警功能。

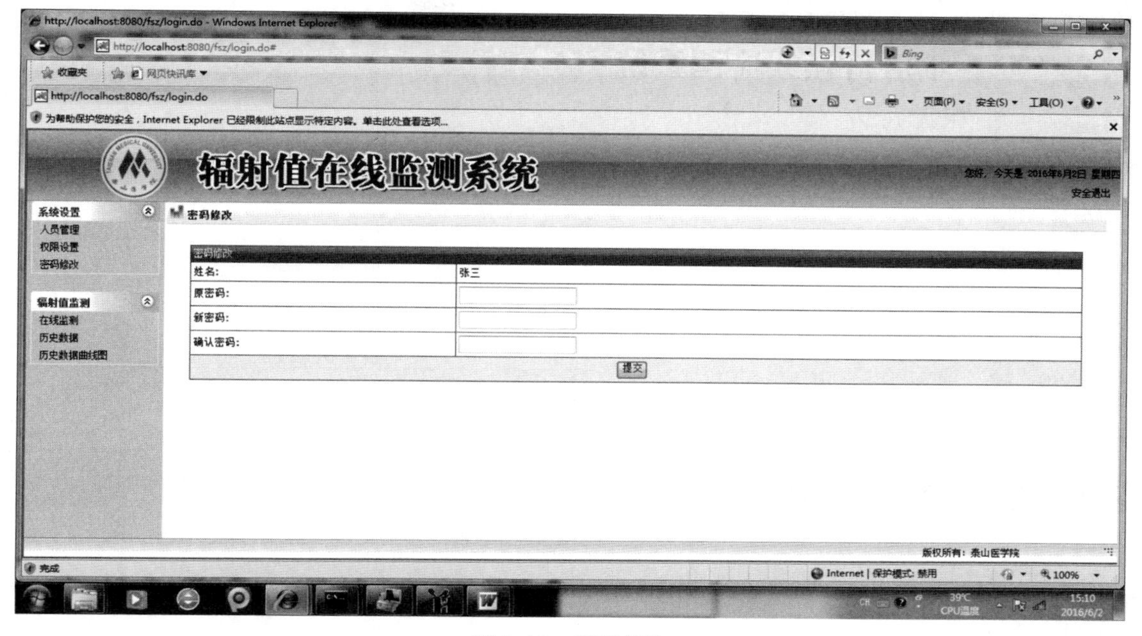

图 7.11　密码修改

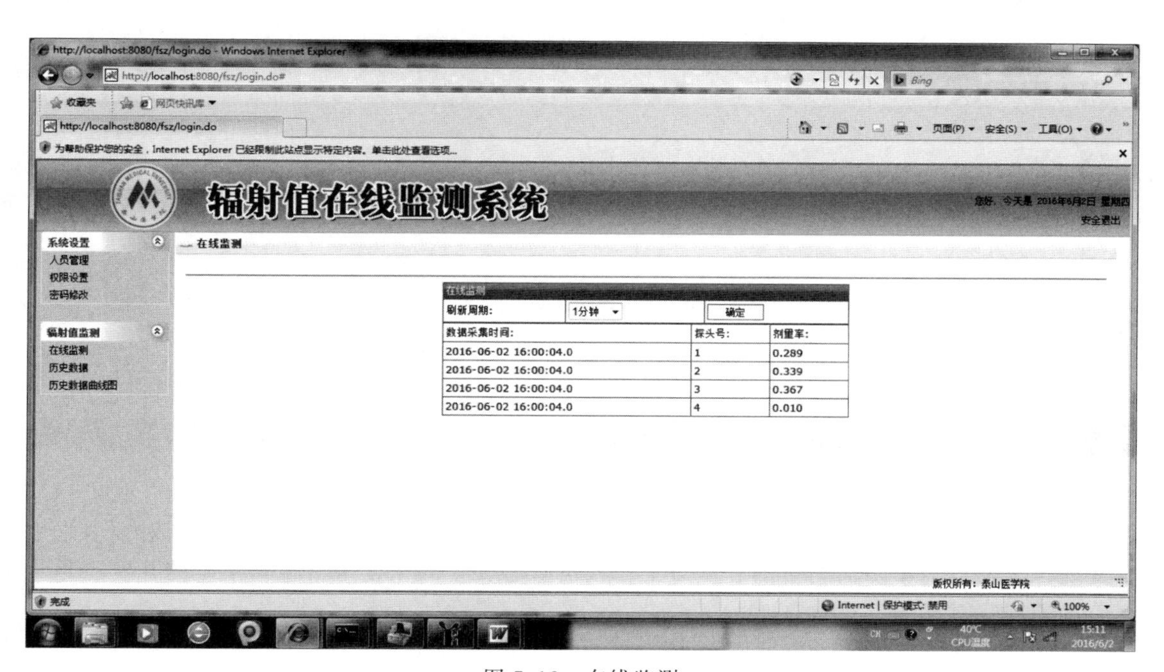

图 7.12　在线监测

序号	探头号	剂量率	数据采集时间
1	1	0.222	2016-06-02 16:01:17.0
2	2	0.328	2016-06-02 16:01:17.0
3	3	0.372	2016-06-02 16:01:17.0
4	4	0.010	2016-06-02 16:01:17.0
5	1	0.222	2016-06-02 16:00:59.0
6	2	0.317	2016-06-02 16:00:59.0
7	3	0.411	2016-06-02 16:00:59.0
8	4	0.010	2016-06-02 16:00:59.0
9	1	0.217	2016-06-02 16:00:41.0
10	2	0.311	2016-06-02 16:00:41.0

图 7.13　历史数据查询

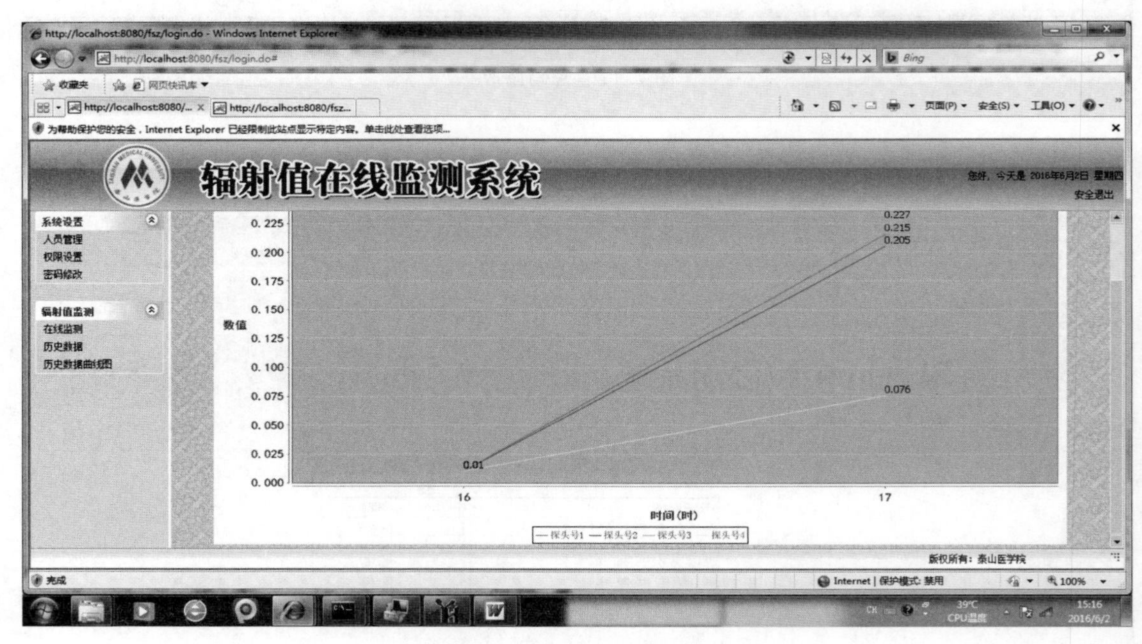

图 7.14　在线实时数据曲线图

总之，系统集数据采集、数据处理、数据网络共享、辅助决策于一体，达到对辐射水平早发现、早预报、早防治的目的。从对工作人员身心关爱的角度来讲，本系统的开发还是具有一定的现实意义的。

8 吊管机智能监控仪的设计

8.1 吊管机简介

吊管机是一种重型机械，主要用于管线施工中大型管道的吊装、运输及其他类似工程的作业，例如在西气东输工程的城市地下管网建设中，吊管机发挥了很大的作用；同时，吊管机也是铁路、石油、水电、矿山等大型野外工程施工中理想的机械。吊管机，也叫布管机，主要由底盘、吊臂、吊钩、配重、连杆及配重液压缸、变幅液压缸、液压绞车等部分组成。图 8.1 为泰安泰山工程机械股份有限公司 DGY90 型吊管机实物图，其技术参数见表 8.1。

图 8.1　DGY90 型吊管机实物图

表 8.1 DGY90 型吊管机技术参数

最大起重量/t	90
额定功率/kW	257
额定转速/r/min	2000
整体总质量/kg	57800

8.2 吊管机需监控的技术性能指标

应泰山工程机械股份有限公司的要求，我们研制了吊管机智能监控仪。该智能监控仪是针对吊管机的功能特点而设计的智能型自动化监控装置，综合了目前国内使用的各类力矩控制仪的主要特点，按照工业级自动化仪表制造规范进行生产。该监控仪系统针对吊管机的操作及控制要求设计，用于吊管机主要技术参数的检测和保护控制。该系统作为配套设备安装使用后，为吊管机的操作使用提供了更可靠的安全保障。

8.2.1 主要实现的功能

① 检测并显示吊管机的吊重、吊高、吊臂角度、力矩、工作幅度等工作参数。
② 具有点阵 LCD 显示，可显示中文信息及检测数据。
③ LCD 显示器具备 EL 背光功能（夜光显示）。
④ 力矩、吊重、工作幅度超限预报警、报警功能（声、光）。
⑤ 超限报警闭锁控制输出功能（继电器输出）。
⑥ 强制解除闭锁功能。
⑦ 系统自诊断功能。
⑧ 监控系统环境温度检测、显示和预加热功能。

8.2.2 技术性能指标

（1）测量范围（量程）
① 吊重：0～20t（传感器）。
② 角度：0～180°（传感器）。
（2）测量精度
① 吊重：1.5%。
② 角度：1.5%。
③ 其他参数：2%。
（3）分辨力
① 吊重：0.1t。
② 角度：0.1°。
③ 其他参数：1% FS。
（4）环境参数
① 温度：－20°～60℃。
② 湿度：小于 85%（不结露）。
③ 海拔高度：小于 3000m。

8.2.3 工艺要求

（1）抗震性

设计与制造按车载使用环境要求进行。

（2）防护性能

主机：IP54（防淋水）。

传感器：IP65。

（3）仪表体积

充分考虑安装使用空间要求，尽可能地减小仪表体积和安装尺寸。

（4）外壳与外观

仪表外壳采用1mm厚钢板焊接而成，表面喷塑处理，显示单元、面板采用PVC面板材料工艺。

8.3 系统组成与结构

吊管机智能监控仪采用了先进的单片计算机技术、CMOS集成电路技术和先进的传感器，产品具有多功能，体积小，功耗低，可靠性高和安装、使用简单等特点。由于采用了宽温LCD中文显示器（带EL背光），低温自动加热技术和较高的防护等级，保证了监控仪在各种恶劣环境的全天候使用。

8.3.1 技术特点

其主要技术特点如下：

① 多功能显示：具有吊重、吊杆角度、爬坡角度、车体倾斜角度、吊高、工作幅度、力矩百分比等参数显示。

② 具有完善的报警和控制功能：具有预先报警、超限报警、超限控制输出功能，报警有声音报警和发光指示。

③ 采用带有夜间背光的液晶显示器，显示中文信息，具有多屏信息显示。

④ 显示单元与主机采用分体结构，通过RS-485总线连接，结构简单，可靠性高。

⑤ 具有数字化自动校零功能。

⑥ 具有系统自检和故障显示功能。

⑦ 具有安装时免调试的特点。

⑧ 具有防水结构设计，可以满足各种气候环境使用条件。

8.3.2 工作原理

智能监控仪工作原理如图8.2所示。图中虚线部分的斜度传感器和坡度传感器可根据需要选用。

主机：主机是监控仪系统的核心部分，使用独立的微处理器（CPU），完成对多路传感器信号的数据采集和处理，具有报警和控制输出功能，与显示、操作单元之间通过RS-485总线连接。

显示、操作单元：使用单独的微处理器结构，以数据通信方式接收主机发送的数据，液晶显示监测参数，通过按键实现翻屏。

接线盒一（JX-1）：安装在吊杆上部，内设接线端子，连接吊重传感器和高度限位开关。

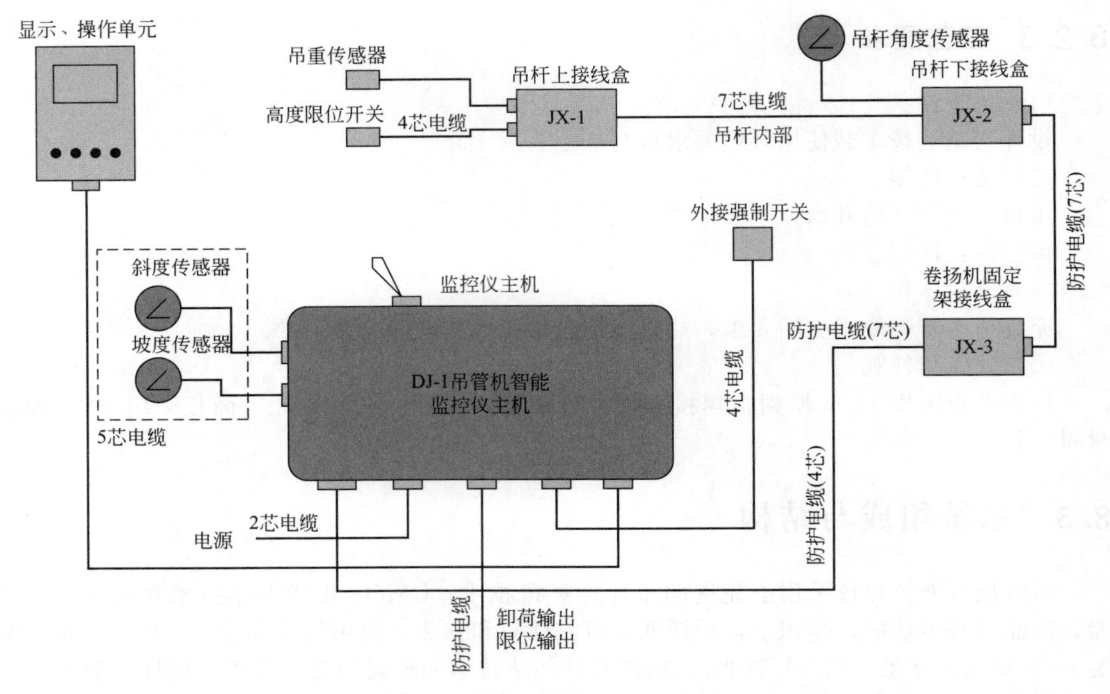

图 8.2　智能监控仪工作原理图

接线盒二（JX-2）：安装在吊杆的下部，内部安装有吊杆角度传感器和接线端子，外接防水插头与卷扬机固定架连接（运输过程中电缆可拆卸）。

接线盒三（JX-3）：安装在卷扬机固定架上，内装爬坡角度传感器、侧倾角度传感器（可选）和接线端子，外接防水插头与接线盒二连接（运输过程中电缆可拆卸）。

吊重传感器：电阻应变式拉力传感器，一体化结构，具有温度自补偿功能。

角度传感器：磁阻式角位移传感器，采用无接触测量方式，硅油阻尼，长寿命。

强制开关：自复位拨动开关，采用内接或外接方式。用以强行解除闭锁控制输出信号。

温度传感器：用于低温、高寒地区的监控仪的温度检测，当温度过低时启动加热器加热。可根据情况选用。

连接电缆：连接接线盒，传感器，主机，显示、操作单元。采用防水结构，外部连接电缆配有防护套管。

监控仪主机及显示、操作单元安装于驾驶室方便操作的位置，拉力传感器、角度传感器安装在就近检测位置。拉力传感器、角度传感器通过专用信号电缆与监控仪主机连接，显示、操作单元与主机通过专用的信号电缆连接。

8.4　主要传感器简介

8.4.1　吊重传感器

吊重传感器是一种应变式传感器，是采用应变梁及粘贴在梁上的应变片组成的力-电换能传感器，用来测量各种力（称重、载荷、拉压力、扭力、位移、加速度等），其工作原理如下所述：根据惠斯通电桥原理，将贴在应变梁上的四个应变计连接成桥路，利用应变梁在受力时，使贴在梁上的应变片的阻值发生变化这一特点，使电桥失去平衡，从 ΔV 输出端获得一个与载荷力成正比的毫伏级电信号，通过检测该信号，即可获得未知力的大小。

8.4.2 角度传感器

本仪器采用上海新跃仪表厂生产的JJD-1R角度传感器。其工作电压为15V，测量范围为0°～90°，额定输出为3.0～6.9V，线性度为0.01%。传感器中密封了硅油，当其倾斜时，摆锤带动可变电阻旋转，从而检测出倾斜的角度。

倾斜角度传感器也可选用上海朗尚科贸有限公司的力平衡式伺服系列传感器。传感器由三层硅片构成，形成立体结构，当倾斜或者有加速度的时候，中间质量片会倾斜向某一侧，从而两侧的电容由一样变成不一样。测试片两边形成电容，传感器灵敏度高，两极之间由玻璃构成绝缘，抗震能力达到20000g，结构完全对称。该产品从小角度一直到360°，都有现成的产品供应。坡度传感器也选用该公司的产品。

8.4.3 拉力传感器

选用带有温度补偿的PT电阻应变式拉应力传感器，传感器精度0.5%，使用环境−40～85℃，在−20～65℃范围内保证传感器的精度指标。传感器采用IP65防护等级，可用于较恶劣的使用环境。

8.4.4 位移传感器

选用霍尔效应型角位移传感器。该类传感器对环境温度、湿度条件不敏感，由于它采用无触点结构，具有长寿命、高可靠性等特点。

8.5 硬件设计

8.5.1 主机硬件设计

监控仪的硬件电路分为两部分：主机和显示、操作单元，两部分之间通过RS-232/RS-485进行通信。其原理图如图8.3和图8.4所示。

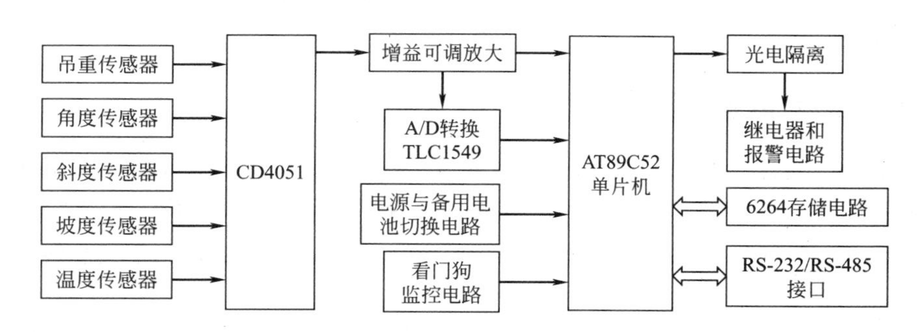

图8.3 主机原理图

本监控仪采用双CPU工作方式。主控芯片为AT89C52，该单片机是ATMEL公司生产的低功耗高性能的8位CMOS微处理器，它自带8K的快速擦写可编程的程序存储器。CD4051是用数字信号控制的8通道双向模拟开关。禁止端INH=H（高电平）时，全部开关为关闭状态。INH=L（低电平）时，由数字输入信号A、B、C决定将8路模拟输入信号中的某一路送往输出端。TLC1549是10位、开关电容、逐次逼近A/D转换器，与AT89C52连接时电路比较简单，有DATA INPUT（数据输入）、I/O（时钟控制）、DATA

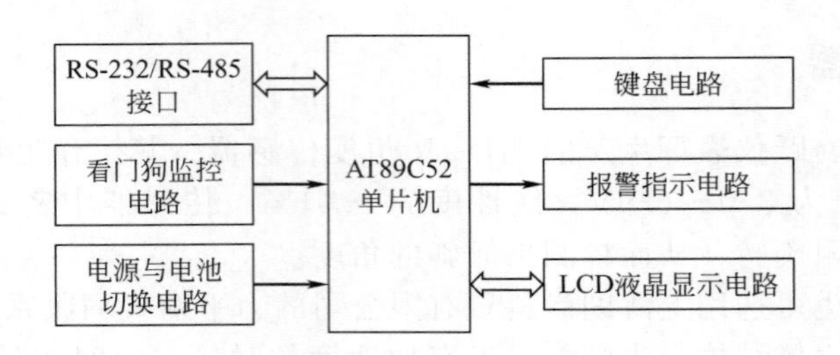

图 8.4 显示、操作单元原理图

OUTPUT（数据输出）和 CS（片选端）四个输入输出端。MAX706 是 TI 公司生产的专用监控芯片，该芯片具有价格低、功能完善、功耗低等特点。LCD 选用大连东显电子有限公司的 EDM12864B 中文液晶显示器。该显示器可显示各种字符、汉字及图形，与 CPU 直接接口，抗干扰能力强。增益可调放大部分则采用电子电位器 X9313TP，其总电阻为 10kΩ，可事先编制增益调整子程序进行放大器增益调整。

8.5.2 显示、操作单元硬件设计

显示、操作单元为一独立的计算机系统，它与主机之间通过 RS-485 高速总线连接，数据通信采用了短帧协议和 CRC 校验，具有较高的通信可靠性，电缆连接距离基本不受限制。采用该结构，显示单元和主机各自独立运行，显示、操作单元可以对主机系统提供全面的故障诊断。

显示、操作单元接收主机的数据（ASCII 码）直接显示在 LCD 的屏幕上，通过按键接收用户的控制指令，通过 RS-485 总线传送到主机，完成上述操作。

显示、操作单元，采用了 ATEM 公司的单片计算机 AT89C52 作中央处理器，扩展了 LCD 液晶显示驱动器接口电路、看门狗监控电路、键盘接口电路和 RS-485 隔离通信接口电路。

显示器选用了 LCD 图形点阵液晶显示模块 EDM12864B，它具有汉字和图形显示功能，通过软件可直接显示中文信息，方便用户操作。EDM12864B 具有宽温工作特性，可在低温－40℃下正常工作。

8.5.3 传感器与接收单元

TLC1549 芯片的封装如图 8.5 所示。该芯片为一个 10 位开关电容器，采用逐次逼近性的 A/D 转换器。该芯片有两个数字输入端（ANALOG IN，GND），一个三态输出端（$\overline{CS}$），一个 I/O CLOCK 端口和一个输出端 DATA OUT，可以实现一个三总线接口到总控制器的串行口的数据传输。

TLC1549 芯片内部具有自动采样保持、可按比例量程校准转换范围、抗噪声干扰功能，转换精度较高。

由传感器输出的电压信号经信号电缆传送到主机的模拟通道，经运算放大器将信号放大到 0～5V 的标准信号后，送串行 A/D 转换器 TLC1549 的输入端，见图 8.6。CPU 控制完成数据采集和处理，根据设定参数进行逻辑运算，若超限条件成立则发出相关的报警信号。数据采集的基本周期为 20ms，数据处理周期为 100ms。处理后的数据经 RS-485 总线传送到显示、操作单元显示输出。同时监控仪主机可以接收显示、操作单元的指令，完成诸如参数设定、通道校零、系统诊断等功能。

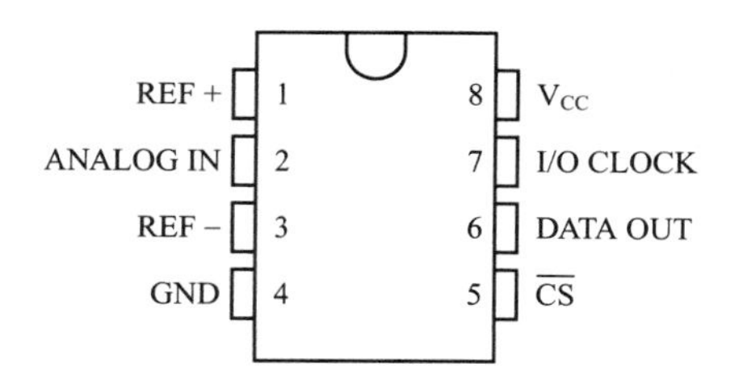

图 8.5　TLC1549 芯片封装

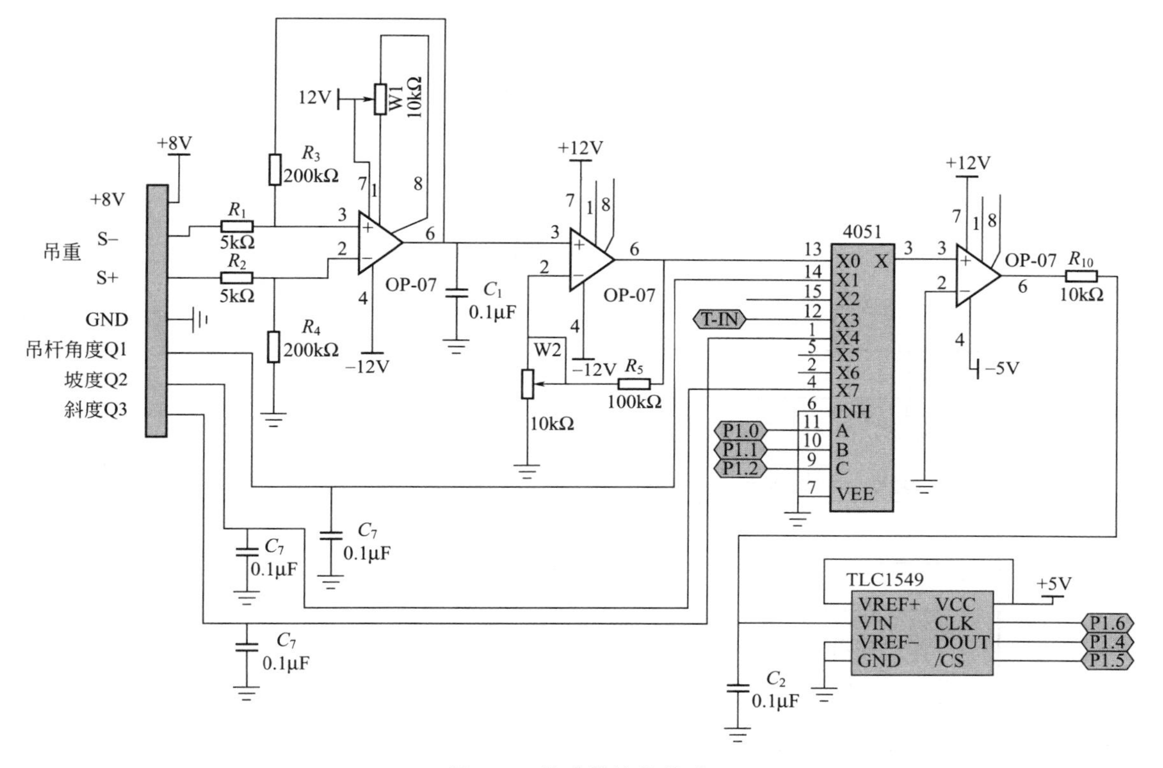

图 8.6　传感器接收单元

传感器与主机的外部连接电缆采用橡塑屏蔽通信电缆，该型电缆抗老化并具有一定的抗拉强度。其他连接电缆采用 RVVP 屏蔽信号电缆。所有接插件均采用防水接插件。

8.5.4　主机系统的工作原理

如图 8.7 所示。监控仪主机是系统的核心部分，它采用了 ATMEL 公司 8 位单片计算机 AT89C52 作中央微处理器。扩展了 HK12DP25 数据掉电保护数据存储单元，用于保存主机设置参数数据；扩展了 TI 公司的 TLC1549 10 位 A/D 转换器用于传感器模拟通道数据采集和电源诊断检测；扩展了 MAXIM 公司的 CPU 监视和复位控制电路 MAX706，用于计算机系统运行监视和复位控制；扩展了 MAXIM 公司 RS-485 总线驱动器 MAX483 用于主机与显示操作单元的总线数据通信。

电源部分采用了 DC/DC 隔离电源模块，具有宽电压范围稳压性能。输入/输出通道在设计时增加一级光电隔离措施，以提高系统的抗干扰能力。为了便于以后的功能扩展，主板设计时保留了两路输入、输出接口。

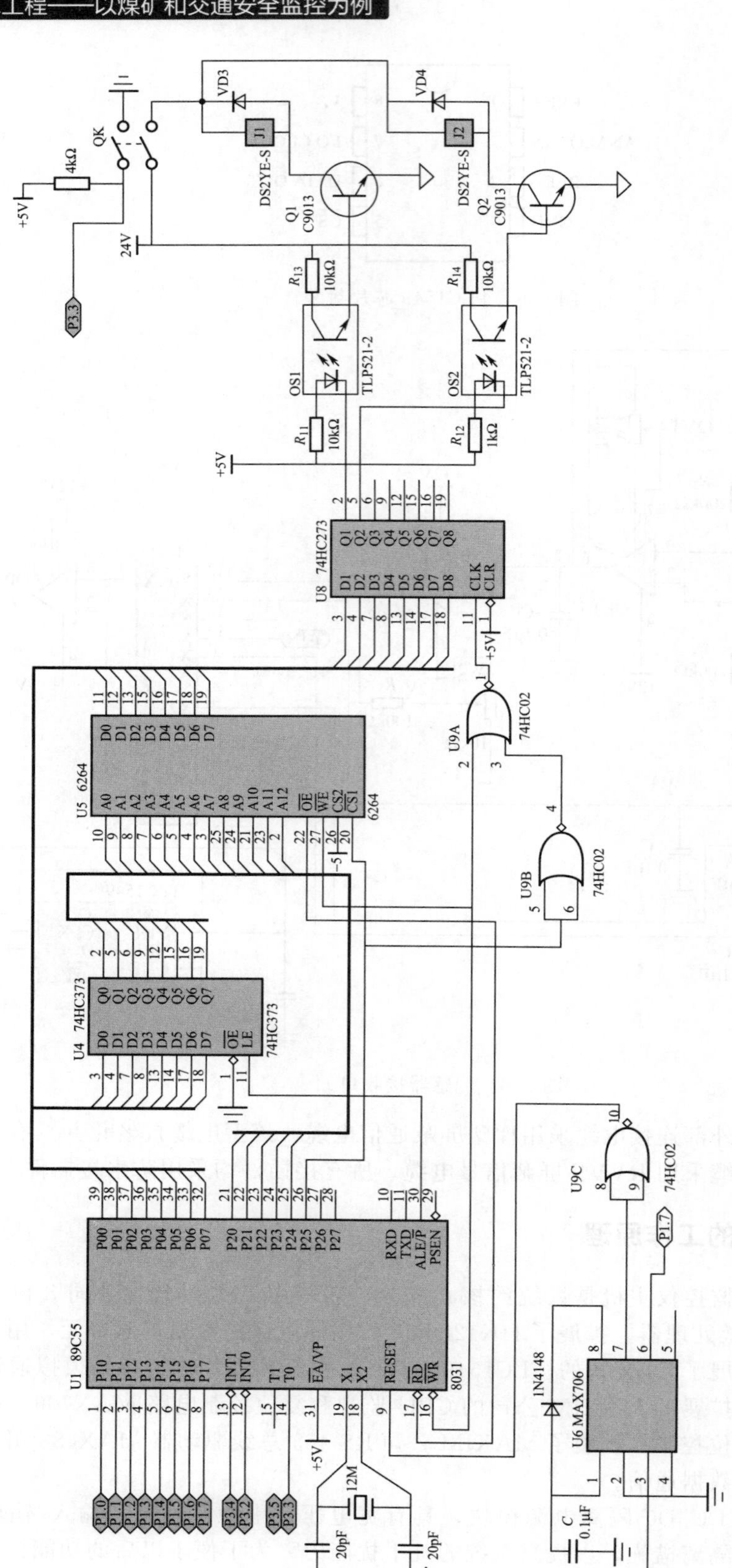

图 8.7 主机系统的工作原理图

模拟通道设计部分，系统选用了高性能的运算放大器 OP 系列，具有极低的温度漂移和时间漂移。零位（不平衡输出）调整采用了目前最先进的数字调整电位器，不需要人工进行现场调整。

主机内设计了环境温度测量电路，当环境温度过低时自动启动电加热器工作。

8.6 软件设计

本系统的软件设计也分为两个部分，即主机部分和显示部分。单片机软件采用 C51 语言编写。系统采用了 MCS-51 兼容的单片机系统，监控程序设计采用了 Franklin C51 语言设计开发，采用模块化设计，提高软件的可维护性。

8.6.1 主机部分

主机监控程序结构框图如图 8.8 所示。

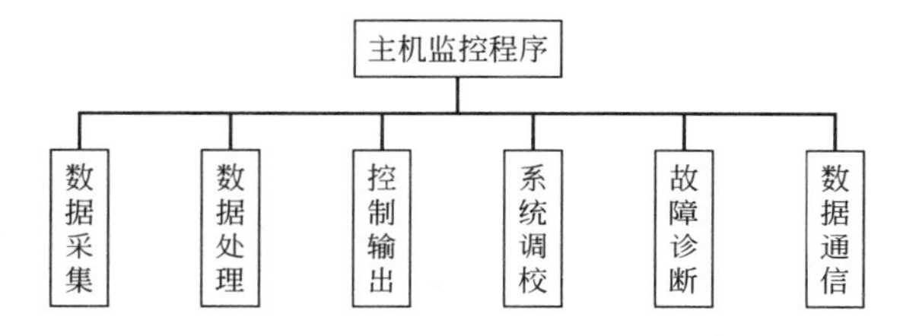

图 8.8 主机监控程序结构框图

8.6.2 显示部分

显示、操作单元监控程序结构框图如图 8.9 所示。

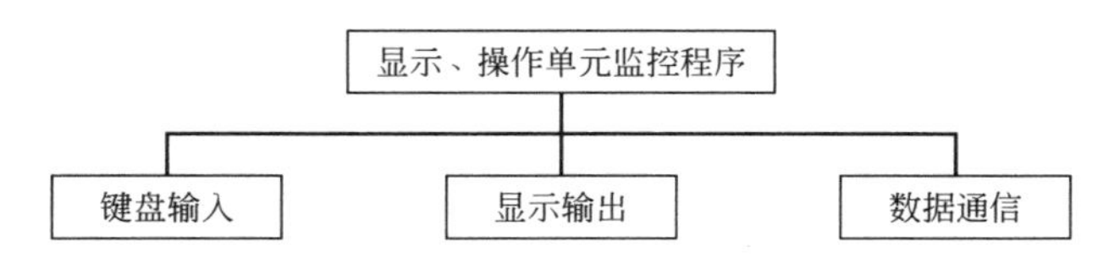

图 8.9 显示、操作单元监控程序结构框图

在主机数据采集设计时除了在硬件电路中增加低通滤波电路外，在软件设计时要考虑数字滤波和容错设计，以提高数据采集的抗干扰能力。

数据通信协议采用串行异步通信的短帧通信方式，每个数据帧 24 个字节，引入 CRC（循环冗余码）校验。

显示、操作单元的 LCD 点阵图形显示，采用 GB24 标准 16×16 点阵宋体中文显示字符，数字显示采用 8×16 点阵显示字符。屏幕刷新速度为每屏 20ms。

8.7 关键问题及解决方法

吊管机工作环境恶劣，外界噪声大，且存在电磁辐射等干扰，必须引起高度重视。解决的办法有：加固传感器的安装；增加减震措施；加金属屏蔽外壳；吊重传感器信号采用差动输入方式，有效抑制共模干扰；电源电路配置去耦电容；采用程序监视（WATCH DOG）技术、指令冗余技术等。这些措施极大地提高了系统工作的稳定性和可靠性。

(1) 通信协议问题

本系统采用RS-232串行标准总线进行数据传输。为此主机和显示部分应制定双方都遵守的协议。

例如，对数据应答，制定如下协议：*DD□□…□□0d。

方向：主机到显示单元，*为通信起始符，无实际意义；DD：发送到显示单元显示；0d：传输内容结束符。当然也可根据个人习惯编写通信协议。

(2) LCD汉字显示问题

本系统采用中文液晶显示器，在程序写入AT89C52的过程中，应选择合适的字模转换软件。具体内容可查阅有关资料。

(3) 关于加热问题

在恶劣的气候条件下，当环境温度过低时，为防止仪表受冻，不能正常有效工作，可对仪器进行适当加热。图8.10所示为温度控制系统电路。图中，TMP36为温度传感器。当温度低于设定值时，运放LM393把信号放大，驱动继电器J3动作，15W的电加热器开始工作。

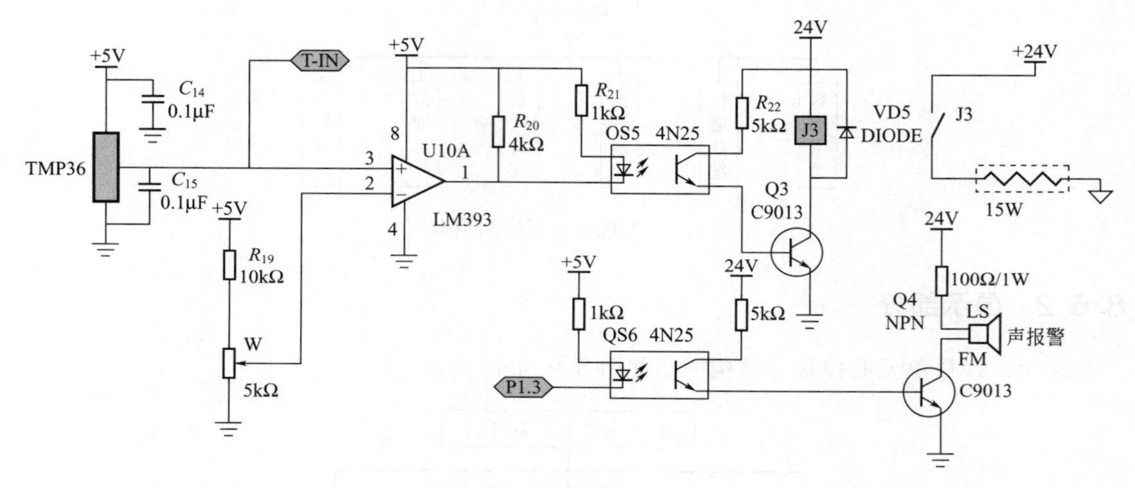

图8.10 温度控制系统电路

8.8 源程序示例

为了体现设计思路，下面列举了部分源程序。

8.8.1 初始化文件，定义变量

```
#include <reg51.h>
#include <stdlib.h>
#include <math.h>
#include <stdio.h>
#define uint unsigned int
#define uchr unsigned char
#define long unsigned long
```

```
sbit P1_0=P1^0;
sbit P1_1=P1^1;
sbit P1_2=P1^2;
sbit P1_3=P1^3;
sbit P1_4=P1^4;
sbit P1_5=P1^5;
sbit P1_6=P1^6;
sbit P1_7=P1^7;
sbit P3_2=P3^2;
sbit P3_3=P3^3;
sbit P3_4=P3^4;
sbit P3_5=P3^5;

signed char xdata temp,adeg,qdeg;  //温度
uchr xdata keycode,menu,rxdnum,asc[4],lj_per,errcode;  //lj力矩百分比
uchr xdata alm_count,alm_code;
uchr xdata rdata[31],dda,we_max;  //dda开关量输入字,we_max额定最大吊重
uchr xdata *ap;
uchr code *bp;
uint xdata weight,deg,bll,l1,h1,h2,lj_max;  //w_max最大吊重,
weight吊重,deg角度,wide幅度,bll臂长
float xdata lj,w_max,w_per,hl,dw_max,wide,wide_max,wg,wl;
//wide_max最大工作幅度

//***************JJD-1R角度传感器

#include <reg51.h>
#include <stdlib.h>
#include <math.h>
#include <stdio.h>
#define uint unsigned int
#define uchr unsigned char
#define long unsigned long


sbit P1_0=P1^0;
sbit P1_1=P1^1;
sbit P1_2=P1^2;
sbit P1_3=P1^3;
sbit P1_4=P1^4;
sbit P1_5=P1^5;
sbit P1_6=P1^6;
```

```
sbit P1_7=P1^7;
sbit P3_2=P3^2;
sbit P3_3=P3^3;
sbit P3_4=P3^4;
sbit P3_5=P3^5;

uchr xdata  rxdnum,rdata[10],alm_count,deg0;
uchr xdata asc[4],alm_code,errcode,dda;//dda 开关量
signed char xdata temp,adeg,qdeg; //adeg 爬坡角度, qdeg 倾斜角度
uint xdata weight,lj_max,w0,deg;
float xdata k_weight,kbl,k_deg,bll,l1,h1,h2,w_max,wg,wl;//bll 臂长,l1 支重轮外测距离,h1 吊臂下绞孔距地,h2 钓钩至上绞孔,kbl 倍率 wg 吊钩重量 wl 吊杆重量
bit rst_flag,test_flag,adj_flag,alm_flag,sdd_flag,a_mode;
 //rst_flag 复位标志,test_flag 自检,adj-flag 校零,alm-flag 报警,sdd-flag 发送数据,a_mode角度传感器安装方式
```

8.8.2 A/D 转换程序

```
TLC1549:
uint ad_rd(uchr h)/*A/D 转换*/
  {
   uchr i,j,x1,x2,nop;
   uint xdata xx;

   x1=0;x2=0;
   P1_6=0;       //clk
   P1_5=0;      //片选
   for(i=0;i<10;i++)/*启动转换*/
    {
     P1_6=1;
     nop=1;
     nop=1;
     P1_6=0;
     nop=1;
     nop=1;
    }
   P1_5=1;
   for(i=0;i<15;i++){};   /*延时μs*/

   P1_5=0;
   nop=1;
   nop=1;
   P1_6=1;
```

```
    nop=1;
    if(P1_4==1)
      {x1=x1|0x02;}
    P1_6=0;
    nop=1;
    nop=1;
    P1_6=1;
    if(P1_4==1)
      {x1=x1|0x01;}
    P1_6=0;
    for(i=0;i<8;i++)
      {
        P1_6=1;
        x2=x2<<1;
        if(P1_4==1)
         {
           x2=x2|0x01;
           }
        P1_6=0;
        nop=1;
        nop=1;
      }
     xx=x1*256+x2;
     P1_5=1;
     return xx;
   }
```

8.8.3 液晶显示器初始化程序

```
void lcdnmi()    // LCD 初始化
{
  uchr xdata *kp;
  uchr xdata i,j;
  kp=0x2100;
  while(status(1)==1){;}
  *kp=0x3f;  //设置显示第一组
  sdelay();
  *kp=0xc0;  //设置起始行为
  sdelay();
  *kp=0xb8;  //设置显示页为
  sdelay();
  *kp=0x40;  //设置 Y 地址为
  sdelay();
```

```
    kp=0x2200;
    *kp=0x3f;  //设置显示第二组
    sdelay();
    *kp=0xc0;  //设置起始行为
    sdelay();
    *kp=0xb8;  //设置显示页为
    sdelay();
    *kp=0x40;  //设置Y地址为

    }



void screen_clr()  //清屏
{
    uchr xdata *kp;
    uchr i,j;
    for(j=0;j<8;j++)  //清第一组
     {
       kp=0x2100;
       *kp=0xb8+j;
       sdelay();
       *kp=0x40;
       sdelay();
       kp=0x2500;
       for(i=0;i<64;i++)
        {
          *kp=0x00;
          sdelay();
         }
       }

    for(j=0;j<8;j++)  //清第二组
     {
       kp=0x2200;
       *kp=0xb8+j;
       sdelay();
       *kp=0x40;
       sdelay();
       kp=0x2600;
       for(i=0;i<64;i++)
        {
          *kp=0x00;
```

```
        sdelay();
        }
      }
    }
```

主程序如下所示：

```
main()
{
  uchr xdata ii,jj,kk;
  uint xdata xx;

  IE0=0;
  watchdog();
  P3_4=0;      //设置为接收状态
  lcdnmi();
  screen_clr();
  text();  //显示版本信息
  sdelay();

  weight=0;

  TMOD=0x21;
  TH1=253;TL1=253;   //19200bit/s
  PCON=0x80;
  TR1=1;

  SCON=0x50;
  ES=1;
  PS=1;

  IT0=1;
  IE0=0;
  EX0=1;

  EA=1;
  menu=1; //显示第一屏

  P1_0=0;P1_1=0;P1_2=0; //键盘扫描输出

  if(P3_2==0){screen_clr();test();}    //按下">"键时开机自检
```

```
alm_count=0;  //报警间隔计数
rst_ok=0;
reset();
rxdnum=0;  //接收计数

pd_flag=0;qx_flag=0;   //爬坡、倾斜报警标志清零

while(rst_ok==0){watchdog();delay(20);}

keycode=0;
screen_clr();
while(1)
 {
  watchdog();
  ask_data();
  delay(90);
  data_pro();  //数据处理
  alarm_pro();  //报警处理
  alarm_send();//报警控制输出
  P1_6=1;        //run

  if(pd_flag==1){P1_4=! P1_4;}  //爬坡报警
  else{P1_4=1;}
  if(qx_flag==1){P1_5=! P1_5;}  //侧倾报警
  else{P1_5=1;}

  if(keycode==1)
   {
    menu++;
    if(menu>3){menu=1;}
    keycode=0;
    screen_clr();
    }
  if(keycode==2)
   {
    menu--;
    if(menu==0){menu=3;}
    keycode=0;
    screen_clr();
    }
  if(keycode==3)
   {
```

```
        screen_clr();
        adj_zero();
        screen_clr();
        keycode=0;
        }
    mon_disp();    //显示分屏信息

    }

}
```

8.9 系统可靠性设计

可靠性设计包括容错、抗干扰、防护结构三个主要方面。主要通过以下几点来保证系统的可靠性。

① 采用高隔离效果的DC/DC开关电源模块，有效地滤除从电源回路串入的电磁干扰。干扰源主要为车下发电机低频干扰和焊接逆变电源的1kHz的中频干扰。

② 使用金属外壳和屏蔽电缆消除空间电磁辐射干扰，主要干扰源为发电机、逆变电源的电磁泄漏辐射和中、长波电台的电磁辐射。

③ 分布式多点接地系统。

④ 输出电路增加光电隔离。

⑤ 软件容错设计，包括数据采集数字滤波、控制输出逻辑容错、数据传输CRC校验等。

⑥ 高防护等级的外壳设计、内部结构抗振动设计以及外部连接件的防水设计。

吊管机智能监控仪投运多年以来，各方面指标都达到了设计要求，系统运行稳定、可靠，取得了良好的经济效益和社会效益。

煤矿水文监测系统的设计

9.1 水文监测系统简介

我国幅员辽阔，煤矿分布范围广，地质条件千差万别，地表水、老空水、孔隙水、裂隙水、熔岩水互相交织，特别是近年来，随着煤矿开采深度的增加，矿井所受水害的威胁程度越来越大。煤矿渗水、漏水司空见惯，淹井、塌井、透水事故等时有发生。导致煤矿水害的主要因素有三个：水源、水量、导水通道。因此监测各含水层水位、水压变化情况，降水量、用水量、排水量，及时掌握水位地质状况就显得非常重要。

煤矿水文监测系统的设计已进入实用阶段，该系统可监测水压（水位），水温，明渠和管道流速、流量等有关水文参数，改变了传统系统只能对地下水位进行监测的历史。该系统集水文数据采集、数据处理、数据网络共享、水害预警、辅助决策于一体，采用现代化监测手段对地下水的各种参数进行监测，从而能够及时掌握水文动态，达到对水害事故的早发现、早预报、早防治等效果。

9.2 水文监测系统的整体结构

本监测系统采用工业以太网解决数据传输网络，通过井下接入分站，把分站设备的信息源转换成统一的工业以太网数据包格式，实现无缝连接。

可扩展水文综合监测预警平台网络监控系统整体结构如图 9.1 所示，该系统分为矿井井上和井下两部分。

① 地面水文地质钻孔分布于野外，架线困难，故采用无线遥测方式，地面钻孔水位、水温变化比较缓慢，信息量较少，采用 GPRS 实现各钻孔内的遥测终端机与监测中心主机的信息交换，既可靠，费用又低，使用起来非常符合用户实际需求。井上部分为地面水文观测孔的水位、水温监测，地面水位水温遥测自动记录混合分站采集水位和水温数据，通过 GPRS 网络将数据传送到主站微机，进行数据处理。

② 井下部分采用总线型网络拓扑结构，所有智能监测分站挂接在一条传输总线上，与地面主机通信。该结构非常适合煤矿井下测点分散、各测点相距较远的情况，已被大多数煤矿安全监控系统采用。井下部分利用水文监测分站进行数据采集，通过环形以太网将数据传输到地面监测中心站，经过中心站的预处理存入水文数据库中，采用多用户的SQL-SERVER数据库管理系统作为系统的开发平台，利用水文数据发布软件，通过局域网或广域网就可对水文数据进行查询、统计、浏览，使相关领导及专业技术人员得到相关信息。

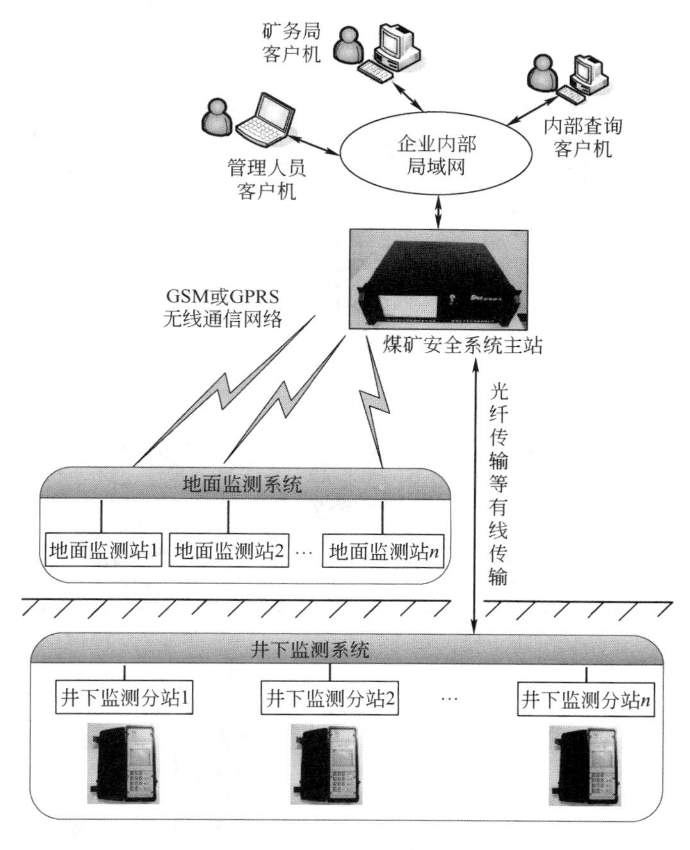

图 9.1 可扩展水文综合监测预警平台网络监控系统整体结构

9.3 系统组成与工作原理

① 地面钻孔监控系统是基于 GSM/GPRS 国家公网构成的无线监测系统。它由地面监测中心站、地面钻孔遥测站、GSM 通信单元及被测物理量传感器组成。

无线监测系统可以以手机短信形式（GSM）或中国电信无线上网模式（GPRS）进行数据交换。系统工作方式可分为主叫应答或定时自动上传两种方式。即地面中心站通过通信模块发送指令呼叫，地面钻孔遥测站应答发送短信（数据）或预置地面钻孔遥测站时钟定时自动发送短信（数据），经 GSM 服务器中转后由地面监测中心站接收。地面监测系统通信距离是 GSM 网络的覆盖范围。地面观测站的个数根据需要不受限制。

地面野外钻孔水位、水温的测量。现场的每个钻孔均设有水位、水温传感器和遥测仪，监测中心设有遥测分站。钻孔水位、水温的测量由安装在各钻孔内的基于 GSM 短信的智能水位遥测仪（带手机模块）完成。智能水位遥测仪定时（定时间间隔可设置）测量水位、水温，并通过短信方式将测量数据发送至监测中心的遥测分站，再由遥测分站传输到监控计算机，实现集中显示、存储，一旦出现异常情况（水位超限、水位变化速度超限、水位超出传感器的量程、遭破坏而现场出现异常振动、供电电压不足等），遥测分站立即进行声光报警。因钻孔水位、水温变化比较缓慢，信息量较少，故智能水位遥测仪与遥测分站的无线通信采用公共移动网络的手机短信方式实现，既可靠，费用又低。

② 井下水文监测系统主要由地面监测中心站、井下远程通信适配器、井下数据通信网

络、井下数据采集分站、被测物理量传感器、井下防爆电源等构成。

水文综合检测预警系统布置图如图 9.2 所示。

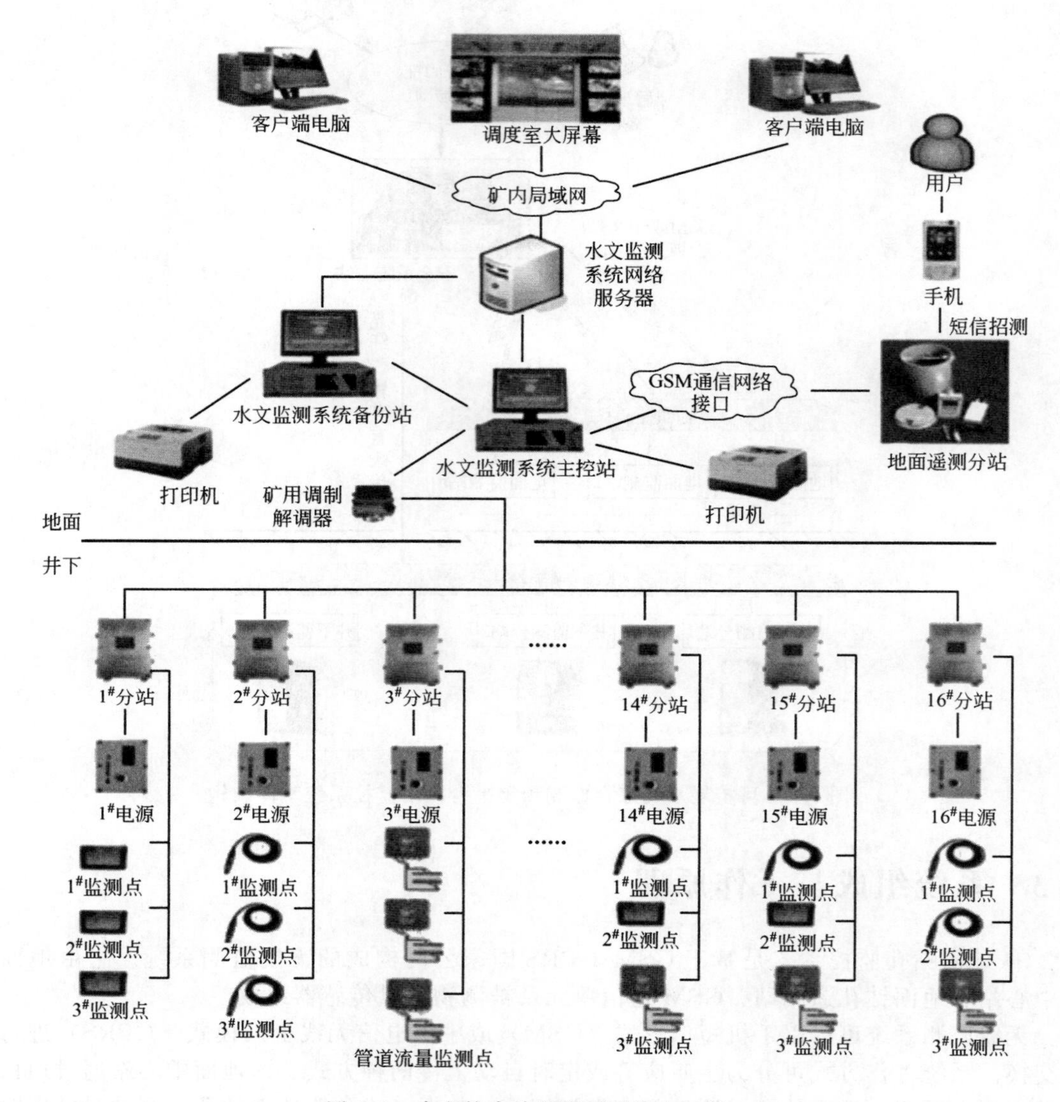

图 9.2 水文综合检测预警系统布置图

井下监测系统是一种数字通信网络，该系统为分布式结构，采用主从工作方式。地面监测中心站通过有线远程通信网络向井下各分站发送相关指令，井下各分站接收监测中心站指令进行解析、确认、执行相关功能并通过井下通信模块将数据上传，完成井下分站与中心站的数据信息交换。地面监测中心站接收到的实时数据经处理后在系统计算机屏幕上实时显示、存储。井下数据通信网络的通信距离可达数十千米，可对分布在煤矿井下多达数百个水文观测点进行实时监测。水文信息数据由数据库统一管理。它包括井下明渠流量、管道流量、压力等数据的自动采集。井下流量的测量由流量仪、传感器等实现。井下明渠流量的测量由巴歇尔槽加流量仪堰式流量传感器实现，测量方法为堰法，即通过测量水头高度并根据堰的类型进而计算出相应的流量，水头高度测量采用浮子法。浮子法原理：浮子随水面变化，引起水位传感器活动杆位置变化，所以位移传感器的输出反映了水头高度的变化。

9.4 方案设计

在矿调度室设主站一套，将原有地面4个长观孔水位、水温数据及本次井下各监测分站数据汇总到本主站，井下站点监测数据通过井下主干光纤传输到系统主站，主站服务器通过公司局域网，安装系统查询软件可浏览监测数据及通过授权修改监测时间间隔，设置报警水位、水量，打印报表等。

设计压力监测分站16套监测各含水层水压，重新施工水文孔6个安装水位水温监测仪，设置管道流量监测分站5套监测各排水管路水量。

通过对以上站点的监测，基本可以掌握各层位出水水量、排水量、生产用水量及奥灰含水层水压情况，对节能减排、安全生产起到较好的促进作用，同时起到及时获取水文数据、节约人力的目的。

（1）地面钻孔水位监测

利用现有地面水文钻孔对不同含水层水位实现自动监控。对使用的16个长观孔安装水位监测仪，分别对12煤层底板、5煤层顶板、冲积层、奥灰四个含水层水位进行监测监控。对6个水文孔重新施工并安装水位监测仪计，6个钻孔总深度约7000m，地面水位监测仪的安装位置见表9.1。

表9.1 地面水位监测仪安装位置 m

序号	孔号	钻孔位置	钻孔深度	水位埋深	观测层位	是否安装了遥测系统	钻孔情况
1	钱水9	后程各庄西北	176.480	70.75	冲积层	否	
2	钱水13	东风井院内	250.030	88.33	冲积层	否	
3	钱水18	小仁庄西南	293.430	60.45	冲积层	否	
4	钱水31	小王庄村北	506.100	59.60	冲积层	否	
5	钱水19	小屯东地里	740.100	487.66	煤5顶板	否	
6	钱水28	北苗庄东地里	880.020	268.74	煤5顶板	否	
7	钱水34	碾子庄东北	993.900	180.00	煤5顶板	否	
8	钱水35	草各庄南			煤5顶板	否	正在施工
9	钱水29	北苗庄南地里	964.750	510.69	煤12底	否	
10	钱水30	岭上庄东北地	781.25	659.75	煤12底	否	
11	钱水补4	前南阳庄地里	861.800	42.10	奥灰	否	
12	钱水12	工业广场内	1045.00		奥灰	否	
13	钱水15	小仁庄西南地	480.030	40.70	奥灰	否	
14	钱水11	小王庄西北地	650.000	27.300	奥灰	否	
15	钱水25	工业广场西外	472.840	184.50	奥灰	否	
16	钱水33	李家坨西南地	1018.88	35.25	奥灰	否	

（2）井下自动监测系统的安装

在−850m、−600m、−450m水仓三个部位安装流量自动监测仪，在−850m东西翼各采区施工8个水文孔安装水压自动监测仪。

（3）设备主要性能参数

① 流量计相关技术参数。LCZ-803超声波流量计技术参数见表9.2。

表9.2 LCZ-803超声波流量计技术参数表

性 能	参数	
	插入式	外夹式
测量液体	充满被测管道的水、污水及其他均质液体，悬浮物含量小于10g/L，粒径小于1mm	
管路材质	钢管、铸铁管、非金属管	可焊接或压接的管材料
准确度	±1.0%	±1.5%
重复性	±0.5%	±0.8%
流速范围	±0.3～±12.0m/s	
管径范围	*DN*80～2000mm	*DN*80～2000mm
传感器材质	1Cr18Ni9Ti(不锈钢)	
传感器承压能力	管内部分2MPa，管外部分0.3MPa(带压安装应在管内压力1MPa以下)	与管内压力无关(传感器浸水深度不超过3m)
工作环境	转换器	环境温度：−10～+45℃；湿度≤85%(RH)
	传感器	常温型：−10～50℃；高温型：0～150℃；湿度：可浸水
	电缆	采用双芯带屏蔽高频电缆，工作温度−40～+70℃
信号输出	模拟量：光隔离4～20mA或0～20mA或0～10mA软件可选；负载能力小于600Ω	
	串行口：RS-485，传输速率4800bit/s，传输距离小于1200m	
本安参数	最高开路电压15V，最大短路电流20mA	
键 盘	1×3按键(磁力感应式键盘操作，不用打开机箱，即可实现对仪表的操作)	
显示器	2×16位背光液晶字符显示器	
显示内容	同屏显示瞬时流量：−99999.99～+99999.99m^3/h	
	累计流量：−19999999.99～+19999999.99m^3，键控显示累计运行时间	
数据存储	累计流量、累计运行时间及各项设置参数，掉电后数据可保存100年	
工作电源	AC 127V±10%	
电缆长度	传感器到转换器的布线距离，10m、20m、30m、…、200m可选	
防护等级	转换器：IP54；传感器：IP68	
防爆标志	Exd[ib]I	
防爆形式	矿用隔爆兼本质安全型	

② 主站性能参数。

数据传输方式：GPRS或GSM-SMS。

GPRS/GSM Modem pool容量：≤16。

网络传输协议：TCP/IP。

操作系统：Windows 2000/XP或Windows 7。

数据库：Microsoft Access。

③ 水位遥测分站性能参数。

数据传输接口：RS-485；比特率：9600bit/s。
内置 GSM Modem。
地面数据传输方式：GSM 短信方式。
测量时间间隔：1min～30 天任意设置。
数据暂存容量：60000 组。
仪器工作温度：－20～60℃，另外附加防寒保护套可工作于－40～60℃。
可通过零值对大气压进行校正。
含有对传感器后备电池充电电路，根据电压自动控制充电。
井下分站防爆形式：本质安全型。
④ 分站电源性能参数。
可充电镍氢电池组供电：7.2V/6A·h，过充、过流、过放保护。
一次充电可传输 1000 组以上个数据。
专用充电器：充电电流 20～1200mA，自动控制。
电池使用寿命：10 年。
井下电源：输入 660V、127V（可根据矿方井下供电进行调整），输出＋24V/2A。
防爆形式：隔爆兼本安。
⑤ 智能水温传感器性能参数。
水位测量范围：0～1000m 任选；测量精度：±0.05%FS；分辨率：0.01%。
温度传感器测量范围：－20～＋85℃；测量精度：±0.1℃；分辨率：0.01℃。
传感器直径：25mm；长度：480mm；质量：820g。
后备电池：可充电镍氢电池组，6000mA·H/3.6V，集成在监测仪内。
数据传输方式：RS-485 接口，300～9600bit/s。
6 芯含通气孔及抗拉伸钢丝专用屏蔽电缆。
⑥ 明渠流量传感器性能参数。
测量方式：巴歇尔槽。
明渠流量测量范围：3.5～1000m^3/h（可根据实际情况确定）。
分辨率：0.01m^3/h。
精度：5%。
⑦ 管道流量传感器性能参数。
测量方式：超声波流量测量方式。
测量范围：3.5～1000m^3/h（可根据实际情况确定）。
分辨率：0.01m^3/h。
⑧ 水压水温传感器性能参数。
测量方式：扩散硅压阻式。
水压测量范围：0～10MPa（可根据实际情况确定）。
分辨率：0.0001MPa。
精度：0.1%FS。
温度传感器测量范围：－20～＋85℃。
温度测量精度：±0.1℃。
分辨率：0.01℃。
(4) 系统设备清单
系统设备清单见表 9.3。

表 9.3　系统设备清单

序号	设备名称	单位	数量
1	压力传感器	套	15
2	光端机	套	20
3	隔爆电源	台	20
4	防护装置	套	20
5	超声波流量传感器	套	5
6	水位监测仪	套	16
7	工控机	台	1
8	打印机	台	1
9	数据处理软件系统	套	1
10	加密锁	个	1

煤矿安全信息工程实例

10.1 煤矿人员定位系统举例

煤矿人员定位系统的工作原理大同小异。本节以 KJ81 人员位置监测系统为例来说明该系统的实际应用。

10.1.1 井下人员位置监测系统简介

鹿洼煤矿装备了济宁高科股份有限公司生产的 KJ81 人员位置监测系统，对井下管理人员实现了定位跟踪和出入井管理，已实现井下人员定位无线基站网络全面覆盖，共安装 KJ81-F 传输基站 35 套，覆盖全井下读卡器 103 台，为每个下井人员配备了具有双向通信和应急呼救功能的 KJX8LM（A）型信息矿灯。系统开发采用无线（网络）通信、地理信息、组态软件等前沿技术。调度室通过计算机控制对所有下井人员进行信息采集、存储、传输、显示、查询、打印报表、运行轨迹回放、实时跟踪、区域人员统计，完成井上对井下人员的定位、考勤、统计、调度、管理、控制、应急指挥等，矿领导和各职能部门通过局域网实时查询下井人员情况，并为与上级联网预留软件接口。同时通过“E 矿山”综合管理系统，将人员定位各类信息发送至管理人员手机上。

10.1.2 人员位置监测系统工作原理

（1）系统工作原理

KJ81 型矿井人员管理系统是集计算机软硬件、信息采集处理、无线数据传输、网络数据通信、自动控制等技术多学科综合应用为一体的自动识别信息技术产品。该系统通过对煤矿坑道远距离移动目标进行非接触式信息采集处理，实现对人、车、物在不同状态（移动、静止）下的自动识别，从而实现目标的自动化管理。

该系统由地面中心站、人员定位分站及电源箱、移动目标识别器和人员标识卡组成，集成了技术含量很高的无线射频识别技术，采用专用射频通信控制芯片实现可靠的无线数据通信，基站及信息机为本质安全型电路，安装方便，作用距离远，识别无“盲区”，信号穿透力强，安全保密性能高，对人体无电磁污染，环境适应性强，可同时识别多人。当井下人员随身携带人员标识卡进入动态目标识别器信号覆盖区域后标识卡立即被激活

(未进入信号覆盖区时标识卡处于休眠状态不工作)，经信号冲突检测后不需要人员动作，自动发射和接收加密数据载波信号，将人员信息发送给识别器，并同时接收识别器发送给标识卡的信息。

识别器收到标识卡发送来的信息，处理后发给读卡分站，由读卡分站传输给地面中心站完成矿井人员自动跟踪定位管理和考勤管理。地面控制中心计算机将收到的信息结合井下电子地图显示在屏幕上，同时保存到数据库，以备随时查阅。因此可以实时显示某个区域和巷道内人员的数量和分布情况；可以显示指定人员的移动路线；可以对指定人员进行实时定位和跟踪；可以查询特定人员在井下的实时位置；可以实时显示定位信息和查询某一历史时刻的人员作业信息。地面管理人员可以全面、准确地掌握井下人员的数量和分布情况。

(2) 系统的功能特点

该系统具有以下功能特点：

① 先进 2.4GHz 的直序扩频通信技术，基于 IEEE 802.11b、嵌入式 16 位微处理器和完全自主研发的嵌入式软件保证数据传输可靠性。

② 标识卡采用高级嵌入式 16 位微处理器，在嵌入式软件的控制下，实现睡眠、唤醒、解码、编码、全双工双向通信及信息碰撞处理等功能。三层的系统结构，配置灵活，响应快速。标识卡超低能耗设计，电池可连续使用 2 年以上。大容量备用电池、高可靠性的分站电源系统，保证系统连续稳定运行。

③ 系统能方便实现识别范围的调整，识别距离 0～100m 可调，可靠识别静态或小于等于 120km/h 的高速移动目标。单台目标识别器可瞬间同时识别 200 个以上的人员标识卡，携卡人员以最大位移速度和最大并发数量通过识别区时，系统漏读和误读的比例非常小；信号均匀覆盖，无阻隔，抗冲突性能强；识别区域无方向性、无盲区；对人体没有电磁辐射伤害。

④ 独有的无漏卡保障技术，使系统具有较高的可靠性。

⑤ 采用目前较为先进、可靠的无线通信技术——2.4GHz 直序扩频无线通信技术，针对煤矿井下应用专门设计的无线防冲突技术。

⑥ 完善的冗余设计，监控中心站主机双机热备，故障自动切换；超长分站备用电源供电时间；通信中断时识别器及分站均能自动存储 24h 数据，通信恢复后能自动补传。

⑦ 采用分站集中供电方式，减少系统故障率。识别器为本质安全结构，井下安装地点不受限制。

⑧ 读卡分站不但可接识别器，也可连接传感器，与安全监控融为一体。支持光纤或监测电缆传输介质，提供 RS-232/RS-485 及以太网标准接口。

10.1.3 软件运行界面

该软件主要包括基础设置、考勤管理、双向通信、数据整理、大屏显示、实时监测、系统管理等功能。

图 10.1～图 10.6 显示了该定位系统的部分功能。鉴于图中功能清晰，在此就不赘述了。

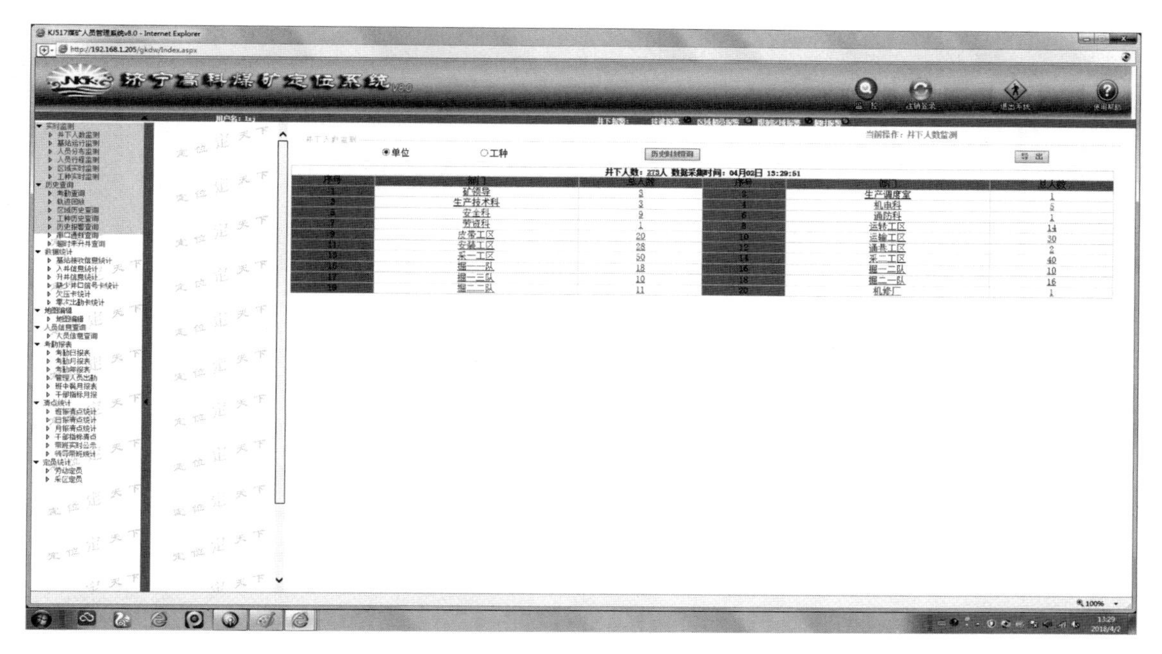

图 10.1　井下人员统计

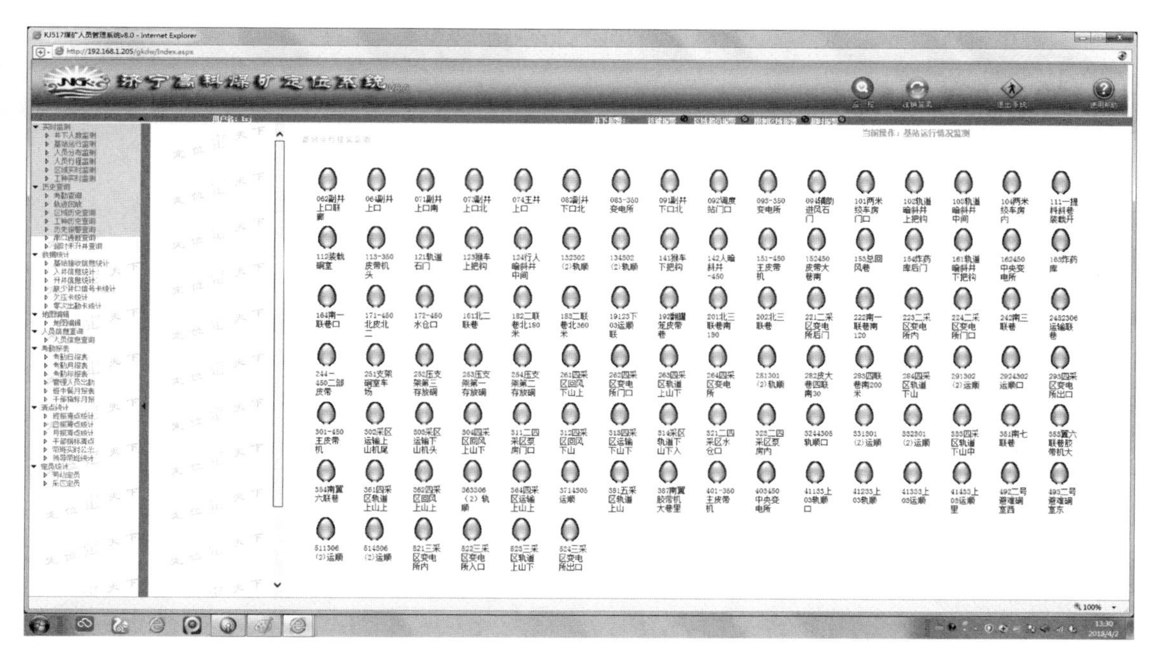

图 10.2　基站运行情况监测

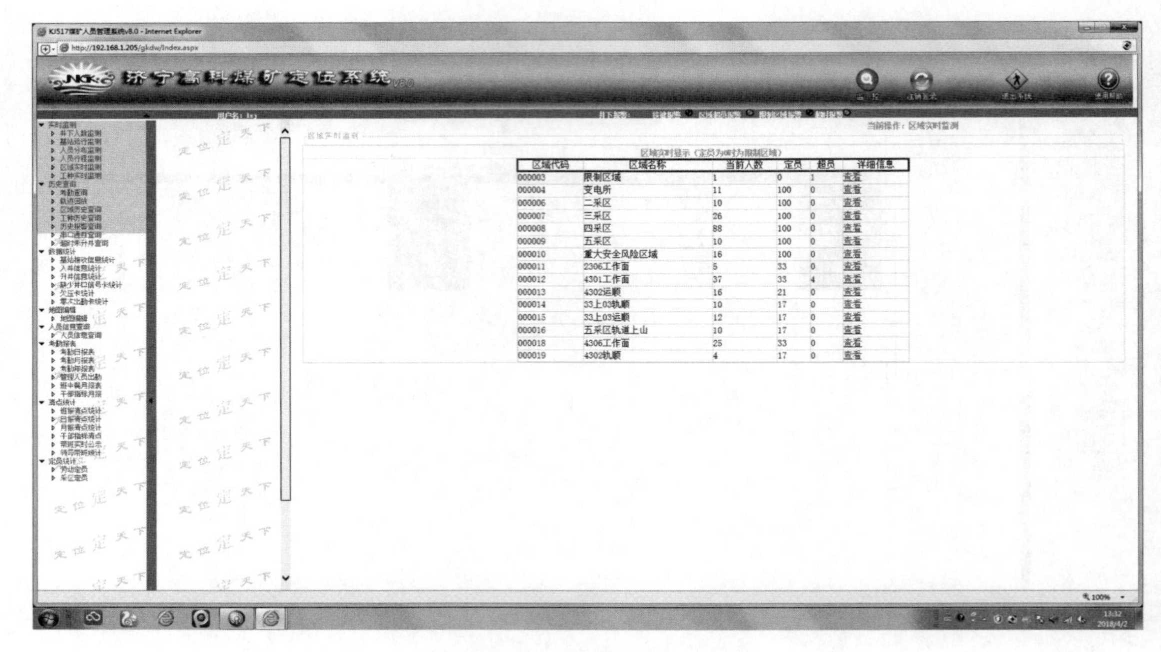

区域实时显示（定员为0时为限制区域）

区域代码	区域名称	当前人数	定员	超员	详细信息
000003	限制区域	1	0	1	查看
000004	变电所	11	100	0	查看
000006	二采区	10	100	0	查看
000007	三采区	26	100	0	查看
000008	四采区	88	100	0	查看
000009	五采区	10	100	0	查看
000010	重大安全风险区域	16	100	0	查看
000011	2306工作面	5	33	0	查看
000012	4301工作面	37	33	4	查看
000013	4302运顺	16	21	0	查看
000014	33上03轨顺	10	17	0	查看
000015	33上03运顺	12	17	0	查看
000016	五采区轨道上山	10	17	0	查看
000018	4306工作面	25	33	0	查看
000019	4302轨顺	4	17	0	查看

图 10.3　区域实时显示

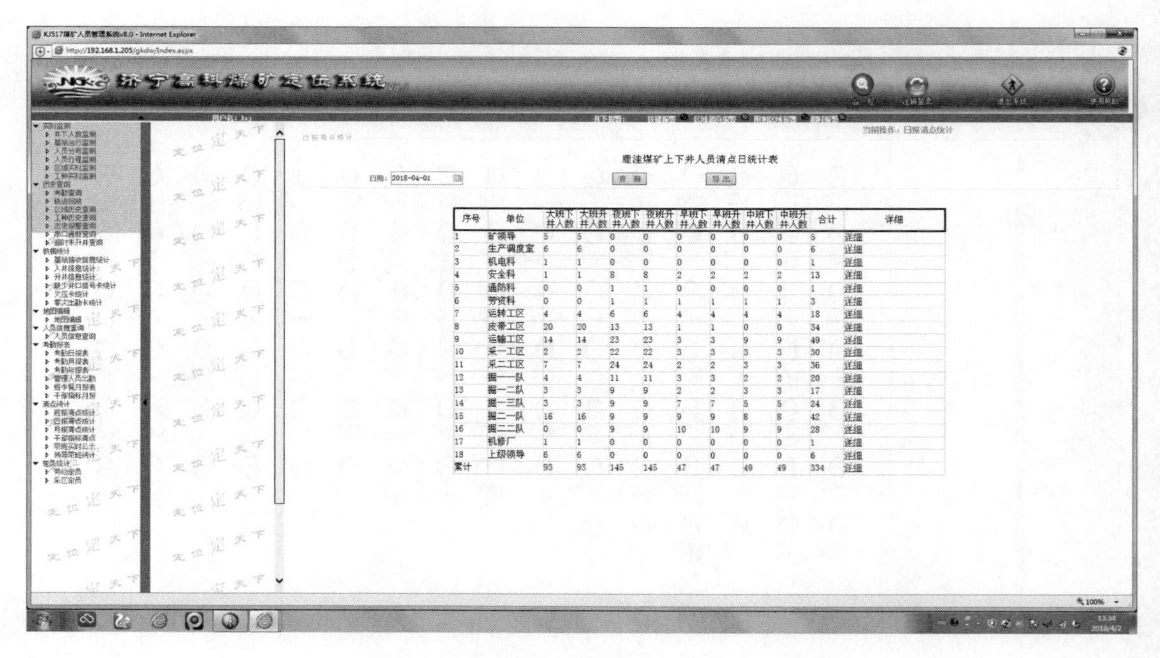

鹿洼煤矿上下井人员清点日统计表

序号	单位	大班下井人数	大班升井人数	夜班下井人数	夜班升井人数	早班下井人数	早班升井人数	中班下井人数	中班升井人数	合计	详细
1	矿领导	5	5	0	0	0	0	0	0	5	详细
2	生产调度室	6	6	0	0	0	0	0	0	6	详细
3	机电科	1	1	0	0	0	0	0	0	1	详细
4	安全科	1	1	8	8	2	2	2	2	13	详细
5	通防科	0	0	1	1	0	0	0	0	1	详细
6	劳资科	0	0	1	1	1	1	1	1	3	详细
7	运转工区	4	4	6	6	4	4	4	4	18	详细
8	皮带工区	20	20	13	13	1	1	0	0	34	详细
9	运输工区	14	14	23	23	3	3	9	9	49	详细
10	采一工区	2	2	22	22	3	3	3	3	30	详细
11	采二工区	7	7	24	24	2	2	3	3	36	详细
12	掘一一队	4	4	11	11	3	3	2	2	20	详细
13	掘一二队	3	3	9	9	2	2	3	3	17	详细
14	掘一三队	3	3	9	9	7	7	5	5	24	详细
15	掘二一队	16	16	9	9	9	9	8	8	42	详细
16	掘二二队	0	0	9	9	10	10	9	9	28	详细
17	机修厂	1	1	0	0	0	0	0	0	1	详细
18	上级领导	6	6	0	0	0	0	0	0	6	详细
累计		93	93	145	145	47	47	49	49	334	详细

图 10.4　日统计表

山东鲁泰煤业有限公司鹿洼煤矿上下井清点表

单位：采一工区　　2018年03月

序号	姓名	卡号	考勤	大班	夜班	早班	中班	合计	详情
1	许振国	0756	0756	25	0	0	0	23	详情
2	张然彬	0757	0757	20	0	0	0	20	详情
3	冯明义	0758	0758	25	0	0	0	25	详情
4	李涛	0759	0759	22	0	0	0	22	详情
5	康云	0760	0760	0	0	0	20	20	详情
6	董德龙	0764	0764	0	0	21	0	21	详情
7	王宪武	0767	0767	24	0	0	0	24	详情
8	刘书提	0769	0769	0	0	0	25	25	详情
9	徐斌斌	0771	0771	0	0	0	2	2	详情
10	赵 华	0772	0772	0	3	21	0	24	详情
11	马新同	0773	0773	0	0	15	0	15	详情
12	朱宁昂	0774	0774	0	0	0	19	19	详情
13	孙传民	0775	0775	0	24	0	0	24	详情
14	梁佃振	0777	0777	0	0	25	0	25	详情
15	马亿扩	0778	0778	0	25	0	0	25	详情
16	梁佃芹	0781	0781	0	0	0	24	24	详情
17	平庆坛	0782	0782	0	0	23	0	23	详情
18	齐高成	0784	0784	0	23	0	0	23	详情
19	张茂盛	0786	0786	0	0	0	23	23	详情
20	郑现伟	0787	0787	0	0	24	0	24	详情
21	齐崇信	0790	0790	0	0	25	0	25	详情
22	王德亮	0791	0791	0	0	25	0	25	详情
23	王新军	0794	0794	0	27	0	0	27	详情
24	王海勇	0796	0796	0	0	25	0	25	详情
25	王先春	0804	0804	0	0	0	21	21	详情
26	张奉良	0806	0806	0	0	0	25	25	详情
27	马士苓	0808	0808	0	0	23	0	23	详情
28	赵友才	0809	0809	0	0	24	0	24	详情
29	师彦访	0812	0812	0	0	25	0	25	详情
30	单广涛	0815	0815	19	0	0	0	19	详情
31	李文立	0817	0817	0	15	0	0	15	详情
32	程宪伟	0818	0818	0	0	0	15	15	详情
33	张祥振	0819	0819	0	23	0	0	23	详情
34	刘绪忠	0821	0821	0	0	3	0	3	详情
35	郑来虎	0822	0822	0	20	0	0	20	详情
36	邵国棋	0823	0823	0	24	0	0	24	详情
37	张振鲁	0824	0824	0	24	0	0	24	详情
38	刘林清	0825	0825	0	24	0	0	24	详情
39	王岩峰	0826	0826	0	0	25	0	25	详情

图 10.5　上下井清点表

图 10.6　声光报警系统

10.2 矿井水文监测系统应用实例

10.2.1 系统简介

鹿洼煤矿的多参数水文动态监测智能预警系统，由西安欣源测控技术有限公司研发，该产品利用计算机技术、通信技术、传感器技术解决矿井水害防治问题，是多学科领域与水文科学相结合的产物。

该系统集矿井水文数据采集、数据处理、数据网络共享、矿井水害预警、辅助决策于一体，采用现代化的监测手段对地下水的各种参数进行监测，能够及时掌握水文动态，达到对水害事故早发现、早预报、早防治的目的，对保障煤矿的安全、正常生产具有重要的意义。

该系统由硬件系统和软件系统组成。系统的硬件部分主要有传感器、遥测分站、传输系统（无线或有线方式）和水文监测主机等。系统可以通过传感器和遥测分站将地面或井下采集到的各种水文实时数据，使用GSM网或工业控制网，按照设计的通信协议，传输、处理并存储到水文信息数据库中。

系统的软件部分主要有：水文数据的实时采集、组织与数据库建立、水文数据分析处理、数据发布以及智能预测预警功能的实现。

该系统具有以下特点：

① 监测水位、水压、水温和水流量等有关水文的多个观测参数，改变了传统系统只能对地下水位进行监测的历史。

② 用软件自复位和硬件看门狗技术，系统在无人值守情况下能够自动、可靠地运行；监测数据可通过通信网络自动传输到控制主机，也可以记录于本地仪器内，本地仪器内存可以保存七千多组数据。

③ 分站监测数据可采用有线或无线数据收发装置传输到主机系统，这样既适用于地表地下水资源的监测预警，也适用于地下水资源的合理开发、有效利用以及矿井水害防治。

④ 设计实现了多参数水文动态监测智能预警系统软件，该软件对于采集的水文信息，以表格、曲线、报表、图形等多种方式呈现，实现数字的动态显示和可视化输出，并可以进行相应的编辑、打印等操作，方便了用户的直观查询与使用。

⑤ 用动态网页技术实现了水文数据的网络发布，实现了水文数据的实时共享，方便了各相关部门用户的数据查询。

⑥ 利用多参数实时数据进行超限分析，实现系统的实时综合超限预警功能；提出了多测点、多参数条件下的极值突水预警方法；利用神经网络技术可根据历史数据预测水位的变化趋势，实现趋势预警，为矿区的水文动态分析提供了有力的控制与分析手段。

⑦ 综合应用计算机科学、水文科学、神经网络、电子技术、通信技术、网络技术和信息处理技术，建立水文信息资源动态管理模型。

10.2.2 应用界面

矿井水文监测系统包括参数设置、实时数据、地面水文长观孔、地面管道流量、地面明渠流量、井下传感器、降雨量、其他查询、统计报表、动态分析、系统帮助等菜单。各菜单

功能如下：

① 参数设置：基本参数设置、地图信息设置，如图 10.7、图 10.8 所示。

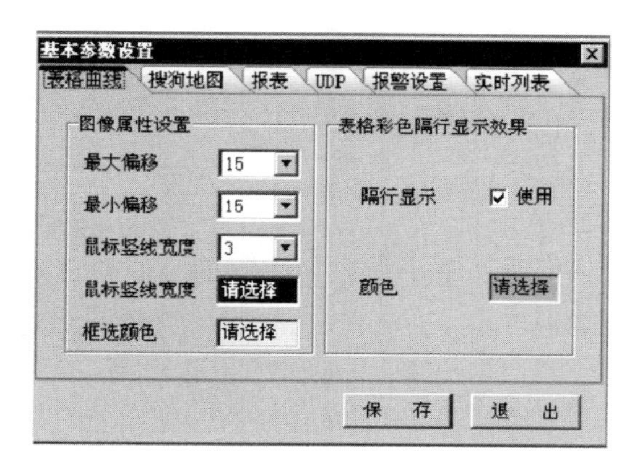

图 10.7 基本参数设置

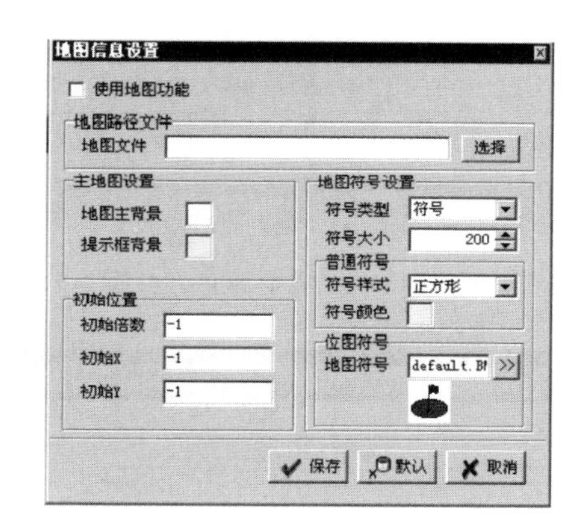

图 10.8 地图信息设置

② 实时数据：实时数据列表、实时曲线图、地面水文长观孔地图、地下传感器 GIS 地图。

③ 地面水文长观孔：历史数据单孔、历史同期对比（单孔）、同时段对比（多孔）。

④ 地面管道流量：实时数据、历史数据。

⑤ 地面明渠流量：实时数据、历史数据。

⑥ 井下传感器：实时数据（单传感器）、历史同期对比（单传感器）、同时段对比（多传感器）、同时段对比（双侧点双坐标）。

⑦ 降雨量：历史降雨量查询、日降雨量统计。

⑧ 其他查询：系统日志查询、历史短信查询、一级状态变化。

⑨ 统计报表：地面水文长观孔报表、井下普通监测点报表、井下流量监测点报表。

⑩ 动态分析：短期、中期、长期动态分析。

⑪ 系统帮助：常见故障处理、说明书、软件版权信息等。

图 10.9～图 10.18 部分展示了不同时间段系统的运行界面。有了上述数据和图像信息，地测部门就可以进行矿井水文数据的分析和预警了。

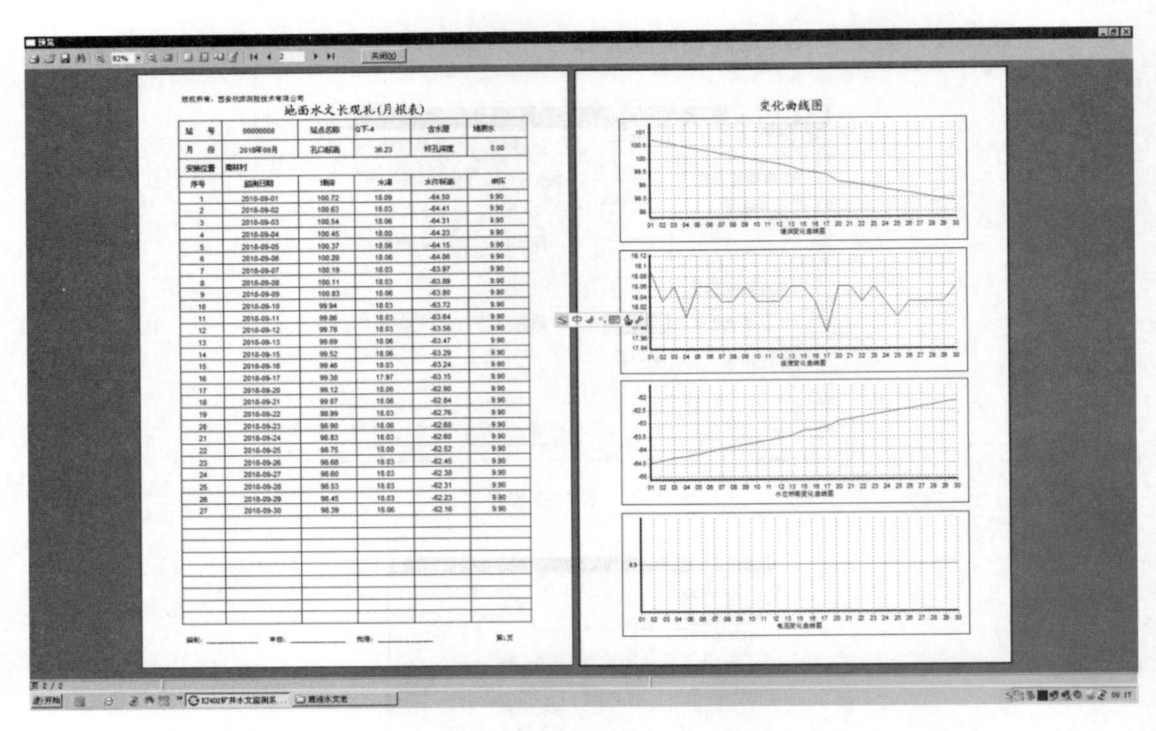

地面水文长观孔(月报表)

站号	00000008	站点名称	Q下-4	含水层	地表水
月份	2018年09月	孔口标高	36.23	终孔深度	0.00
安装位置	潮林村				
序号	监测日期	埋深	水温	水位标高	电压
1	2018-09-01	100.72	18.09	-64.50	9.90
2	2018-09-02	100.63	18.03	-64.41	9.90
3	2018-09-03	100.54	18.06	-64.31	9.90
4	2018-09-04	100.45	18.00	-64.23	9.90
5	2018-09-05	100.37	18.06	-64.15	9.90
6	2018-09-06	100.28	18.06	-64.06	9.90
7	2018-09-07	100.19	18.03	-63.97	9.90
8	2018-09-08	100.11	18.03	-63.89	9.90
9	2018-09-09	100.03	18.06	-63.80	9.90
10	2018-09-10	99.94	18.03	-63.72	9.90
11	2018-09-11	99.86	18.03	-63.64	9.90
12	2018-09-12	99.78	18.03	-63.56	9.90
13	2018-09-13	99.69	18.06	-63.47	9.90
14	2018-09-15	99.52	18.06	-63.29	9.90
15	2018-09-16	99.46	18.03	-63.24	9.90
16	2018-09-17	99.38	17.97	-63.15	9.90
17	2018-09-20	99.12	18.06	-62.90	9.90
18	2018-09-21	99.07	18.06	-62.84	9.90
19	2018-09-22	98.99	18.03	-62.76	9.90
20	2018-09-23	98.90	18.06	-62.68	9.90
21	2018-09-24	98.83	18.03	-62.60	9.90
22	2018-09-25	98.75	18.00	-62.52	9.90
23	2018-09-26	98.68	18.03	-62.45	9.90
24	2018-09-27	98.60	18.03	-62.38	9.90
25	2018-09-28	98.53	18.03	-62.31	9.90
26	2018-09-29	98.45	18.03	-62.23	9.90
27	2018-09-30	98.39	18.06	-62.16	9.90

图 10.9 地面水文长观孔（月报表）

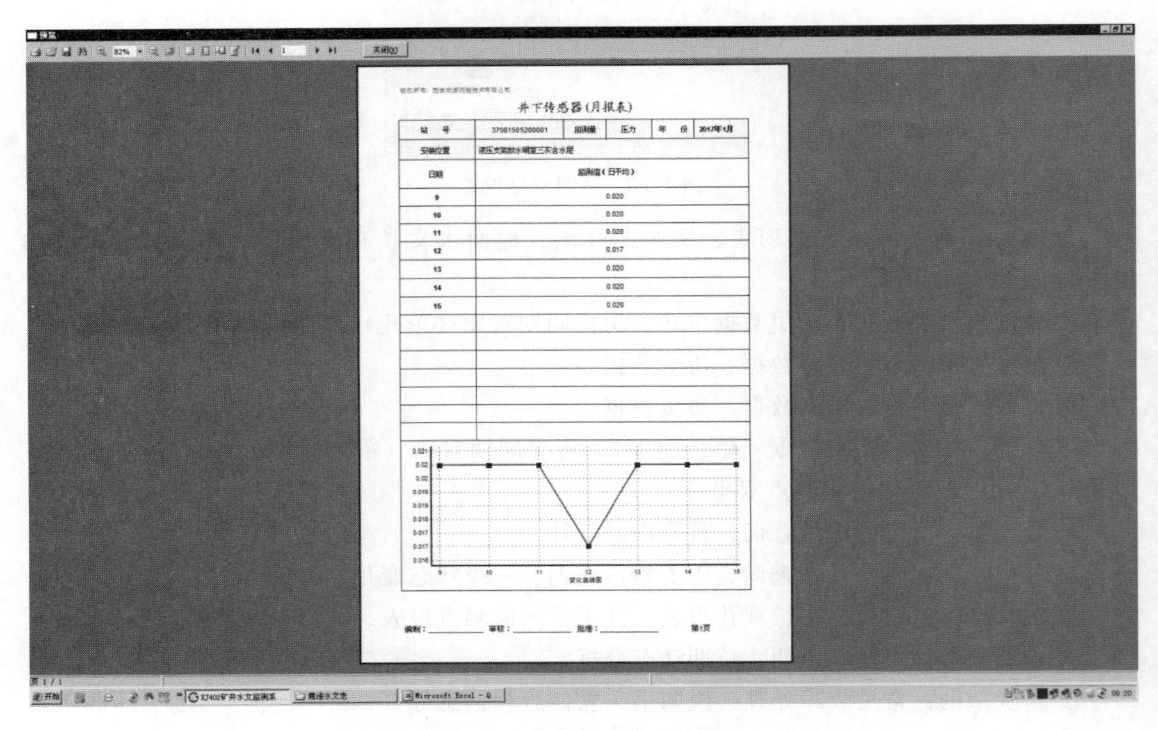

井下传感器(月报表)

站号	37081505200001	监测量	压力	年份	2017年1月
安装位置	液压支架放水硐室三灰含水层				
日期	监测值(日平均)				
9	0.020				
10	0.020				
11	0.020				
12	0.017				
13	0.020				
14	0.020				
15	0.020				

图 10.10 井下传感器（月报表）

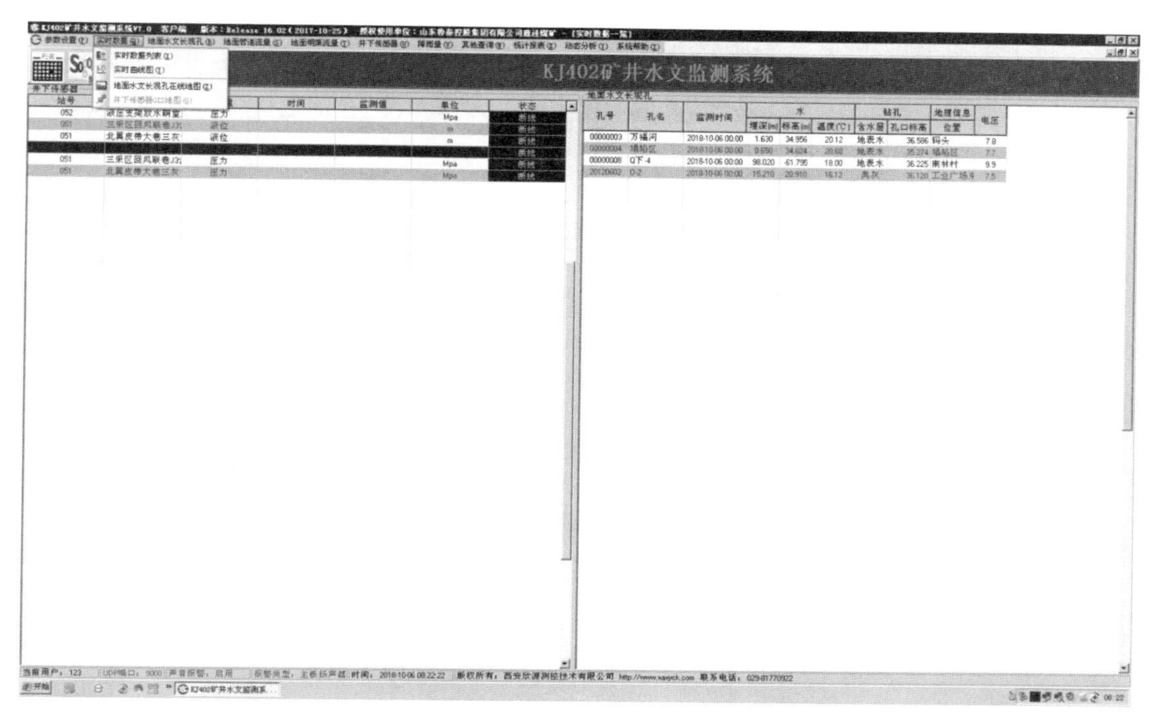

图 10.11　实时数据

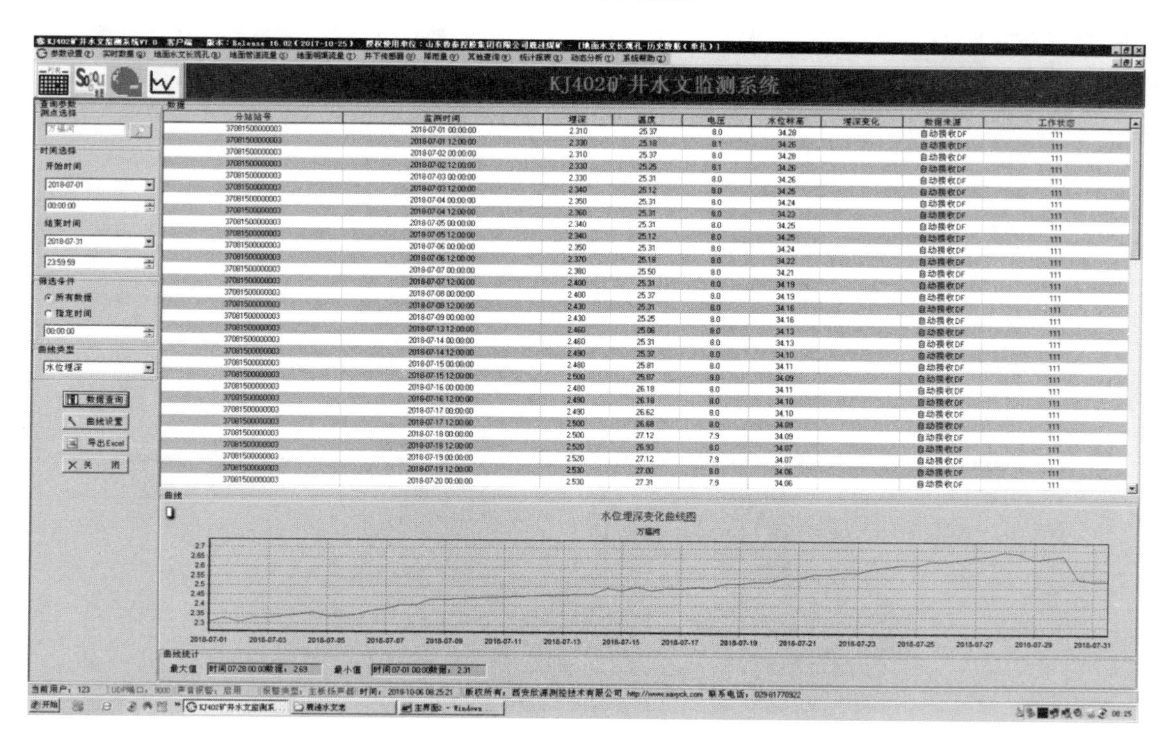

图 10.12　水位埋深变化曲线图 1

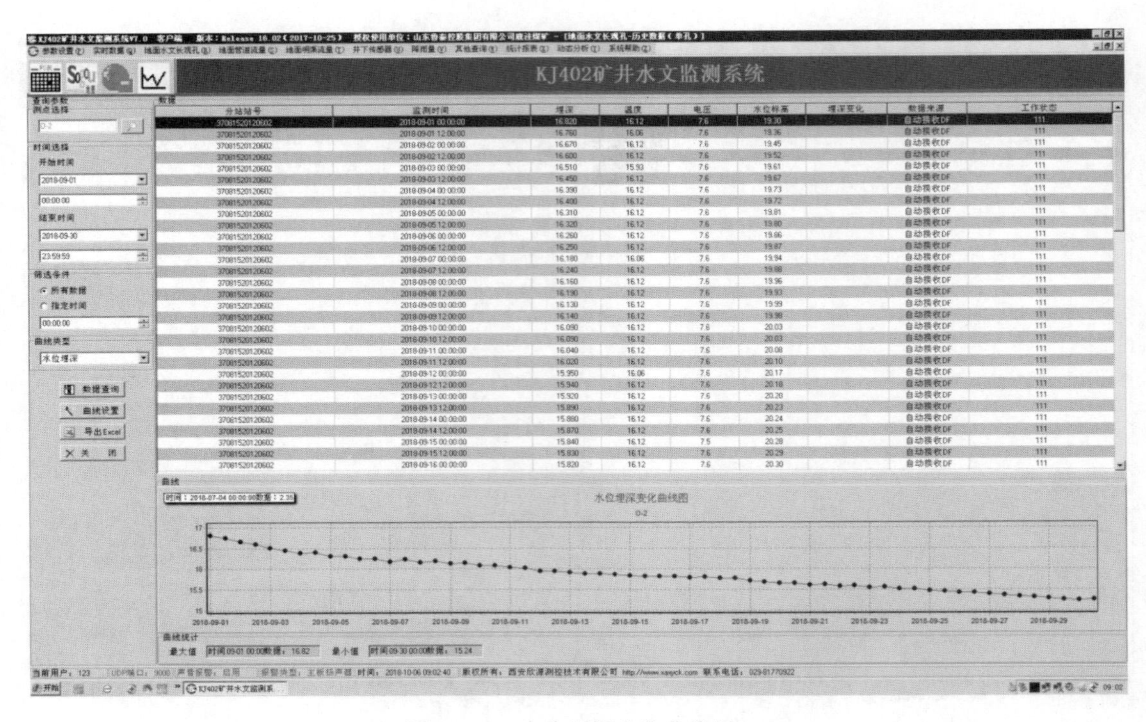

图 10.13　水位埋深变化曲线图 2

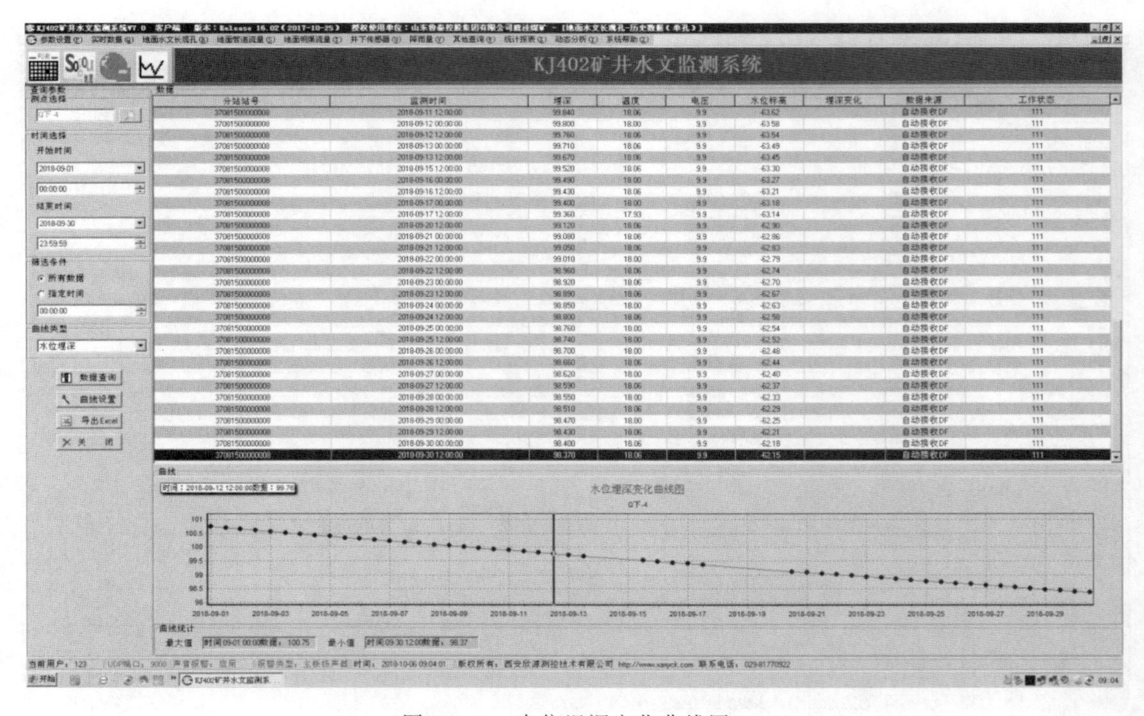

图 10.14　水位埋深变化曲线图 3

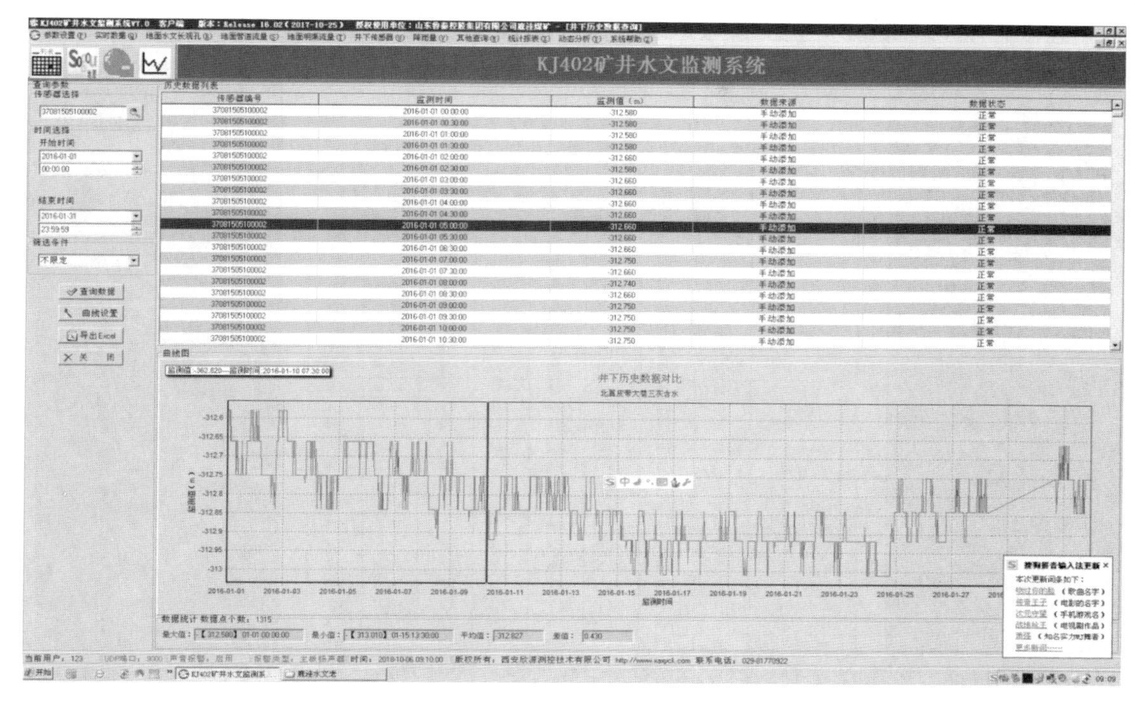

图 10.15　井下历史数据对比图

KJ402矿井水文监测系统V7.0　客户端　版本：Release 16.02（2017-10-25）　授权使用单位：山东鲁泰控股集团有限公司鹿洼煤矿 －［操作日志查询］

参数设置(C)　实时数据(Q)　地面水文长观孔(B)　地面管道流量(G)　地面明渠流量(T)　井下传感器(D)　降雨量(Y)　其他查询(Q)　统计报表(Q)　动态分析(F)　系统帮助(Q)

地面水文长观孔报表(X)　井下普通监测点报表(J)　井下流量监测点报表(Z)

查询参数　开始时间 2018-09-01 00:00:00　结束时间 2018-10-06 23:59:59　用户选择 所有用户　数据查询　导出Excel　打印预览　关闭

数据

时间	用户帐号	IP地址	操作记录
2018-09-01 11:34:15		192.168.1.93	接收到短信15069747045
2018-09-01 11:34:15		192.168.1.93	解析FA短信15069747045
2018-09-01 11:34:15		192.168.1.93	解析DF15069747045
2018-09-01 11:34:15		192.168.1.93	准备查找数据表中的分站15069747045
2018-09-01 11:34:15		192.168.1.93	查找分站成功15069747045
2018-09-01 11:34:15		192.168.1.93	查找分站成功15069747045保存手机号码15069747045
2018-09-01 11:34:15		192.168.1.93	保存实时数据15069747045
2018-09-01 11:34:15		192.168.1.93	保存实时数据15069747045
2018-09-01 11:34:15		192.168.1.93	保存实时数据15069747045
2018-09-01 11:34:15		192.168.1.93	保存实时数据15069747045
2018-09-01 11:34:15		192.168.1.93	保存实时数据15069747045
2018-09-01 11:34:15		192.168.1.93	保存实时数据15069747045
2018-09-01 11:50:55		192.168.1.93	接收到短信15069744722
2018-09-01 11:50:55		192.168.1.93	解析FA短信15069744722
2018-09-01 11:50:55		192.168.1.93	解析DF15069744722
2018-09-01 11:50:55		192.168.1.93	准备查找数据表中的分站15069744722
2018-09-01 11:50:55		192.168.1.93	查找分站成功15069744722
2018-09-01 11:50:55		192.168.1.93	查找分站成功15069744722保存手机号码15069744722
2018-09-01 11:50:55		192.168.1.93	保存实时数据15069744722
2018-09-01 11:50:55		192.168.1.93	保存实时数据15069744722
2018-09-01 11:50:55		192.168.1.93	保存实时数据15069744722
2018-09-01 11:50:55		192.168.1.93	保存实时数据15069744722
2018-09-01 11:50:55		192.168.1.93	保存实时数据15069744722
2018-09-01 11:50:55		192.168.1.93	保存实时数据15069744722
2018-09-01 11:51:05		192.168.1.93	接收到短信13475770734
2018-09-01 11:51:15		192.168.1.93	接收到短信18254721841
2018-09-01 11:51:15		192.168.1.93	解析FA短信18254721841
2018-09-01 11:51:15		192.168.1.93	解析DF18254721841
2018-09-01 11:51:15		192.168.1.93	准备查找数据表中的分站18254721841
2018-09-01 11:51:15		192.168.1.93	查找分站成功18254721841
2018-09-01 11:51:15		192.168.1.93	查找分站成功18254721841保存手机号码18254721841
2018-09-01 11:51:15		192.168.1.93	保存实时数据18254721841
2018-09-01 11:51:15		192.168.1.93	保存实时数据18254721841
2018-09-01 11:51:15		192.168.1.93	保存实时数据18254721841
2018-09-01 11:51:15		192.168.1.93	保存实时数据18254721841
2018-09-01 11:51:15		192.168.1.93	保存实时数据18254721841
2018-09-01 11:51:15		192.168.1.93	保存实时数据18254721841
2018-09-01 23:39:15		192.168.1.93	接收到短信15069747045
2018-09-01 23:39:15		192.168.1.93	解析FA短信15069747045
2018-09-01 23:39:15		192.168.1.93	解析DF15069747045
2018-09-01 23:39:15		192.168.1.93	准备查找数据表中的分站15069747045
2018-09-01 23:39:15		192.168.1.93	查找分站成功15069747045

短信内容　用户登录ID：　操作时间：2018-09-01 11:34:15　IP地址：192.168.1.93

准备查找数据表中的分站15069747045

当前用户：123　UDP端口：3000　声音报警：启用　报警类型：主板扬声器　时间：2018-10-06 08:37:00　版权所有：西安欣源测控技术有限公司 http://www.xaqck.com 联系电话：029-81770922

图 10.16　矿井水文监测系统统计报表

版权所有：西安欣源测控技术有限公司

井下水文分站月报表

站　号	20111851	仪器编号	51	月　份	2015年05月			
测量名称	北翼皮带大巷三灰含水层压力 北翼皮带大巷三灰含水层水位 三采区回风联巷L3含水层压力							
日　期	北翼皮带大巷三灰含水层压力		北翼皮带大巷三灰含水层水位		三采区回风联巷L3含水层压力		三采区回风联巷L3含水层水位	
	监测值	状态	监测值	状态	监测值	状态	监测值	状态
2015-05-01	1.30	正常	-317.44	正常	0.56	正常	-365.61	正常
2015-05-02	1.30	正常	-317.61	正常	0.56	正常	-365.61	正常
2015-05-03	1.30	正常	-317.63	正常	0.56	正常	-365.60	正常
2015-05-04	1.30	正常	-317.81	正常	0.56	正常	-365.59	正常
2015-05-05	1.29	正常	-317.98	正常	0.56	正常	-365.62	正常
2015-05-06	1.29	正常	-318.02	正常	0.56	正常	-365.67	正常
2015-05-07	1.29	正常	-318.16	正常	0.56	正常	-365.61	正常
2015-05-08	1.29	正常	-318.25	正常	0.56	正常	-365.65	正常
2015-05-09	1.29	正常	-318.45	正常	0.56	正常	-365.61	正常
2015-05-10	1.29	正常	-318.68	正常	0.56	正常	-365.62	正常
2015-05-11	1.29	正常	-318.83	正常	0.56	正常	-365.64	正常
2015-05-12	1.28	正常	-319.03	正常	0.56	正常	-365.69	正常
2015-05-13	1.28	正常	-319.14	正常	0.56	正常	-365.75	正常
2015-05-14	1.28	正常	-319.43	正常	0.56	正常	-365.74	正常
2015-05-15	1.28	正常	-319.85	正常	0.56	正常	-365.69	正常
2015-05-16	1.28	正常	-319.45	正常	0.56	正常	-365.68	正常
2015-05-17	1.27	正常	-320.45	正常	0.56	正常	-365.76	正常
2015-05-18	1.27	正常	-320.74	正常	0.56	正常	-365.78	正常
2015-05-19	1.26	正常	-321.56	正常	0.56	正常	-365.77	正常
2015-05-20	1.25	正常	-322.52	正常	0.56	正常	-365.69	正常
2015-05-21	1.23	正常	-324.02	正常	0.56	正常	-365.67	正常

图 10.17　井下水文分站月报表 1

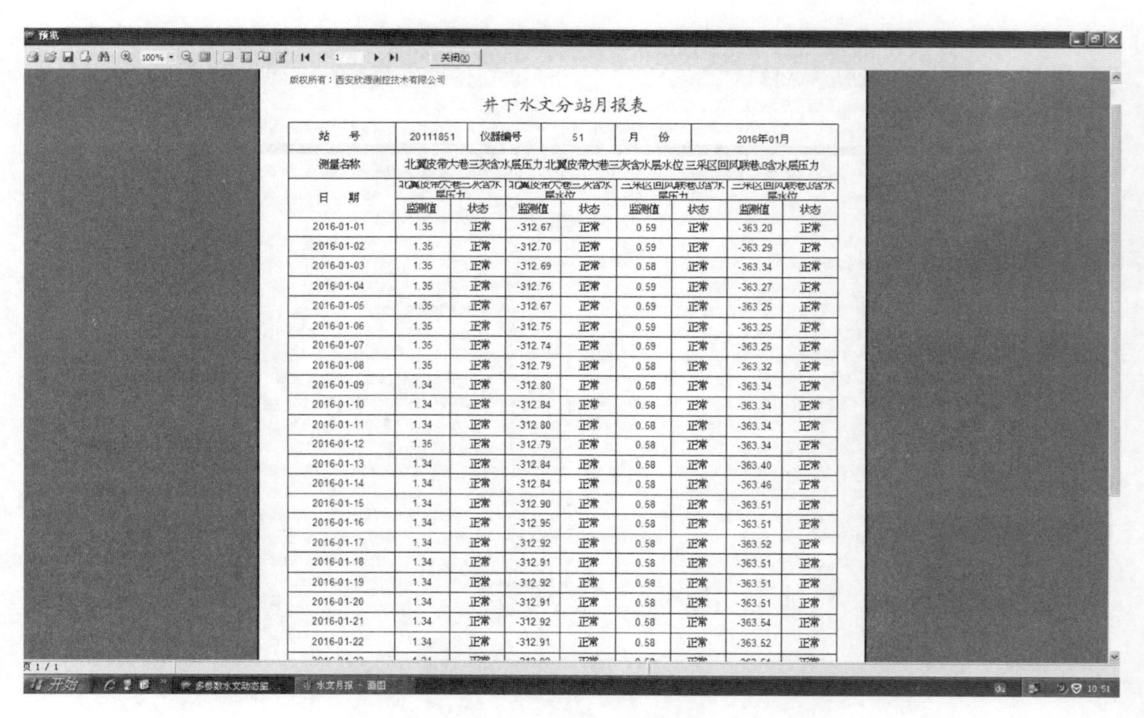

版权所有：西安欣源测控技术有限公司

井下水文分站月报表

站　号	20111851	仪器编号	51	月　份	2016年01月			
测量名称	北翼皮带大巷三灰含水层压力 北翼皮带大巷三灰含水层水位 三采区回风联巷L3含水层压力							
日　期	北翼皮带大巷三灰含水层压力		北翼皮带大巷三灰含水层水位		三采区回风联巷L3含水层压力		三采区回风联巷L3含水层水位	
	监测值	状态	监测值	状态	监测值	状态	监测值	状态
2016-01-01	1.35	正常	-312.67	正常	0.59	正常	-363.20	正常
2016-01-02	1.35	正常	-312.70	正常	0.59	正常	-363.29	正常
2016-01-03	1.35	正常	-312.69	正常	0.58	正常	-363.34	正常
2016-01-04	1.35	正常	-312.76	正常	0.59	正常	-363.27	正常
2016-01-05	1.35	正常	-312.67	正常	0.59	正常	-363.25	正常
2016-01-06	1.35	正常	-312.75	正常	0.59	正常	-363.25	正常
2016-01-07	1.35	正常	-312.74	正常	0.59	正常	-363.25	正常
2016-01-08	1.35	正常	-312.79	正常	0.58	正常	-363.32	正常
2016-01-09	1.34	正常	-312.80	正常	0.58	正常	-363.34	正常
2016-01-10	1.34	正常	-312.84	正常	0.58	正常	-363.34	正常
2016-01-11	1.34	正常	-312.80	正常	0.58	正常	-363.34	正常
2016-01-12	1.35	正常	-312.79	正常	0.58	正常	-363.34	正常
2016-01-13	1.34	正常	-312.84	正常	0.58	正常	-363.40	正常
2016-01-14	1.34	正常	-312.84	正常	0.58	正常	-363.46	正常
2016-01-15	1.34	正常	-312.90	正常	0.58	正常	-363.51	正常
2016-01-16	1.34	正常	-312.95	正常	0.58	正常	-363.51	正常
2016-01-17	1.34	正常	-312.92	正常	0.58	正常	-363.52	正常
2016-01-18	1.34	正常	-312.91	正常	0.58	正常	-363.51	正常
2016-01-19	1.34	正常	-312.92	正常	0.58	正常	-363.51	正常
2016-01-20	1.34	正常	-312.91	正常	0.58	正常	-363.51	正常
2016-01-21	1.34	正常	-312.92	正常	0.58	正常	-363.54	正常
2016-01-22	1.34	正常	-312.91	正常	0.58	正常	-363.52	正常

图 10.18　井下水文分站月报表 2

11 安全信息工程在交通智能管理系统中的应用研究

随着电子、通信、计算机技术，特别是近年无线互联网技术、物联网技术的发展，智能交通（intelligent transportation system）已经成为解决道路拥堵问题行之有效的方法。在城市智能交通系统中，出租汽车作为一个特殊的载体对整个系统的运行起着非常重要的作用。

出租行业希望通过智能管理解决的主要问题包括以下几方面。

① 安全防范：该行业由于其特殊性，一直是城市公共交通安全防范的重点之一。

② 调度管理：目前缺乏有效的调度管理，使得出租车的空驶率（出租车的空驶里程在整个行程中所占的比例）居高不下。由于出租车司机根据经验随机分布，城市出租车分布不均，使得有些地方出租车聚集等待乘客而某些地方乘客很难打到出租车。网约车的出现使这一状况有所缓解，无序竞争有所抬头。

③ 电召管理：目前大多数城市出租车主要采用“扬召”方式，这种方式随机性比较大，所以“人等车，车找人”的现象普遍。主要表现为出租车的空驶率高，乘客平均等车时间较长，降低了出租车的使用率，造成城市交通拥堵、资源浪费和环境污染等问题。

④ 服务监督管理：出租行业对从业车辆、人员有严格的规定，规范出租汽车驾驶员从业行为，提升出租汽车客运服务水平，也是行业的迫切要求。

此外出租车辆计量管理、车辆故障诊断、电子支付等也希望通过出租车智能管理系统来实现。要解决这些问题，需要对系统进行合理完善的设计，以智能交通技术为基础，结合计算机、嵌入式系统、网络通信技术、传感器技术等建立一个合理、高效、综合的出租车系统，从而有效提高出租车服务质量水平，有效促进智能交通的发展。

11.1 出租车智能管理系统功能需求

出租车智能管理系统包含一个安装于出租汽车上的车载智能终端以及与之实现数据交换和管理的智能信息平台。车载智能终端要求能够精确感知自身状态和行车环境信息，一方面实现和操作者的人机交互，另一方面通过网络将这些信息数据上传至智能信息管理平台，为平台提供实际数据，以保证该平台信息的正确性。智能信息管理平台搜集所有平台内车辆的数据，通过数据决策分析对系统内的资源进行科学合理的配置，提高整个出租系统的综合运输能力，提高交通安全、减少交通拥堵及治安处理时间，为整个城市提供优质高效的服务，努力构建一个绿色和谐的公共交通体系。

出租汽车车载智能终端有如下功能。

① 计价功能：根据乘客乘坐出租车行驶距离和等候时间的多少进行计价，并直接显示车费。用于经营者和乘坐出租车的消费者之间的租金结算。

② 定位监控功能：其主要功能是通过 GNSS（全球卫星定位技术）获取车辆的动态位置（经度、纬度和高度）、时间、状态等信息，并可以通过控制中心，在具有地理信息处理和查询功能的电子地图上进行载体运动轨迹的显示监控和查询。

③ 汽车故障诊断功能：连接车载发动机故障诊断系统 OBDⅡ，迅速准确地确定车辆故障性质和部位并监控发动机的运行状况。

④ 汽车行驶记录功能：对车辆行驶速度、时间、里程、位置以及有关车辆行驶的其他状态信息进行记录、存储并可通过通信系统实现数据输出。针对停车前 20s 的事故疑点特征数据和超时超速驾驶进行记录，以保障车辆行驶安全并为道路交通事故的分析鉴定提供依据。汽车行驶记录功能对遏止疲劳驾驶、车辆超速等交通违法行为，同样具有积极的意义。

⑤ 安全防卫和预警功能：可以通过触发紧急报警按钮或相关参数设置下的自动报警，有效处置遭抢劫、盗窃、超速、超时驾驶、碰撞等非正常行驶下的状况。在必要的情况下可以实现远程车辆的控制，包括断油断电等措施。

⑥ 电召服务及车辆调度功能：接收并显示电召服务中心下发的电召指令并应答，接收并显示中心下发的调度指令并及时反馈信息，接收并显示天气、路况等服务信息并反馈。

⑦ 电子支付功能：支持非接触式 CPU 卡片支付，包括城市通卡、银联闪付卡的支付；也可通过网络实现支付宝、微信等电子支付方式。

⑧ 驾驶员管理功能：通过从业资格证卡或者生物识别技术对驾驶人员进行从业资格验证。

⑨ 声音图像视频采集功能：根据需要在特定条件下对车辆内部进行录音、录像和存储，并可根据系统需求上传相应文件。

⑩ 设备维护管理功能：可以远程或通过本地接口对设备进行维护管理，包括固件升级、参数查询设置、数据导出等。

⑪ 移动设备接入功能：要求设备可通过蓝牙接口接入移动智能终端完成双向数据通信。

⑫ 智能信息管理平台功能：智能信息管理平台包含数据资源管理中心和一系列的功能管理分中心。

⑬ 数据资源管理中心：在具备主机存储、网络接入、数据交换、信息安全系统的运行环境中实现和车载终端及各个功能管理中心的互联。实现对车载终端原始数据的接收、存储、处理、分析、交换和发布，并与其他系统实现数据资源的交换与共享。该中心主要包含基础数据库和系统应用数据库。基础数据库包含车辆及所有人的基础信息、驾驶人基础信息等。系统应用数据库根据系统的功能要求结合从车载智能终端采集到的不同类别的动态数据建立。包括出租车营运信息数据库；出租车卫星定位信息数据库；出租车应急指挥信息数据库；电召及调度信息数据库；出租车电子支付及清分数据库；出租车音视频管理数据库；行业管理信息数据库等。

⑭ 监控指挥信息中心：以数据资源中心数据为基础，实现出租汽车的实时状态监控，监控信息包括被监控车辆信息、经纬度、速度、运行方向、营运状态、报警状态、发动机状态等。同时可以查看车辆的历史数据，回放车辆的历史行驶轨迹。监控中心可以通过远程控制智能终端实现对车辆相关部分的控制，同时也可以利用下行通信信道向驾驶员发布相关信息，例如天气预报、道路拥堵情况、突发事件的信息服务等。

⑮ 电召服务中心：以电话呼叫中心和互联网形式为乘客提供车辆电召、车辆预约、失物查找等工作，为驾驶员提供路线查询、外文翻译服务。

⑯ 电子支付信息管理中心：接收车载终端电子支付相关报文，可以作为城市通卡公司或银联公司的前置处理机，将消费报文通过专线转发至城市卡通公司或银联的数据平台。接收城市卡通公司或银联公司安全认证结果，自动对账同时生成清分报文转发至银联或银行平

台实现数据清分。除此之外，还能提供消费数据的查询统计、错误消费修正或补录等功能。

⑰ 随车贴心服务中心：使用在线方式为驾驶员提供贴心服务。包括碰撞自动求助服务、紧急救援协助、车辆失窃警报服务、车门应急开启服务、路边救援协助、在线导航服务、远程车况诊断服务、车况检测服务等。

⑱ 数据分析中心：建立不同的数学模型对数据进行细致分析，海量的大数据，对各方面的工作都有较大的促进作用。例如，通过营运数据分析可以得出运价变动对驾驶员收入的影响，为管理部门制定合理运价以及运力调配打好基础。

11.2 出租车智能管理系统总体结构

出租车智能管理系统总体结构如图 11.1 所示，整个系统由出租车车载智能终端以及包含数据资源中心、监控指挥信息中心等的网络平台组成。

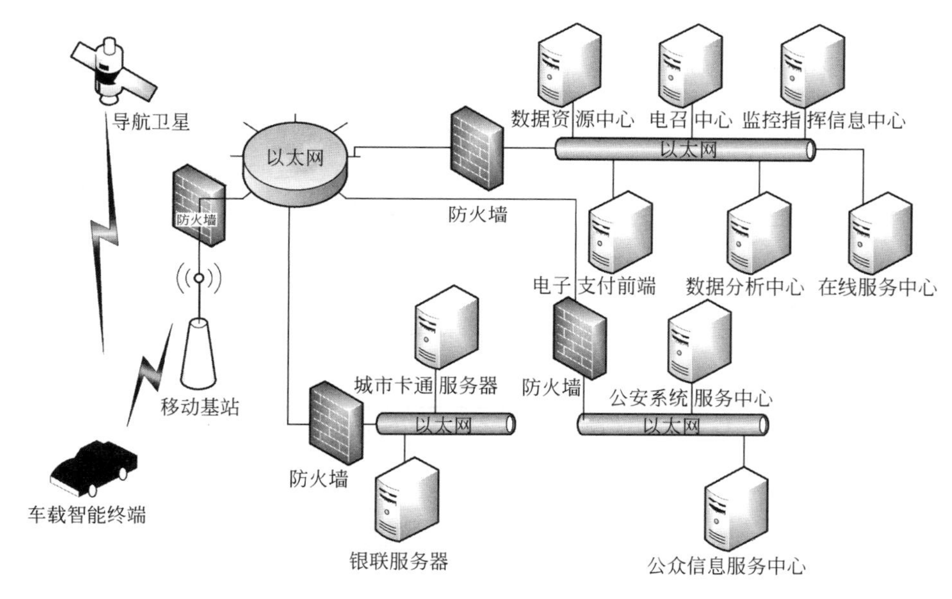

图 11.1 出租车智能管理系统总体结构

车载智能终端是智能系统的核心部件，安装在出租汽车内，使用汽车电源供电并连接相应的车内传感器。车载智能终端接收卫星定位信息以及车辆传感器信息，对信息进行加工处理后送本地显示器显示并存储，然后利用移动通信技术经由移动基站接入网络。车内需检测信号包括连接在汽车里程表或车辆 ABS 上的车辆行驶脉冲传感器、加速度传感器、音视频传感器、紧急报警开关、制动信号、转向灯信号、车门开关信号等；同时连接车辆控制信号实现断油、断电、车门控制等控制命令。终端和数据中心的连接使用移动互联方式，目前常用的有 GPRS/CDMA 方式、3G/4G 通信等。

智能信息管理中心网络通过宽带与 Internet 网相联。在该中心中配置有数据资源中心服务器、应用服务器、数据库服务器、音视频存储服务器、备份服务器等。数据资源中心服务器用来接收车载设备发送的营运信息、运行轨迹、音视频信息、车辆运行状态信息等；另外还可对车载设备发送电召、调度、监控信息。数据库服务器用于存储包含车辆及所有人的基础信息、驾驶人基础信息以及从车载智能终端采集到的不同类别的动态数据信息。音视频存储服务器用来存储音视频资料。备份服务器除用来备份数据库服务器的数据外，也可在通信服务器或应用服务器无法正常运行时，进行快速切换，而不影响整个平台的正常运行。

智能信息管理中心网络通过专用线路与电子支付平台互联，负责车载智能终端电子支付数据的转发、认证、对账、清分等一系列的工作。

智能信息管理中心通过网络接入公安系统，既可以为交管部门提供实时道路及车辆信息，在特定情况下直接将警情上报至公安平台以便及时出警，又可接入天气预报平台之类的公共信息平台，为出租车提供公共信息服务。

11.3 出租车车载智能终端方案设计

11.3.1 出租车车载终端整体方案

通常，出租车车载智能终端必须具备计价功能、定位监控功能、汽车故障诊断功能、汽车行驶记录功能、安全防卫和预警功能、电召服务及车辆调度功能、电子支付功能、驾驶员管理功能、声音图像视频采集功能、设备维护管理功能、移动设备接入功能等。只有实现这些功能才有可能建立一个合理、高效的综合的智能出租车信息管理系统，有效提高出租车服务质量水平，实现智能交通。据此设计车载智能终端结构如图 11.2 所示。由于本次设计的终端功能较多，在设计中采用模块化设计，有利于在实际应用中做功能取舍。

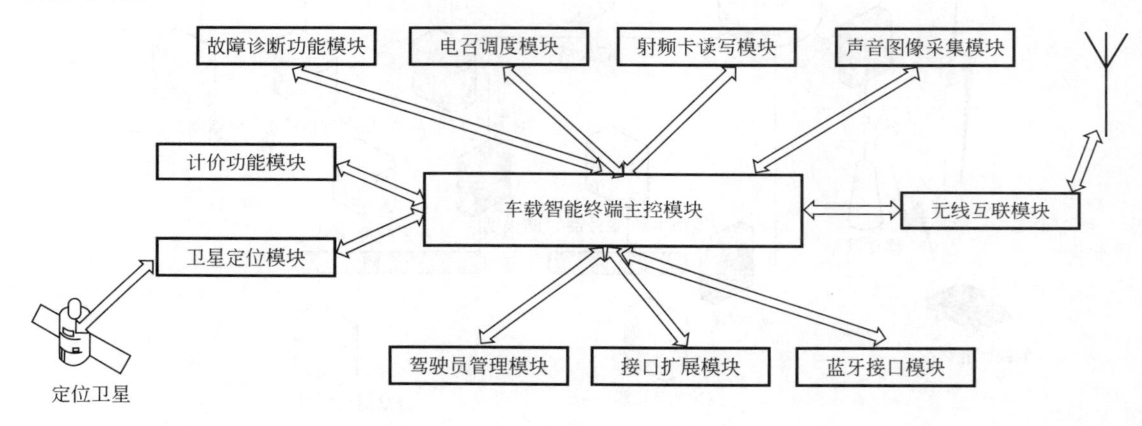

图 11.2 车载智能终端结构图

11.3.2 计量功能方案设计

出租车计量功能主要是测量车辆的行驶距离和等候时间两个物理量，结合城市出租车运价机制计算出实际租金以供司乘双方结算。这部分功能实现需要设备具有车辆里程传感器采集功能、计时功能。由于出租收费往往在不同时间段运价标准不同（昼夜运价），计量模块需要具备实时时钟功能。目前大部分城市客票自动打印功能也由计量功能模块来实现，数据显示、存储、查询、统计也是其基本配置。车辆状态检测如雨雪传感器、道路状态传感器可以增加车辆运营的自动化水平，在功能设计中也需要考虑。

随着中国城市化进程的飞速发展以及城市人口的密集增长，在很多城市，尤其是以北京、上海、广州、深圳为代表的大城市，出现了明显的打车困难的现象，特别是在上下班时间交通压力大的问题更加突出。国家出台相关政策，鼓励乘客，在客运高峰时段或路段，经协商共同乘坐一辆出租车出行。实施出租车合乘运营能有效挖掘出租车运力潜能，提高出租车服务效率；能有效促进节能减排，有助于降低城市空气 PM 值；能有效缓解交通拥堵和打车难的现象；能有效降低居民出行成本，缩短候车时长；能有效增加出租车司机收入，维持

出租车行业的稳定。在新的形势下计量功能也要与时俱进，以往的单一乘客的计量方式已不能满足市场需求。因此我们设计的计量功能模块要具备多重计量功能，根据目前出租车座位数应能同时独立计算至少四组运价并能显示、存储、分别打印客票。

从改善出租服务的角度出发设备同样需要人性化设计，计量功能不能只满足于司机与乘客之间的费用结算，还应增加人机交互功能，例如乘客上下车时的语音提示服务等。

作为计量器具，计量的准确与否与广大消费者的切身利益密切相关，但是社会上有少数不法营运者采用各种作弊手段损害乘客的经济利益。目前，常有的作弊方法有预先增加公里数、改动比值、改为小型号轮胎等，其中最多采用的作弊方式是偷改装传感器或改装外围电路外加非法脉冲。对于这些作弊行为，计量功能模块要具备一定的防作弊功能，例如增加启动速度判别电路、传感器输出加密或编码脉冲等杜绝非法作弊现象。

11.3.3 定位功能方案设计

卫星定位是利用导航卫星时间到达差原理实现的。空间中一定数量的定位卫星在离地面上万千米的高空，以固定的周期环绕地球运行，要求在任意时刻，地面上的任意一点都可以同时观测到 4 颗以上的卫星。由于卫星的位置精确可知，在接收机对卫星的观测中，我们可得到卫星到接收机的距离，利用三维坐标中的距离公式，只需 3 颗卫星，就可以组成 3 个方程式，解出观测点的位置（X，Y，Z）。考虑到卫星的时钟与接收机时钟之间的误差，实际上有 4 个未知数，X、Y、Z 和钟差，因而需要引入第 4 颗卫星，形成 4 个方程式进行求解，从而得到观测点的经纬度和高程。同时为了提高精度，卫星接收机往往需要锁定 4 颗以上的卫星，按卫星的星座分布分成若干组，每组 4 颗，然后通过算法挑选出误差最小的一组用作定位。其中计算距离时使用的“卫星到达时间差”指的是从卫星至接收机的到达时间差。目前中国北斗导航卫星系统（beidou navigation satellite system，BDS）、美国全球定位系统（GPS）、俄罗斯格洛纳斯导航卫星系统（GLONASS）是已经成熟应用的三大系统，欧洲的 GALILEO 系统也在建设之中。我们在设计中首选我国的北斗卫星导航系统，当然采用目前市场上已经在用的北斗/GPS 双模导航模块也是较佳选择。本模块主要功能是通过全球卫星定位技术获取车辆的动态位置（经度、纬度和高度）、时间、状态等信息，定时记录关键点信息并可以实时地通过通信网络上传至智能控制中心。

11.3.4 汽车行驶记录方案设计

GB/T 19056—2012《汽车行驶记录仪》国家标准提出，汽车行驶记录仪的使用对遏止疲劳驾驶、车辆超速等交通违法行为，保障车辆行驶安全以及道路交通事故的分析鉴定具有重要的作用。国内外的使用情况表明，汽车行驶记录仪为国家行政管理部门提供了有效的执法工具，为道路运输企业提供了管理工具，为驾驶人提供了其驾驶活动的反馈信息，其使用对保障道路交通安全起到了直接作用。汽车行驶记录仪必须具备行驶记录功能和定位功能，定位功能前面已经详细描述，在此功能模块中不再重复。行驶记录功能包括自检功能、数据记录功能、数据通信功能、安全警示功能、显示功能、打印输出功能。

① 自检功能：记录仪在通电开始工作时，应首先进行自检，自检结果应当通过闪灯或显示屏显示方式输出。

② 数据记录功能：此处记录的数据指行驶速度记录、事故疑点记录、超时驾驶记录、位置信息记录、驾驶员身份记录、里程记录、安装参数记录和日志记录。其中行驶速度记录指以 1s 的时间间隔持续记录并存储车辆行驶状态数据。该行驶状态数据为：车辆在行驶过程中的实时时间、每秒钟间隔内对应的平均速度以及对应时间的状态信号。事故疑点记录指

以 0.2s 的时间间隔持续记录并存储行驶结束前 20s、外部供电断开前 20s 以及车辆处于行驶状态且有效位置信息 10s 内无变化时、停驶前 20s 内实时时间对应的行驶状态数据。该行驶状态数据为：车辆行驶速度、制动等状态信号和行驶结束时的位置信息。超时驾驶记录应能记录驾驶人连续驾驶时间超过 4h 后的驾驶数据。该数据内容包括：机动车驾驶证号码、连续驾驶开始时间及所在位置信息、连续驾驶结束时间及所在位置信息。位置信息记录要求以 1min 的时间间隔持续记录并存储车辆位置数据。该数据内容包括：车辆在行驶过程中的实时时间、位置信息以及平均速度。驾驶人身份记录能存储每个驾驶人登录和退出情况，记录内容为登录或退出时驾驶人的机动车驾驶证号码和发生时间。里程记录能持续记录车辆从初次安装时间开始的累计行驶里程。安装参数记录可记录安装时的参数：机动车号牌号码、机动车号牌分类、车辆识别代码、脉冲系数、记录仪初次安装时间和初始里程。日志记录包含外部供电记录、参数修改记录、速度状态日志等。

③ 数据通信功能：设备应至少配置 RS-232 串行接口、USB 接口、驾驶人身份识别接口、定位通信天线接口。

④ 安全警示功能：应能通过语音方式提示驾驶人规范驾驶行为。提示类型包括：超时驾驶提示、驾驶人未登录情况下驾驶车辆提示、车辆行驶速度大于设定的速度限值提示、速度状态判定为异常提示。

⑤ 显示功能：应能显示可编辑的汉字、字母和数字。当无按键操作或在行驶状态时，默认显示界面至少应显示实时时间、车辆的实时行驶速度、定位模块工作状态；当在警示状态时，显示界面应显示超时驾驶、驾驶人身份、速度状态等提示信息，还可以通过操作按键实现对其他信息的查询。

⑥ 打印输出功能：至少可以打印包括机动车号牌号码、机动车号牌分类、当前登录驾驶人的机动车驾驶证号码、速度状态、打印时间、最近 2 个日历天内的超时驾驶记录等信息。

11.3.5 无线互联功能方案设计

既然出租车车载智能终端是面向智能交通的一种应用，那么车与车之间以及车与服务器之间都需要快速交换信息，其中包括数据量较大的现场音视频文件信息等，所以通信方式是制约出租车智能信息系统应用范围的关键因素，可以说通信条件的好坏直接决定了系统的性能，合适的通信方式能够适应系统各组成部分的离散性、移动性，且通信可靠、实时，反之则无法实现要求功能。目前，无线通信方式比较成熟，且应用越来越广泛。常用的远距离无线通信方式包括 GPRS、GSM、CDMA、3G/4G。根据系统特点，做出如下选择：

选用 GSM 短信方式来传输系统中小批量设置的参数信息，GSM 短信覆盖范围大，可全国漫游但也同时存在延时问题，能够携带的信息太短，通常不超过 140 字节。

在系统未选用音视频一类的要求高速大容量传输的场合，我们可选用 GPRS 或 CDMA 方案。GPRS (general packet radio service)，即通用分组无线服务技术。GPRS 通过利用 GSM 网络中未使用的 TDMA 信道提供较高速度的数据传递，突破了 GSM 网只能提供电路交换的思维方式，只通过增加相应的功能实体和对现有的基站系统进行部分改造即可实现分组交换。GPRS 的数据传输速度理论上最高可达到 115～170Kbit/s，基本可以满足出租车车载智能终端这种间断的、突发性的和频繁的、点多分散、中小流量以及偶尔大流量的数据传输要求。

当系统应用在需要实时音视频采集监控的场合，3G、4G 都是可选择的通信方式。3G

是指支持高速数据传输的蜂窝移动通信技术，其通信速率一般为每秒钟几百千位，3G下行速度峰值理论可达3.6Mbit/s（也有资料为2.8Mbit/s），上行速度峰值也可达384Kbit/s。目前实际应用的3G存在3种标准：CDMA2000、WCDMA、TD-SCDMA。

11.3.6 车载故障诊断功能方案设计

我国已经强制从2007年后出厂的车辆中安装OBD系统，OBD是英文on-board diagnostic的缩写，中文翻译为“车载诊断系统”。这个系统随时监控发动机的运行状况和尾气后处理系统的工作状态，一旦发现有可能引起排放超标的情况，会马上发出警示。当系统出现故障时，故障灯（MIL）或检查发动机（check engine）警告灯亮，同时OBD系统会将故障信息存入存储器，通过标准的诊断仪器和诊断接口可以以故障码的形式读取相关信息。根据故障码的提示，维修人员能迅速准确地确定故障的性质和部位。目前很多车辆已经采用OBDⅢ系统，OBDⅢ系统会分别与车辆的发动机、变速箱、ABS等系统ECU（电脑）建立通信，从中读取需要的汽车状态信息。出租车车载智能终端读取车辆的故障信息、车辆识别代码、车速、位置信息，通过移动网络发送到处于服务器端的远程故障诊断系统，在服务器端实现故障车辆的远程诊断与监控管理功能。同时在服务器端建立基于大数据库技术的故障诊断专家系统，对车辆进行基于故障码的故障诊断，得出监管车辆位置和故障诊断结果。并将结果反馈到故障车辆的车载终端显示、报警。

车载智能终端可以通过车速变化、三轴加速度传感器以及车辆气囊状态判断车量是否发生碰撞，检测到碰撞发生时自动向平台发送报警求助信息。

此外，还可以通过系统读取油耗和车辆里程信息，并将车辆维护情况信息反馈到智能管理平台并根据汽车具体状况提醒车主适时进行维护保养。

11.3.7 电子支付方案设计

2012年12月，住建部发布了“关于开展国家智慧城市试点工作的通知”，并印发了《国家智慧城市试点暂行管理办法》和《国家智慧城市（区、镇）试点指标体系（试行）》（以下简称《指标体系》），在《指标体系》中提出了智慧支付，指的是指包含城市卡通、手机支付、市民卡、网络支付等智慧化支付新方式。截止到2015年底，在全国600多个城市中，已有440多个城市建立了不同规模的IC卡系统，正式接入全国城市一卡通互联互通大平台的城市达到50个。

银联的非接触式支付产品“银联闪付”（Quick Pass）具备和城市通卡同样的非接触、小额、离线支付功能，虽然起步较晚但凭借其金融背景，目前闪付卡发卡量已经超过两亿张。“闪付”代表着方便、快捷与新科技，越来越受到年轻、时尚、注重支付效率的消费人群欢迎。

这两种类型的卡虽然使用不同的安全认证方式，但在非接触的硬件接口上是相同的，都采用的是13.56MHz被动非接触通信模式，符合ISO14443A协议。因此在支付模块设计中是统一的，区别是硬件设计上城市通卡的安全认证需要增加专用的PSAM卡（purchase secure access module，销售点终端安全存取模块）插槽。PSAM卡插槽设计要求符合ISO 7816标准，可以读写标准的带触点安全认证卡。

随着新技术的进一步应用，目前移动支付开始与城市通卡领域紧密合作，而像支付宝、微信、京东这样的第三方支付机构也在不同程度进军这个行业。电子支付功能也不可或缺。目前此类射频卡读写一般采用飞利浦公司RC500系列以及复旦微电子公司的FM系列芯片，外接13.56MHz石英晶体实现近距离的射频卡应用（<100mm）。

11.3.8 驾驶员管理方案设计

为规范出租汽车驾驶员从业行为，提升出租汽车客运服务水平，国家对从事出租汽车客运服务的驾驶员实行从业资格制度。要求从事出租车营运的驾驶员取得相应的机动车驾驶证3年以上；近3年内无重大以上且负同等以上责任的交通事故；并且通过出租汽车驾驶员从业资格考试才能完成注册，取得出租汽车客运服务的驾驶员实行从业资格证制度。出租汽车驾驶员在每个连续计算的继续教育周期内（三年），应当接受不少于54学时的继续教育。

虽然我国对出租车驾驶员的管理有明确的规定，总有少数驾驶员无证营运，在营运过程中屡屡发生拒载、绕道、甩客等不良行为。调查发现这些无证驾驶员屡被投诉，存在行车中吸烟、接打手机、着装不整、不正确使用安全带、不主动出具票据等陋习，或发生拒载、强行拼客行为。出租车是城市文明形象的重要窗口，为了提升行业服务质量，要求出租车行业做到车内卫生、车况良好；驾驶员仪表整洁，用语文明；系安全带、不打手机、不吸烟、不吃食物；无违章驾驶现象，无拒载现象。这就要求我们采取技术手段杜绝无证驾驶员营运。目前使用比较多的方法是发放带有驾驶员照片等身份信息的驾驶员资格证书、卡片，放置在显眼的位置供乘客监督和管理部门稽查，这种方法起到一定的作用但不能从根本上解决存在的问题。生物识别技术的应用解决了这一难题，在身份验证领域，指纹因其唯一性、终生不变性和较低的识别成本而成为目前使用最广泛的生物识别技术，其应用在罪犯识别、社会保险、电子商务、信息安全等领域越来越广泛。指纹是人体独一无二的特征。目前指纹图像的识别速度很快，使用非常方便。同时指纹采集头也在朝着集成化、小型化的方向发展，随着应用越来越广泛，采集器的价格会更加低廉。可以说，指纹识别技术是目前最方便、可靠、非侵害和价格便宜的生物识别技术解决方案。

为了加强出租车行业管理，确保无营运资质人员不参加出租汽车的运营，在出租车车载智能终端增加指纹识别模块。通过定时要求驾驶员输入指纹信息确认身份的方式杜绝无资质驾驶人营运。本着确保该功能的有效性，但尽量不增加驾驶员、出租公司管理人员以及运管工作人员工作量的原则制定实施方案。

指纹识别方案的主要工作流程包括样本录入、指模比对、违规车辆信息统计等工作，除指模比对外主要工作由计算机管理系统完成，驾驶员管理系统由交通管理部门、出租公司、车载指纹识别模块组成。

交通管理部门是出租行业的主管部门，主要负责驾驶员资格证的发放、考核、管理；出租车公司主要是对出租车及驾驶员直接管理，进行各种信息的传递。车载智能终端定时要求驾驶员提供指模与样本比对，对对比不合格者采取措施，限制车辆继续营运。系统运行流程第一步是指纹样本采集：在驾驶员通过各项考核申请准驾资格证时需采集指纹样本，样本信息一方面存入数据库，另一方面存入指纹样本IC卡。第二步是指纹样本传递：指纹样本IC卡由公司管理人员负责传递到车载智能终端的指纹模块内，同时备份到公司管理微机内，保存到其准驾车辆的信息库内，一方面在需要验证指纹信息时作为样本，另一方面若公司调换计价器时，可以重新发行指纹样本IC卡。最后就是指纹比对环节：车载智能终端的指纹模块每天不定时在空车时要求驾驶员比对指纹，若提示比对多次而未比对成功则锁定终端的计量功能，停止运价显示功能，必要时可以报警甚至断油断电。

11.4 出租车车载智能终端的硬件设计

从终端整体结构设计方案来看，由于出租车车载智能终端的功能复杂，涉及面比较宽，

所以终端硬件设计顺序采用由点到面的方式，先介绍每个功能模块的硬件实现方法，最后再汇总出整体的硬件设计方案。

11.4.1 出租车车载智能终端核心模块设计

车载智能终端的主控芯片选用的是TI公司生产的AM1808 CPU，其采用的是ARM926EJ-S内核处理器，最高主频可达456MHz。芯片自带LCD（TFT）驱动控制器，两路USB接口，支持主从两种模式，并集成10/100MHz以太网接口（MAC），可以使用RMII、MII接口通信，拥有3路UART、2个PRU模块，每个PRU模块可以扩展4个串口。另外还有VPIF视频接口、并行接口uPP、SATA接口控制器、高级PWM等多个接口模块。图11.3是AM1808的功能结构图。

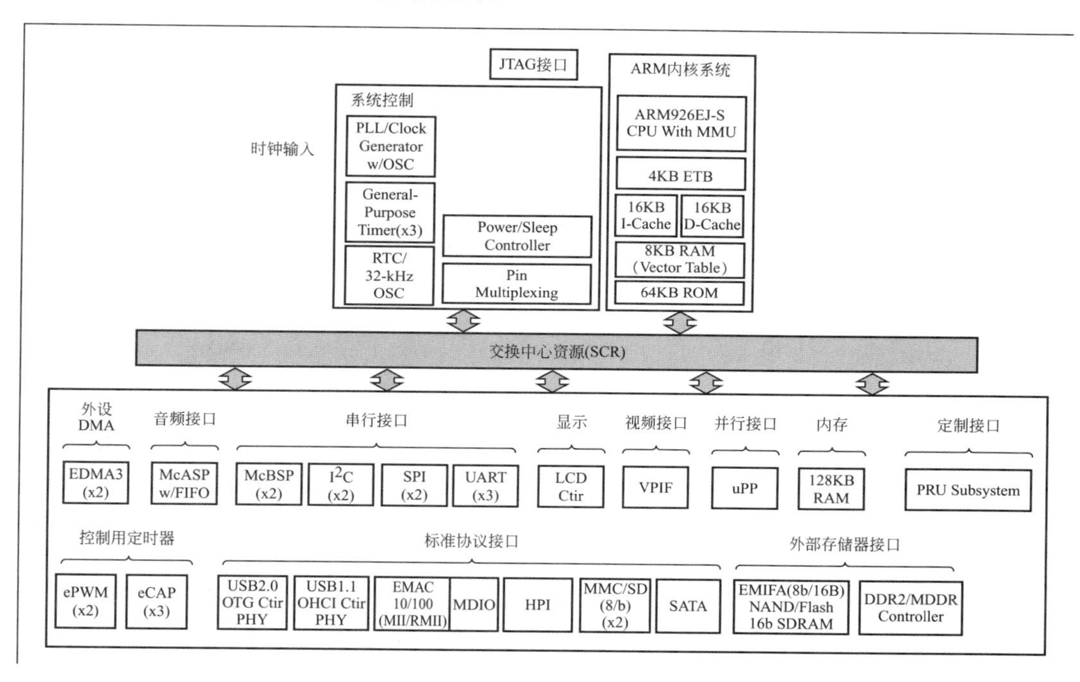

图11.3 AM1808的功能结构图

AM1808芯片拥有丰富的外设资源，也是功耗最低的ARM9处理器之一。AM1808采用BGA封装，361个引脚。为降低主控板加工的难度，减少加工成本，在此设计了一块体积较小的包含AM1808最小系统的核心基板，加工工艺不同的两个部件分别生产，通过接插或焊接的方式最终将完整系统组合起来。我们把它称作AM1808核心板，其原理图（电源部分）如图11.4所示。

AM1808核心板包括主控芯片TI AM1808、NAND FLASH存储器、DDR2内存、供电电源以及最小系统需要的辅助器件，如晶振、阻容器件等。本次设计的核心板NAND FLASH使用了三星K9F2G08（256MB），DDR2 SDRAM使用了三星K4T51163QG（512MB），电源芯片根据TI公司推荐，采用两片稳压器，分别是Chipown公司的AP2420电流模式PWM单片式降压稳压器和LTC的LTC3406b同步降压型稳压器。板载三路电源的原因是AM1808的内核使用的是1.2V供电，而GPIO接口使用的是3.3V供电，DDR2 SDRAM则是1.8V供电。AP2420的供电电流可以达到2A而LTC3406b电流输出大于0.5A。核心板的3路独立DC/DC供电同时从连接器接出可供外部设备使用，但使用者需要

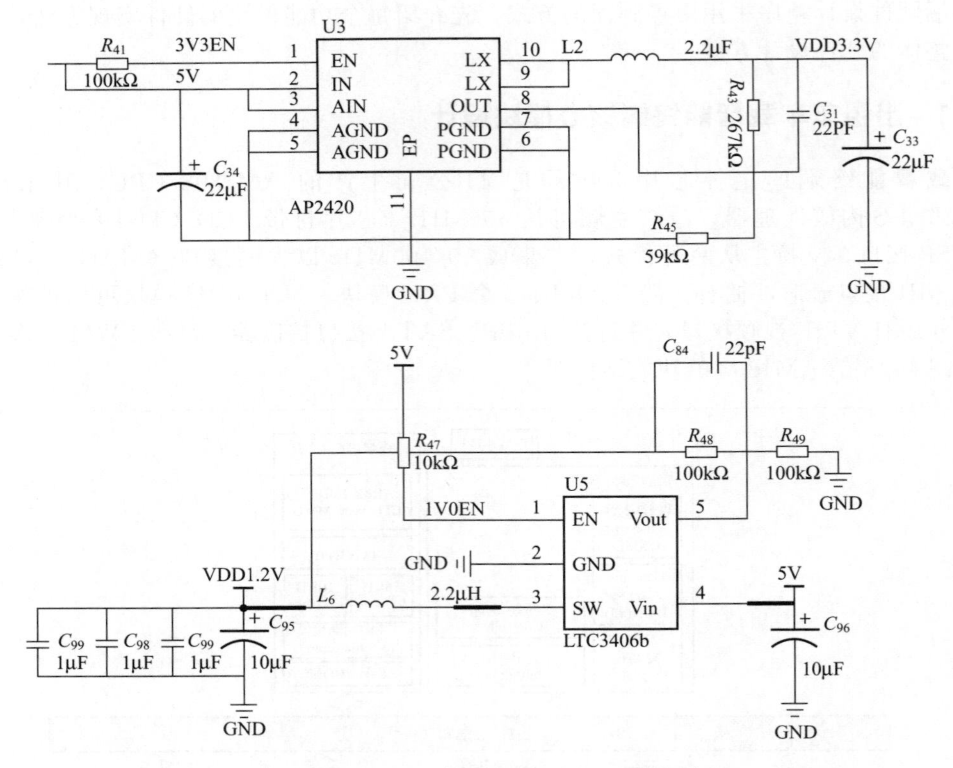

图 11.4　AM1808 核心板原理图（电源部分）

考虑以上电流容量的限制。核心板应用时还有一个电源方面的注意事项，即主控芯片有一个 RTC _ VDD 引脚，该引脚是 AM1808 内部 RTC 部件的供电电源，该电源需要的供电电流极小，通常在断电后需要 RTC 工作保持所需时间，若无此需求，此引脚应该连接芯片内核供电电源 1.2V 供电。

由于 TI AM1808 的引脚数太多，在此无法清晰表达完整原理图，因此只在图 11.4 中提供了电源部分原理供参考。选择核心板连接器时，测试样品及小批量生产采用直插式连接器，在产品成熟后批量生产时采用邮票孔指连接方式，在提高产品的可靠性的同时降低了生产成本。AP2420 是一款电流模式 PWM 单片式降压稳压器，其输入电压范围为 2.5～6V，输出电流可以达到 2A，输出电压可以低至 0.6V。由于扩展板与核心板的电流总和不会超过 2A，故采用 AP2420 为微控制器供电，即可满足要求。图 11.5 给出了核心板输出引脚定义。

11.4.2　出租车车载智能终端主控板的设计

主控板是整个车载智能终端的关键部件，是终端中所有模块的载体。终端所有功能都要通过主控板来实现，下面介绍主控板的部分功能模块的电路设计原理。

（1）供电部分

出租车辆大部分为汽油燃料汽车，供电一般为 12V，极少部分需要使用 24V 供电，所以供电电源需要宽输入范围。同时考虑到设备应用过程中短时间掉电或者车辆严重故障求助时外部供电无法提供的问题，增加了一路内置锂电池供电。终端供电要求主要有 5V 和 3.3V 两路，我们分别选用了一片美国半导体公司生产的 3A 电流输出降压开关型集成稳压电路 LM2576 和一片 AMS1117。LM2576 内含固定频率振荡器（52kHz）和基准稳压器

U9 (AM1808-2)

网络	引脚	信号	信号	引脚	网络
	1	GND	GND	2	
VP CLKIN0	3	VP_CLKIN0	VP_CLKIN1	4	VP CLKIN1
VP DIN0	5	VP_DIN0	VP_DIN1	6	VP DIN1
VP DIN2	7	VP_DIN2	VP_DIN3	8	VP DIN3
VP DIN4	9	VP_DIN4	VP_DIN5	10	VP DIN5
VP DIN6	11	VP_DIN6	VP_DIN7	12	VP DIN7
VP DIN8	13	VP_DIN8	VP_DIN9	14	VP DIN9
VP DIN10	15	VP_DIN10	VP_DIN11	16	VP DIN11
VP DIN12	17	VP_DIN12	VP_DIN13	18	VP DIN13
VP DIN14	19	VP_DIN14	VP_DIN15	20	VP DIN15
	21	P0_R30_30	P0_R30_31	22	
SDI CD	23	P0_R30_28	P0_R30_29	24	
SDI WP	25	P0_R30_27	USB1_DM	26	USB1 DM
	27	P0_R30_26	USB1_DP	28	USB1 DP
	29	USB0_ID	USB0 DRVBUS	30	
	31	USB0 VBUS	USB0 DM	32	USB0 DM
DM9000 INT0	33	CLKOUT	USB0_DP	34	USB0 DP
RESET	35	RESET	RESET_OUT	36	RESET OUT
TDI	37	TEI	TDO	38	TDO
TMS	39	TMS	TCK	40	PCK
RTCK	41	RTCK	TRST	42	TRST
ADS7843 IRO	43	SPI1 ENA	SPI1_SIMO	44	ADS7843 MOSI
ADS7843 CLK	45	SPI1_CLK	SPI1_SIM1	46	ADS7843 MISO
ADS7843 CS	47	SPI1_SCS0	SPI1_SCS1	48	
SPII SCS2	49	SPI1_SCS2	SPI1_SCS3	50	SPII SCS3
SPII SCS4	51	SPI1_SCS4	SPI1_SCS5	52	SPII SCS5
12C0 SDA	53	SPI1_SCS6	SPI1_SCS7	54	12C0 SCL
SP10 SCS4	55	SPI0_SCS4	SPI0_SCS5	56	SP10 SCS5
MCP2515 CS	57	SPI0_SCS2	SPI0_SCS3	58	MCP2515 IRO
SPI0 SCS0	59	SPI0_SCS0	SPI0_SCS1	60	SP10 SCS1
	61	SPI0_ENA	SPI0_SIMO	62	MCP2515 MOSI
MCP2515 CLK	63	SPI0_CLK	SPI0_SOMI	64	MCP2515 MOSO
RTC VDD	65	RTC_VDD	EMA_WAIT1	66	EMA WAIT1
EMA CS4	67	EMA_CS4	EMA_WAIT0	68	EMA WAIT0
EMA CS2	69	EMA_CS2	EMA_CS3	70	EMA CS2
EMA CS0	71	EMA_CS0	EMA_CS1	72	EMA CS1
EMA A22	73	EMA_A22	EMA_A23	74	EMA A23
EMA A20	75	EMA_A20	EMA_A21	76	EMA A21
EMA A18	77	EMA_A18	EMA_A19	78	EMA A19
EMA A16	79	EMA_A16	EMA_A17	80	EMA A17
LED 2	81	EMA_A14	EMA_A15	82	LED 1
LED 4	83	EMA_A12	EMA_A13	84	LED 3
KEY 2	85	EMA_A10	EMA_A11	86	KEY 1
KEY 4	87	EMA_A8	EMA_A9	88	KEY 3
EMA A6	89	EMA_A6	EMA_A7	90	EMA A7
EMA A4	91	EMA_A4	EMA_A5	92	EMA A5
EMA A2	93	EMA_A2	EMA_A3	94	EMA A3
EMA A0	95	EMA_A0	EMA_A1	96	EMA A1
EMA BA0	97	EMA_BA0	EMA BA1	98	EMA BA1
	99	GND	GND	100	

U8 (AM1808-1)

网络	引脚	信号	信号	引脚	网络
VDD5	1	5V	5V	2	VDD5
	3	5V	5V	4	
	5	GND	GND	6	
VDD3.3 OUT	7	VDD3.3	VDD3.3	8	VDD3.3 OUT
VDD1.8 OUT	9	VDD1.8	VDD1.8	10	VDD1.8 OUT
VDD1.2	11	VDD1.2	VDD1.2	12	VDD1.2
GND	13	GND	GND	14	GND
VP DOUT0	15	VP_DOUT0	VP_DOUT1	16	VP DOUT1
VP DOUT2	17	VP_DOUT2	VP_DOUT3	18	VP DOUT3
VP DOUT4	19	VP_DOUT4	VP_DOUT5	20	VP DOUT5
VP DOUT6	21	VP_DOUT6	VP_DOUT7	22	VP DOUT7
VP DOUT8	23	VP_DOUT8	VP_DOUT9	24	VP DOUT9
VP DOUT10	25	VP_DOUT10	VP_DOUT11	26	VP DOUT11
VP DOUT12	27	VP_DOUT12	VP_DOUT13	28	VP DOUT13
VP DOUT14	29	VP_DOUT14	VP_DOUT15	30	VP DOUT15
SATA CLKN	31	SATA_CLKN	SATA_CLKP	32	SATA CLKP
SATA TXN	33	SATA_TXN	SATA_TXP	34	SATA TXP
SATA RXN	35	SATA_RXN	SATA_RXP	36	SATA RXP
SDI DATA2	37	VP_CLKO2	VP_CLKO3	38	VP CLKOUT3
LCD BL	39	P0_R30_22	P0_R30_23	40	SDI CMD
SDI CLK	41	P0_R30_24	P0_R30_25	42	SDI DATA0
VSYNC	43	MMCSD_D4	MMCSD_D5	44	HSYNC
LCD DISP	45	MMCSD_D6	MMCSD_D7	46	VCLK
AXR0	47	AXR0	AXR1	48	AXR1
AXR2	49	AXR2	AXR3	50	AXR3
AXR4	51	AXR4	AXR5	52	AXR5
AXR6	53	AXR6	AXR7	54	AXR7
AXR8	55	AXR8	AXR9	56	AXR9
AXR10	57	AXR10	AXR11	58	AXR11
AXR12	59	AXR12	AXR13	60	AXR13
AXR14	61	AXR14	AXR15	62	AXR15
RSVD	63	RSVD	AMUTE	64	AMUTE
SDI DATA3	65	VP_CLKIN2	VP_CLKIN3	66	SDI DATA1
AFSX	67	AFSX	AFSR	68	AFSR
AHCLKX	69	AHCLKX	AHCLKR	70	AHCLKR
ACLKX	71	ACLKX	ACLKR	72	ACLKR
	73	EMA_CLK	LCD_AC_CS	74	LCD DE
	75	EMA_DQM0	EMA_SDCK	76	TOUCH INT
EMA WE	77	EMA_WE	EMA_DQM1	78	
EMA A RW	79	EMA_A_RW	EMA_OE	80	EMA OE
	81	EMA_CAS	EMA_RAS	82	
EMA D0	83	EMA_D0	EMA_D1	84	EMA D1
EMA D2	85	EMA_D2	EMA_D3	86	EMA D3
EMA D4	87	EMA_D4	EMA_D5	88	EMA D5
EMA D6	89	EMA_D6	EMA_D7	90	EMA D7
EMA D8	91	EMA_D8	EMA_D9	92	EMA D9
EMA D10	93	EMA_D10	EMA_D11	94	EMA D11
EMA D12	95	EMA_D12	EMA_D13	96	EMA D13
EMA D14	97	EMA_D14	EMA_D15	98	EMA D15
	99	GND	GND	100	

图 11.5　核心板输出引脚定义

(1.23V)，并具有完善的电流限制及热关断保护电路，同时 LM2576-ADJ 构成一个高效稳压电路所需的外围器件很少。具体电路见图 11.6。

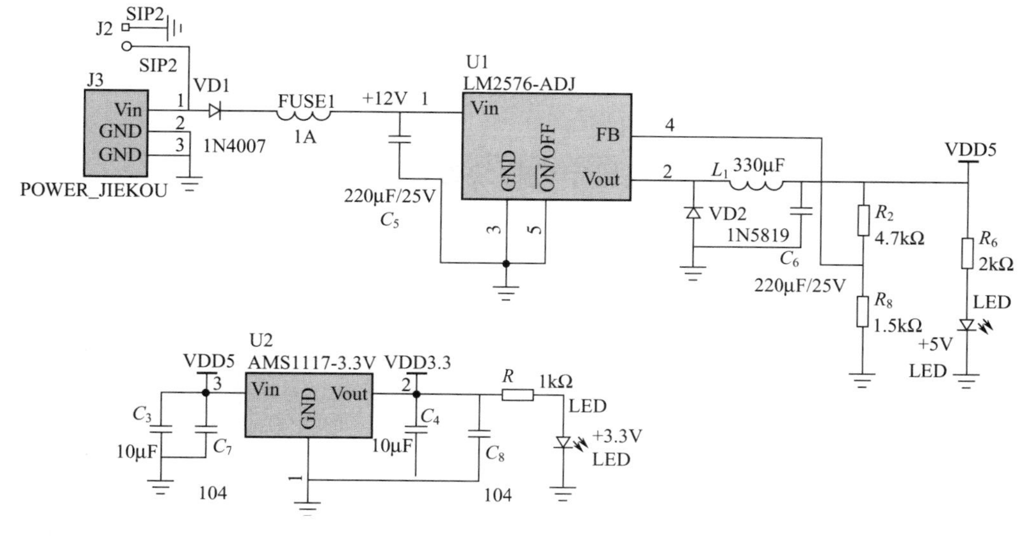

图 11.6　供电部分原理图

(2) JTAG 及 SD 卡

JTAG 是一种国际标准测试协议(IEEE 1149.1 兼容),主要用于芯片内部测试。现今很多器件都支持 JTAG 协议,如 DSP、FPGA、ARM、部分单片机器件等。AM1808 提供一路 JTAG 接口,相关 JTAG 引脚的定义为:TCK 为测试时钟输入;TDI 为测试数据输入;TDO 为测试数据输出;TMS 为测试模式选择,用来设置 JTAG 接口处于某种特定的测试模式;TRST 为测试复位,输入引脚,低电平有效。GND 为电平基准。图 11.7 给出了 JTAG 接口和 SD 卡扩展存储接口以及复位电路。

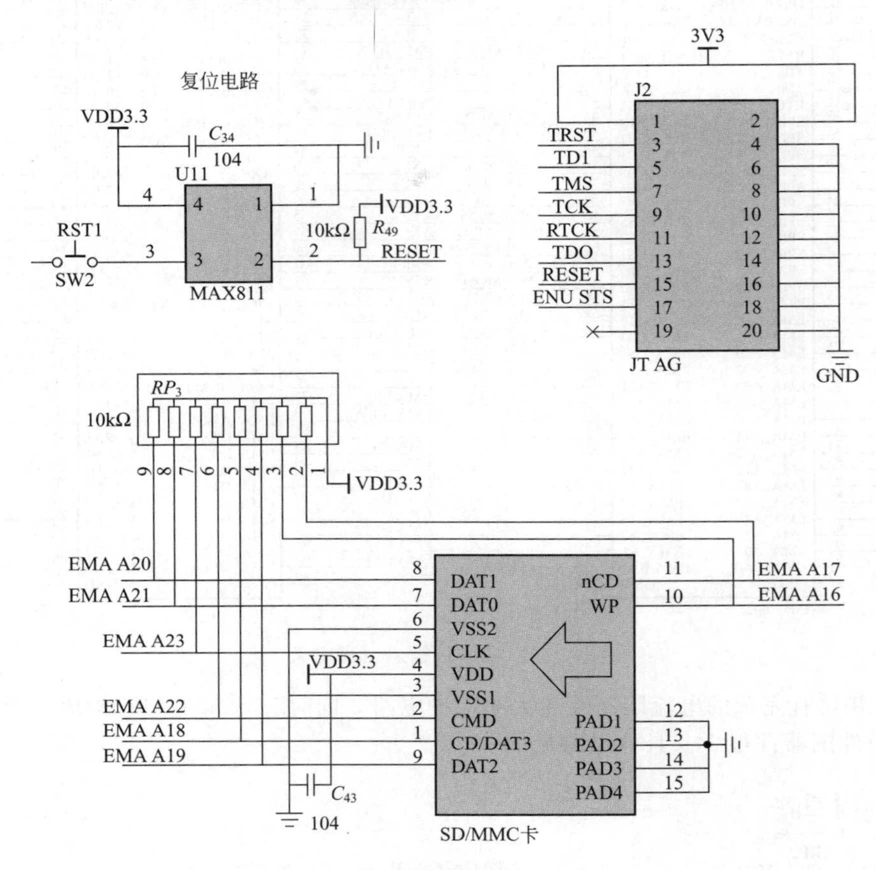

图 11.7 主控板原理图(部分)

11.4.3 出租车车载智能终端卫星定位模块设计

GPS 是全球定位系统的英文 Global Positioning System 的简称,是由美国建立的一种具有全方位、全天候、全时段、高精度特点的卫星定位系统,能为全球用户提供低成本、高精度的三维位置、速度和精确定时等导航信息。GPS 的应用提高了全球的信息化水平,推动了数字经济的发展。从 2012 年底开始,我国北斗系统开始商业化运作,北斗导航卫星系统是中国自主建设、独立运行的全球导航卫星系统,系统建设目标是建成独立自主、开放兼容、技术先进、稳定可靠的覆盖全球的北斗导航卫星系统,促进卫星导航产业链形成,建立完善的国家卫星导航应用产业支撑、推广和保障体系,推动卫星导航在国民经济社会各行业的广泛应用。由于各方面的原因,北斗模块现在的用户终端价格比 GPS 低端的价格要贵,但随着市场的发展,北斗模块的价格会呈不断下降的趋势。为了更好地推广北斗系统,我们

需要借助GPS的实力，既然无法在短期内一举打破GPS的垄断，“北斗”采取的策略就不是“抢占”，而是“兼容”。我国目前推出好多“双模”形式的模块，相当于手机市场上的“双卡双待”。对用户来说，他们无须切换硬件资源，只不过接收了更多导航卫星的信号，增强了精度。我们选用了一款模块，可以同时接收北斗和GPS信号。该双模模块为BD-1722，硬件完全兼容UBlox LEA-4/5/6与ET-662等系列模块，具体的电路连接见图11.8。

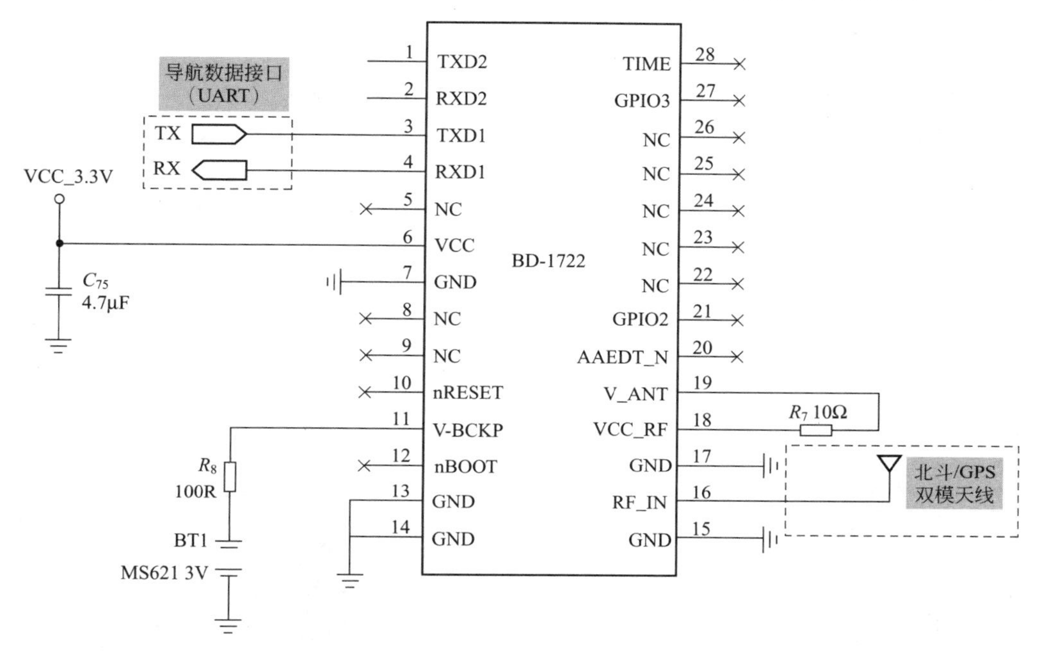

图 11.8　MCU与BD-1722电路连接图

11.4.4　出租车车载智能终端移动网络模块设计

本设计中的移动网络通信部分考虑GPRS/CDMA和3G方式，GPRS网络通信是在现有的数字蜂窝移动通信系统GSM中增加功能模块SGSN和GGSN。SGSN是服务支持节点，提供了分组路由功能，GPRS终端节点通过SGSN实现接入。GPRS模块发送移动信号到基站收发台BTS，基站控制器BSC为BTS与移动交换中心和MSC之间的信息交换提供接口，并实现通话等功能。分组控制单元PCU用来处理数据业务，GGSN接收SGSN的分组数据并进行处理，然后发送到互联网中实现无线上网功能。

GPRS/CDMA部分，考虑到硬件兼容，使用了华为的MG323/MC323 GSM模块。MG323模块是华为生产的一款包含4个频段的GPRS模块，接口与CDMA模块MC323完全兼容。以下是MG323的基本特性。

① 工作频段支持4频：GSM850/900/1800/1900MHz。

② 最大发射功率：EGSM900/GSM850 Class4（2W）GSM1800/GSM1900 Class1（1W）。

③ 接收灵敏度：<－107dBm。

④ 工作温度：－30～＋75℃。

⑤ 电源电压：3.3～4.8V（推荐值3.8V）。

⑥ 平均待机电流：<3.0mA；关机漏电流：47μA。

⑦ 协议：支持GSM/GPRS Phase2/2＋。

⑧ AT 命令：GSM 标准 AT 命令、V.25 AT 命令以及华为扩展的 AT 命令。

⑨ 采用 50PIN B2B 连接器。

⑩ 接口形式为 UART 接口（最大串口速率可达 115200bit/s）。

⑪ 配接标准 SIM 卡接口（1.8V 或 3V）。

⑫ 配接 50Ω GSC 射频天线连接器。

⑬ 语音业务支持 FR、EFR、HR 和 AMR 的语音编码。

⑭ 支持免提通话，提供回声抑制功能。

⑮ 短信业务支持 MO 和 MT，短信模式支持 TEXT 和 PDU。

⑯ GPRS 数据业务 GPRS CLASS 10，编码方式 CS1、CS2、CS3、CS4，最高速率可达 85.6Kbit/s，内嵌 TCP/IP 协议。

⑰ 支持传真、来电显示、呼叫转移、呼叫保持、呼叫等待、三方通话等。

MC323 硬件接口同 MG323 完全兼容，在此不再赘述。图 11.9 是主控芯片 MCU 与 MG323 的连接图。

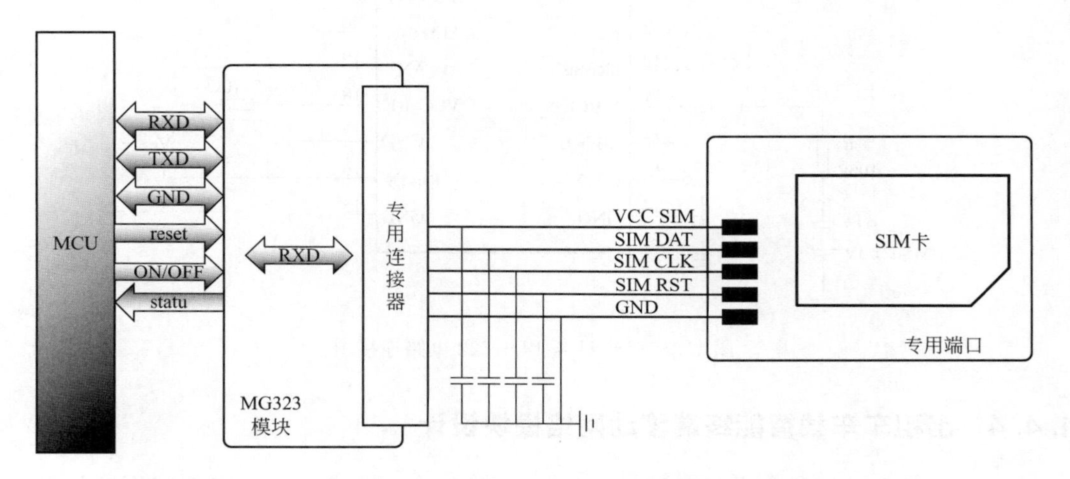

图 11.9　MCU 与 MG323 连接图

通信方案中的 3G 选项选择的通信模块是“LC6311＋”，“LC6311＋”是联芯科技公司的产品，属于 HSDPA/EDGE 双模模块，连接形式为 60 脚 0.5mm 间距的板对板连接器。该双模无线模块产品已通过工信部入网测试，获得入网许可证。“LC6311＋”模块具有低功耗、高性能、低成本等特点，属于较成熟的量产模块，已在电子书、无线网关、移动终端等多个无线应用领域中大量应用。“LC6311＋”是支持 TD-SCDMA 和 GSM（GPRS）的双模无线通信模块，可在 GSM 系统与 TD-SCDMA 自动跨网无缝切换，在 TD-SCDMA 模式下，上下行数据传输速率可以不对称。“LC6311＋”配备 UART 和 USB 两种通信接口，使用灵活方便，能满足不同场合的设计需求，其体积较小，加上采用超薄设计，可以更好地应用于手机和各种移动设备中。“LC6311＋”内部集成 H.324 协议栈，可以流畅地进行视频通话，内部集成 TCP/IP 协议，与互联网连接畅通无阻。“LC6311＋”同时可以支持 UART 和 USB 两种通信接口，但我们使用 3G 的场合，主要是为了视频文件的传递。为了保证传输速率，本设计中采用的是 USB 串行通信方式。“LC6311＋”和 MCU 之间的连接和图 11.9 基本类似，只是把 UART 修改为 USB 接口即可。图 11.10 是“LC6311＋”的系统框图。

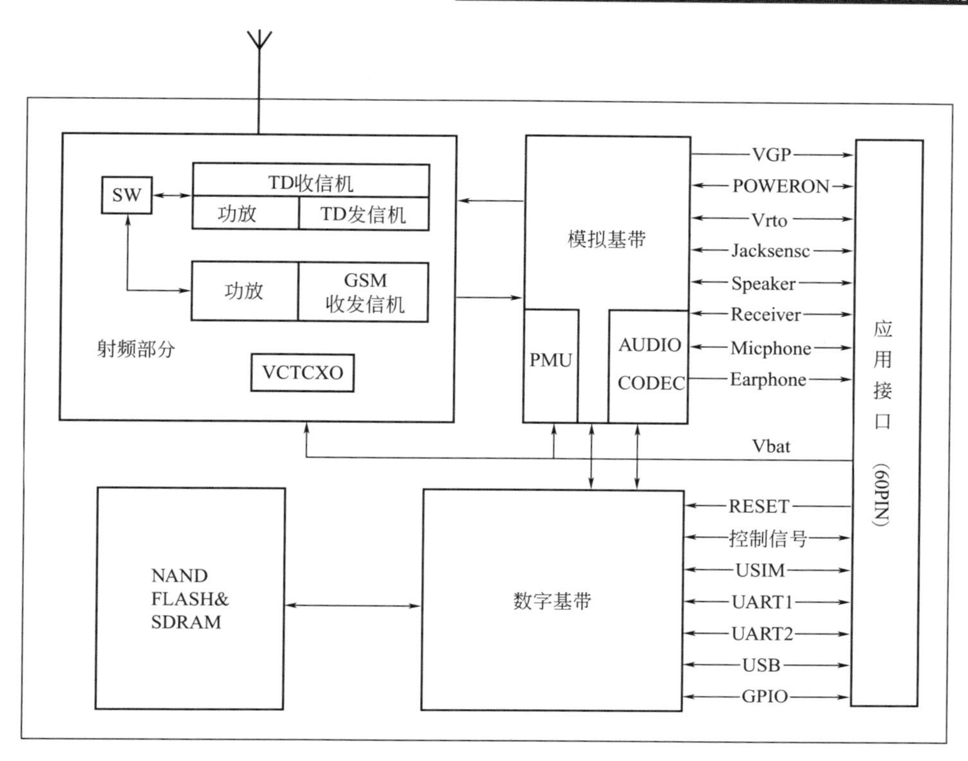

图 11.10 “LC6311＋”的系统框图

11.4.5 出租车车载智能终端计量功能模块设计

计量功能上，参照 JJG 517—2016《出租汽车计价器》功能要求，计量模块能够测量出租持续时间，根据里程传感器传送的信号测量里程，并以测得的计时时间及里程为依据，计算并显示乘客出租车应付的费用。计时时间的计量由系统计时器就可以轻松实现。简单的车辆里程脉冲传感器使用机械式传感器，利用电磁感应元件例如霍尔器件、干簧管等实现机械转动的机电转换，此类传感器信号的处理也比较简单，仅需要完成信号的放大、隔离、滤波、电平转换后直接接入主控芯片的 GPIO 即可。但随着车辆制造水平的提升，越来越多的车型的车载里程测量已经开始通过测量车辆的 ABS 传感器来实现，已经不具备安装机械传感器的条件，这时候的里程计量部分就会变得复杂一些。ABS（antilock braking system）为防抱死刹车系统。ABS 系统中大多由电感传感器来监控车速，ABS 传感器通过随车轮同步转动的齿圈相互作用，输出一组准正弦交流电信号，其频率和振幅可以定量表达轮胎的轮速，该输出信号传往 ABS 电控单元（ECU），电控单元实现对轮速的实时监控并加以控制。从 ECU 可以读出车辆速度，但由于其时延的存在以及 ECU 本身的计算误差，使得此信号达不到计量的精度需求，常用的方法是直接检测 ABS 传感器交流电信号，同时由于传感器信号频率非常高，在接入主控芯片之前需要进行分频处理。此外，为了防止作弊，脉冲传感器信号常常被转换为编码信号，此时在信号末端通常会增加单片机实现解码。

目前我国出租收费往往在不同时间段使用不同的运价标准（昼夜运价），计量功能模块需要具备实时时钟。主控芯片的 RTC 具备实时时钟功能，但在断电情况下其需要电池供电，其功耗往往不易控制。目前市场上专用的实时时钟芯片较多，我们选用了飞利浦公司的专用多功能实时时钟芯片 PCF8583。PCF8583 具有可自动增量的地址寄存器、内置 32.768kHz 的振荡器、分频器（用于给实时时钟 RTC 提供源时钟）、可编程时钟输出、定时器、报警器、掉电检测器和 400kHz 的 I^2C 总线接口。其供电电压范围宽，为 1.0～5.5V，复位电压标准值为 0.9V；同时功耗超低，在 3V 供电的条件下典型电流值为 0.25μA；还具备可编程时钟输出频率、四种报警功能、定时器功能；可以通过两线制的 I^2C 接口直接设置及读出编码格式为 BCD 的秒、分钟、小时、日、月、年、分钟报警、小时报警、日报警值。当一个 RTC 寄存器被读时，所有计数器的内容被锁存，因此，在传送条件下，可以禁止对时钟日历芯片的错读。

为了保证计量参数的可靠性，我们为计量功能专门设计了一个铁电存储器 FM24C04 来保存运价参数。铁电存储器仅用一般的工作电压就可以改变存储单元“1”或“0”的状态；不需要电荷泵产生高电压实现数据擦除，因而没有擦写延迟的现象。这种特性使铁电存储器在掉电后仍能够继续保存数据，写入速度快且具有无限次写入寿命，不容易写坏。所以，与闪存和 EEPROM 等较早期的非易失性内存技术比较，铁电存储器具有更高的写入速度和更长的读写寿命。

计量功能部分需要考虑合乘出租功能的设计，目前社会对合租合乘绿色出行的呼声很高，合乘出租既节约能源，又能提高运力，是缓解打车难的好办法。但是，实践中，合乘出租面临很多难题，同时多项计价、多次打票就是其中的技术障碍。终端的大屏幕 LCD 显示解决了多个运价同时显示的问题，多次打印客票则由软件设计实现。

客票打印是计量模块中强制要求的功能。由于汽车行驶记录模块也需要使用打印功能，这部分电路实际是直接归属于主控模块的内容，我们仅把它放在计量模块中加以说明。计量标准要求客票打印内容至少包括：单位、电话、车牌号、车辆营运证号、从业资格证号、日期、开始营运时间、结束营运时间、单价、计程里程、计时时间、营运金额。可根据业务需要扩展附加费金额、约车服务费、通行费等项目。目前常见打印模式有针式和热敏两种，由于热敏打印耗材成本较高，同时热敏纸对使用保存的环境温度也有限制，我们最后选定了爱普生公司的 M-150Ⅱ针式微型打印头。M-150Ⅱ是世界上体型最小的打印机，总质量不足 80g，工作性能优越，适应环境能力强，适用于小型设备。M-150Ⅱ针式微型打印头驱动需要一路电机驱动和四路打印针驱动，同时需要检测复位和步进脉冲信号，具体驱动原理如图 11.11 所示。

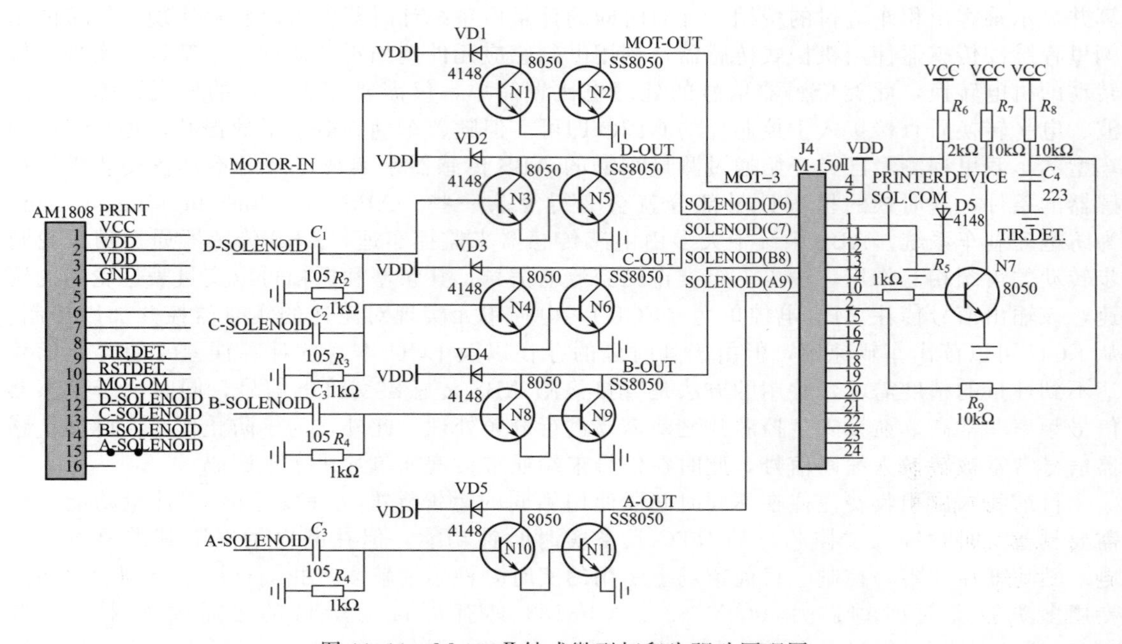

图 11.11　M-150Ⅱ针式微型打印头驱动原理图

11.4.6 出租车车载智能终端汽车行驶记录模块设计

行驶记录模块设计遵循 GB/T 19056—2012《汽车行驶记录仪》国家标准，其硬件需求方面同计量模块和定位模块重合地方较多，要求具备对车辆行驶速度、时间、里程、位置以及有关车辆行驶的状态信息进行记录、存储的功能。硬件主要包括：电源、控制、存储、通信、定位、显示、打印或输出、时钟模块；驾驶人身份识别模块；速度传感器；还有附加的导线、熔断器、定位天线等其他部件。以上在其他模块中介绍过，不再赘述。需要强调的是行驶记录中关于车辆状态的要求，包含制动、转向、刹车、灯光等开关量的采集。同车速脉冲信号一样，要求所有开关量的输入需要经过采样、电气隔离、信号滤波等，同时针对较多的开关量输入输出现状，我们使用了两片三态总线驱动芯片 74IS573 分别实现输入和输出控制。

11.4.7 出租车车载智能终端 OBDⅡ模块设计

车载自诊断系统 OBD（on board diagnostics）是一个复杂的车载自我诊断系统，它提供了丰富的诊断状态和车辆信息，这些能够对法规制定者、整车和零部件系统制造者以及科研工作者提供宝贵的借鉴，还可以为车主和维修者提供便捷的维修信息，在技术上为用车的监管提供了可能。通过采集车辆 OBD 的信息，让系统能实时获取目标车辆的状态，结合 GPS 定位装置，可以在车辆出现故障的时候，及时甚至是提前实现故障诊断，对车辆进行远程管理。目前世界上使用的诊断系统为 OBDⅡ。OBDⅡ采用统一的标准形状和尺寸的 16 针诊断接口，每针的信号分配相同，并位于相同的位置，安装在仪表盘之下，在仪表盘的左边与汽车中心线右 300mm 之间的某处。图 11.12 给出了此接口的具体定义，其中未连接的接口预留给制造厂商使用。

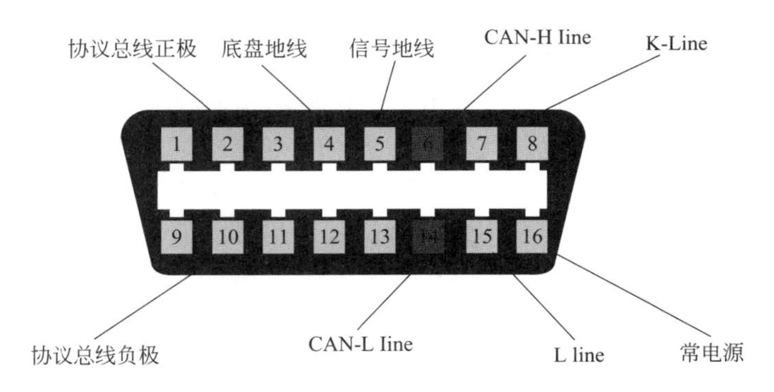

图 11.12　OBDⅡ诊断接口定义

OBDⅡ和核心模块的连接使用专用连接芯片 TL718。TL718 是一款专用的 OBDⅡ网关芯片。作为一款专用的芯片，TL718 支持目前所有常见的 OBDⅡ诊断协议，其中包括：CAN（15015765）、1509141、KWP2000（15014230）、SAEJ1850（PWM&VPW）。TL718 设计简单，只需要添加一些外围辅助电路便可以工作。能够自动寻找匹配诊断协议，并且能够通过串口 AT 命令进行参数配置。TL718 的结构框图见图 11.13。

TL718 外围电路很简单，使用 RS-232 接口和主控模块连接。可以这样认为，增加了 TL718 的 OBDⅡ是符合 RS-232 接口协议的。

11.4.8 出租车车载智能终端射频卡支付模块设计

射频卡支付部分，选用了飞利浦公司生产的高集成 ISO 14443A 读卡芯片 MFRC500。

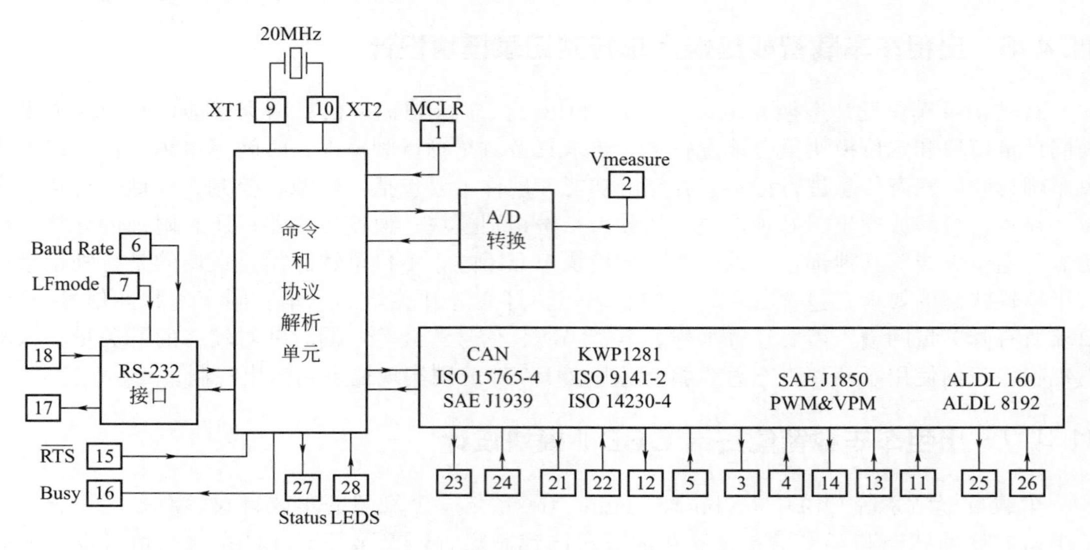

图 11.13 TL718 的结构框图

MFRC500 芯片属于 13.56MHz 非接触式通信中高集成读卡 IC 系列芯片，利用先进的调制和解调概念，完全集成了在 13.56MHz 下所有类型的被动非接触式通信方式和协议，支持 ISO 14443A 所有的层。即使在应用中涉及应用 ISO 14443B 协议的智能卡，也可以换用该系列芯片中引脚完全兼容的 MFRC531 作为替代而无须改动硬件电路。

MFRC500 芯片高度集成模拟电路用于卡应答的解调和解码，从缓冲输出驱动器连接到天线，使用外部器件少，属于近距离操作器件，操作距离＜100mm，并行微处理器接口带有内部地址锁存和中断，中断处理灵活，可自动检测微处理器的并行接口类型，64 字节发送和接收 FIFO 缓冲区，带低功耗的硬件复位；芯片具有唯一的序列号，启动配置可编程，数字、模拟和发送器部分使用各自独立的电源，内部振荡器缓冲连接 13.56MHz 石英晶体，实现了低相位抖动和时钟频率滤波。

MFRC500 芯片使用 8 位并行接口和主控芯片连接，由于并行连接需要较多的 I/O 口线，同时在城市通卡消费中，除射频卡读写外，还需增加 1 路以上的 PSAM 读写，导致模块和核心板之间的连接线太多。在模块化设计时为了方便连接，增加了一片 51 单片机。单片机通过 UART 和核心模块连接。主控模块和打卡模块之间只需要电源、接地、RXD、TXD 四根线连接即可。

PSAM（purchase secure access module）：销售点终端安全存取模块，外形等同于手机 SIM 卡，符合带触点的集成电路卡标准 ISO/IEC 7816-1/2/3/4，硬件上除供电引脚外，还有 CLK、I/O、复位 3 个引脚，在 CLK 输入 3.57954MHz 振荡频率的情况下，I/O 引脚通信比比特率为低速卡 9600bit/s，高速卡 38400bit/s。在图 11.14 中，74HC00 和 3.579545MHz 晶振为 PASAM 卡操作提供所需要的时钟。

银联“闪付”（quick pass）是银联的非接触式支付产品，具备小额快速支付的特征。用户选购商品或服务，确认相应金额，用具备“闪付”功能的金融 IC 卡或银联移动支付产品，在支持银联“闪付”的非接触式支付终端上，轻松一挥便可快速完成支付。一般来说，若单笔金额不超过 1000 元，无须输入密码和签名。银联“闪付”卡同样属于 13.56MHz 非接触式智能卡，同样使用 MFRC500 读写。二者在硬件设计上没有区别，只是城市通卡采用的是对称加密算法，需要 PSAM 卡参与支付；而银联“闪付”卡采用的是非对称加密算法，在支付时不需要 PSAM 卡认证。

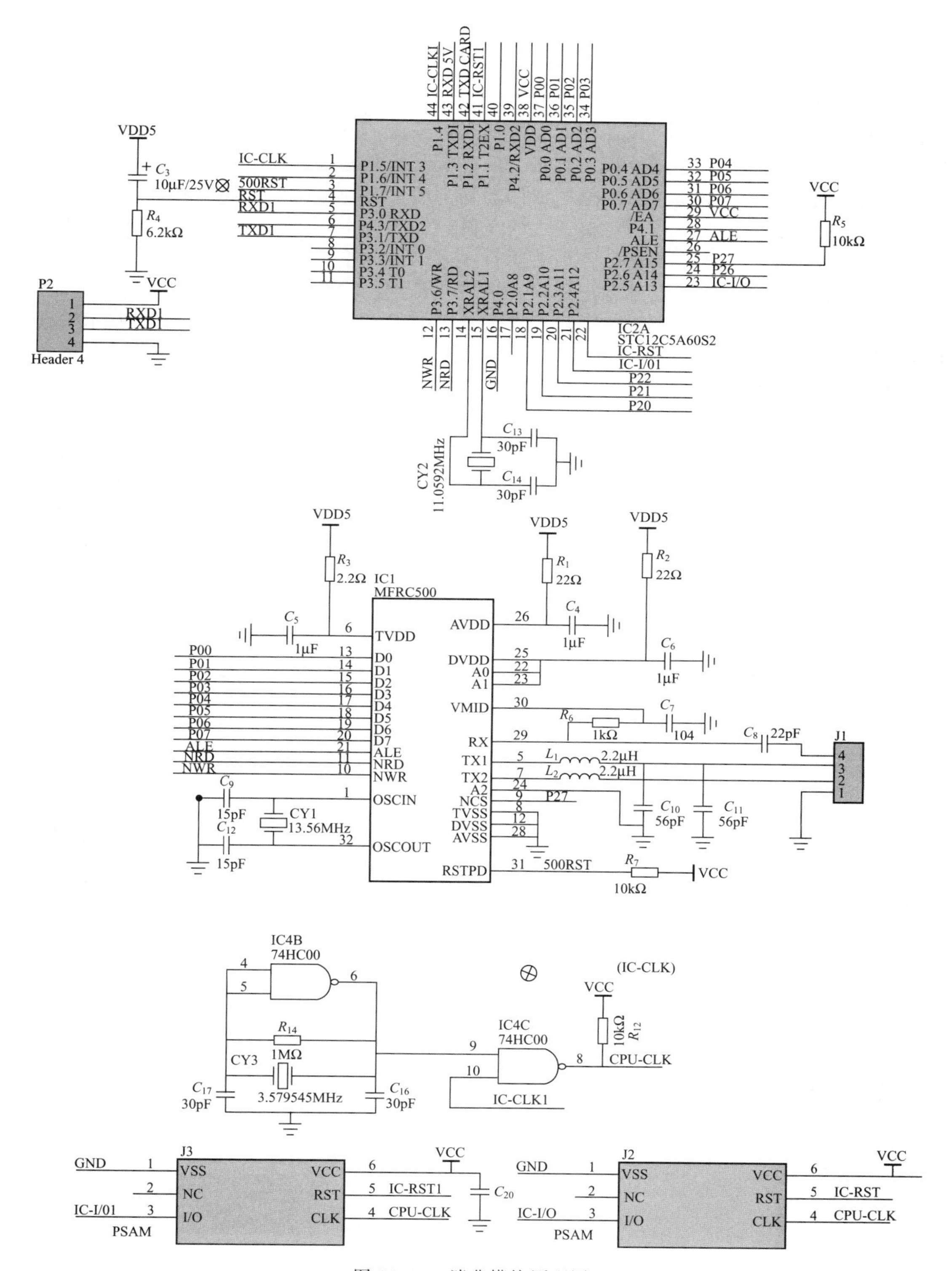

图 11.14　消费模块原理图

11.4.9 出租车车载智能终端驾驶员管理模块设计

通常出租车驾驶员采用IC卡管理。IC卡管理系统由于缺乏监督机制在实际应用中的效果并不明显。本设备电子支付模块硬件支持基于射频IC卡的驾驶员管理方式，为了提高设备的管理能力，我们引入了指纹识别机制，从根本上杜绝了非法驾驶员参与营运的可能性。

指纹识别技术能够分析指纹的全局特征和局部特征。通过指纹的特征点如脊、谷终点、分叉点或分歧点抽取的特征值便可确认人的身份。每个指纹都有几个独一无二可测量的特征点，每个特征点都有大约七个特征，如果比对一个人的十个手指，可以产生最少4900个独立可测量的特征值，这已经足够精确地来实现指纹识别。指纹识别的流程大致为获取图像、抽取特征和比对。获取图像目前常采用的方式有光学技术和电容技术两种。光学技术由发光源从棱镜反射到按在指纹采集头上的手指，光线照亮指纹从而实现指纹图像采集。电容技术是一种基于半导体测量的技术，按压到指纹采集头上的手指的脊和谷在手指表皮和芯片之间产生不同的电容，专用芯片测量空间中的不同的电容场得到完整的指纹。由于电容技术中使用的芯片传感器成本较高，价格比较昂贵，故市场使用的电容式指纹模块通常采用线性方式，类似于扫描仪，用户的手指必须在传感器上匀速划过实现采样。这种采集方式，要求用户必须精确操作以确保能正确的读取。而这样必然使读取头变得不易使用，也降低了设备的可靠性。电容采集头的另一个缺点是易受干扰，干扰源包括工频电磁场、采集器内部的电干扰、静电放电、手指汗液中的盐分或脏物以及手指磨损，这些干扰源都会使采集头很难正确读取指纹。不难看出，光学型指纹采集头，能提供更加可靠的解决方案。随着光学取像技术的不断发展，光学指纹采集器无论是性能还是价格都会优于电容方案。

在此，我们选用了成都乙木科技有限公司生产的Z5型指纹采集模块，Z5指纹头采用分体设计，指纹采集的光学部分与DSP控制电路采用软排线连接。图11.15是Z5型指纹采集模块的连接图。

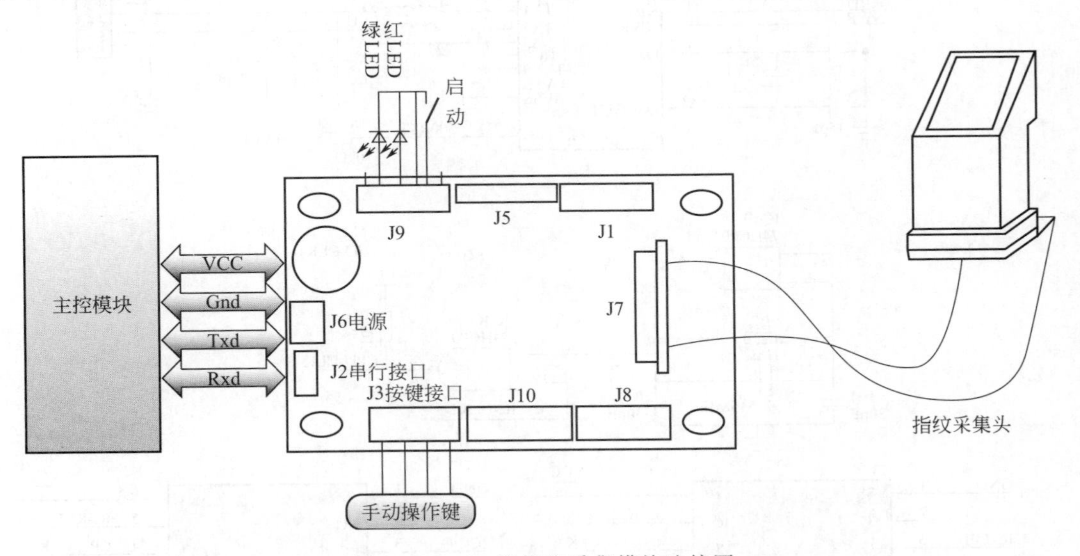

图11.15 Z5型指纹采集模块连接图

11.4.10 出租车车载智能终端整体设计

通过前文的介绍我们基本上了解了智能终端的设计思路，此外，终端电路还包括一路对

外的USB接口和一路RS-232接口、一路蓝牙接口，把上述功能集合到一起就完成了智能终端的整体设计，具体连接框图见图11.16。

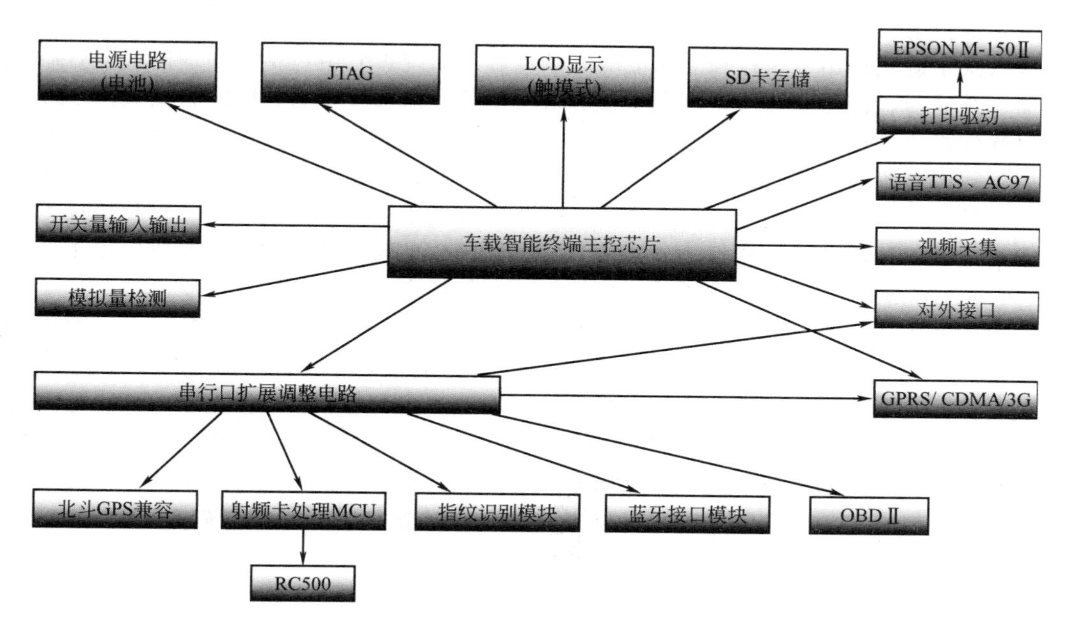

图11.16 智能终端连接图

11.5 出租车车载智能终端的软件设计

本设计以Linux操作系统与Qt图形化框架为技术基础，编制了相关应用软件。这两项资源有其自身的技术特点和优势，再加上它们都是免费的，因而吸引了越来越多的应用开发者，这也促进了其本身技术的进步。

本节首先介绍Linux操作系统与Qt图形化框架结合的嵌入式技术。接着介绍了Linux嵌入式开发环境和Qt GUI开发环境的搭建，其中包括交叉编译工具的建立和Bootstrap、U-Boot、Linux内核、根文件系统以及Qt等源码编译与移植，这些工作为以后的嵌入式开发打下了基础。

最后在嵌入式Linux系统下编写了基于AM1808 Linux Qt的车载智能终端整套嵌入式程序，在Qt图形化框架下编写了智能车载终端界面程序，此程序能显示平台的各种通知、文本等信息，还可显示终端本身的各种状态指示，可以通知用户终端的最新动态数据。在嵌入式Linux系统下编写了基于AM1808 Linux Qt下的无线网络通信程序。

11.5.1 嵌入式软件开发简介

传统意义上的软件开发是指以计算机为应用平台的系统软件或应用软件的开发，而嵌入式应用软件开发是在特定应用领域内，基于某一特定的硬件平台设计的计算机软件。嵌入式软件专业性较强，不容易像操作系统和支撑软件那样受制于国外垄断。因此，嵌入式软件开发是我国软件开发行业的优势领域。

嵌入式软件应用广泛，应用领域涉及国防、工控、家用、商用、办公、医疗等生活的各个方面，如我们常见的智能电视、空调、手机、掌上电脑、数码相机、机顶盒、MP3、车载移动多媒体应用、车载GPS导航系统等都是用嵌入式软件技术对传统产品进行智能化升级改造的结果。嵌入式软件应用是实现传统制造业转型与提升的关键技术之一，我国制造业的竞争能力依托嵌入式软件技术与产业的技术进步，嵌入式软件的快速发展应用给国防、工业控制、消费电子、通信产业、汽车行业等带来了发展机遇。

嵌入式系统是指用于执行独立功能的专用计算机系统。它由包括微处理器、定时器、微控制器、存储器、传感器等一系列微电子芯片与器件、嵌入在存储器中的微型操作系统、控制应用软件组成。作为装置或设备的一部分，嵌入式系统是软件和硬件的综合体，还可以涵盖机械等附属装置。软硬件共同实现诸如实时控制、监视、管理、移动计算、数据处理等各种自动化处理任务。嵌入式系统以应用为中心，以微电子技术、控制技术、计算机技术和通信技术为基础，强调硬件、软件的协同性与整合性，软件与硬件可剪裁，主要应用于系统对功能、可靠性、成本、体积、功耗等严格要求的专用场合。

简单的嵌入式系统有的只有执行单一功能的控制能力，比如早期的单片机，在片内集成有 ROM、RAM 和输入输出接口，在自身 ROM 中仅能实现单一功能控制程序，不需要操作系统支持。复杂的嵌入式系统，例如个人数字助理（PDA)、手持电脑（HPC）等则拥有与个人计算机几乎一样的功能，可以使用小型 Windows 操作系统。与 PC 的区别仅仅是将微型操作系统与应用软件嵌入在 ROM、RAM、FLASH 存储器中，而不是存储于磁盘等载体中。而更加复杂的集散式、嵌入式系统则又是由若干个小型嵌入式系统组合而成的。

嵌入式软件的形成与发展可以从计算机发展的三个阶段来说。第一阶段始于二十世纪五十年代的由 IBM、Burroughs、Honeywell 等公司率先研制的大型机；第二阶段始于二十世纪七十年代的个人计算机；第三阶段是目前被称为“无处不在的计算机”阶段。随着 PC 时代的发展，后 PC 时代平台基础开始千变万化，千变万化的应用产生千变万化的计算机，从而要求有相对应的千变万化的软件系统，因此，嵌入式软件应运而生。

11.5.2 Qt 编程基础及开发环境搭建

出租车车载智能终端应用 Qt 软件编程。Qt 是由奇趣科技公司开发的跨平台的 C++图形用户界面应用程序开发框架，它既可以用来开发 GUI 程式（graphical user interface，又称图形用户界面)，也可用于开发非 GUI 程式，比如控制台工具和服务器。Qt 是面向对象语言，易于扩展，并且允许组件编程。Qt 是一个著名的 C++库，使用 Qt，在一定程度上让软件工程师获得的是一个“一站式”的服务。

由于 Qt 的良好封装机制使得它的模块化程度非常高，可重用性较好，对于用户开发来说非常方便。同时 Qt 提供了一种称为 signals/slots 的安全类型来替代 callback，这使得各个元件之间的协同工作变得十分简单。Qt 包括多达 250 个以上的 C++类，还提供基于模板的 collections、serialization、file、I/O device、directory management、date/time 类，甚至还包括正则表达式的处理功能。Qt 中集成了 Webkit 引擎，可以实现本地界面与 Web 内容的无缝集成。而 KDE（kool desktop environment，桌面环境）的集成使得 Qt 从自由软件界的众多 Widgets（如 Lesstif、Gtk、EZWGL、Xforms、fltk 等）中脱颖而出。下面我们简单介绍 Windows 版 Qt 开发环境 Qt Creater、MinGW 以及 Qt libraries 配置方法。

Qt libraries 安装配置方法：

① 从 MinGW 网站下载“mingw-get-inst-20120426.exe”，默认安装到 C 盘根目录下：C:\MinGW。安装时注意选择 C 和 C++ compiler，本默认只选中了 C 编译器。

② 下载安装配置 Qt libraries。网址 http://qt-project.org/downloads。

在以上网址下载最新版的 Qt libraries，Qt libraries 也叫 Qt Designer、Qt 设计师，其主要用于设计 UI 界面。目前 Qt libraries 的最新版本是 Qt libraries 5.0 Beta 2 for Windows

(501MB)，我们下载使用的是 Qt libraries 4.8.3 for Windows (minGW 4.4，317MB)，下载后的安装文件是一个“qt-win-opensource-4.8.3-mingw.exe”文件。执行此文件默认安装路径为“C:\Qt\4.8.3”，安装时需要重新指定 MinGW 的安装路径为“C:\MinGW”。安装完后需要把“C:\Qt\4.8.3\bin”目录添加到系统变量的 Path 路径中。接着新建系统环境变量 QMAKESPEC，32 位系统把值设置为“C:\Qt\4.8.3\mkspecs\win32-g++”；如果是 64 位系统，需要把值设置为“C:\Qt\4.8.3\mkspecs\tru64-g++”。最后还要新建系统环境变量 QTDIR，值为“C:\Qt\4.8.3”。安装后打开 Qt 设计师主界面，如图 11.17 所示。

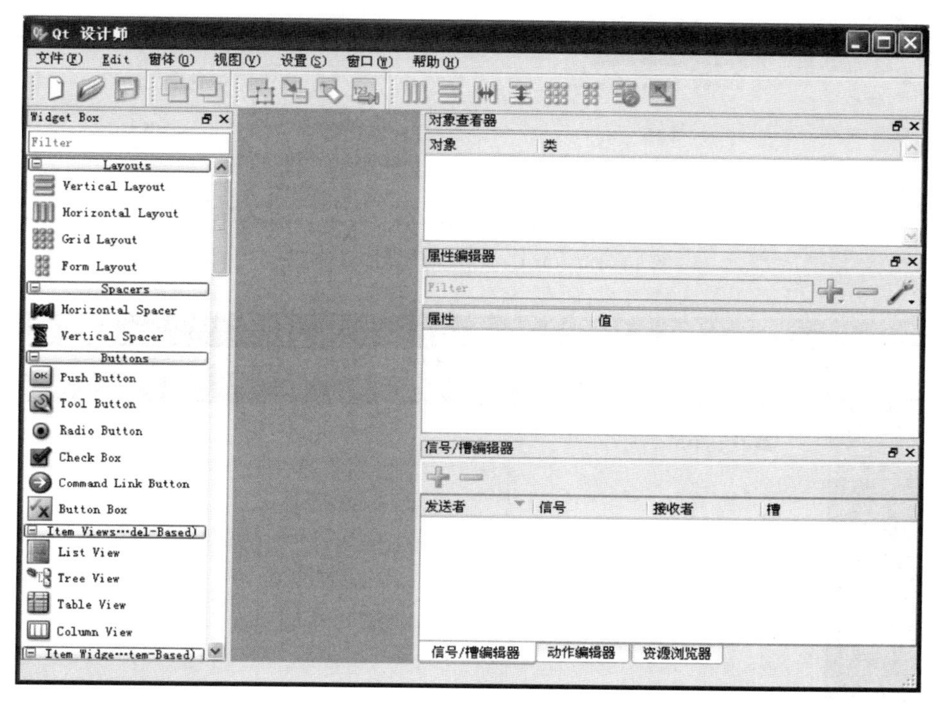

图 11.17　Qt 设计师主界面

③ 下载安装配置 Qt Creater。继续在上面的网址下载 Qt Creator (Qt 创建器)。最新版本是 Qt Creator 2.6.0 for Windows (51 MB)，下载后是“qt-creator-windows-opensource-2.6.0.exe”，大小 51MB。默认安装到“C:\Qt\qtcreator-2.6.0”目录下。需要把“C:\Qt\qtcreator-2.6.0\bin”目录添加到系统变量的 Path 路径中。如果不设置系统环境变量，则创建工程时 kit 不能设置成功，并且可创建的工程类型也会受到限制。接着我们需要设置 Qt Creator 构建和运行配置项。打开 Qt Creator，选择菜单“工具/选项”，选择左边的“构建和运行”，再选择“Qt 版本”选项卡，点击“添加”，qmake 路径为“C:\Qt\4.8.3\bin\qmake.exe”，如图 11.18 所示。

最后还需要将 Compilers 选项卡中的“手动设置”项的编译器名称 (Name) 设置为 MinGW，编译器路径设置为“C:\MinGW\bin\mingw32-g++.exe”。然后就可以正常地创建工程了。

④ 创建示例工程：选择“文件/新建文件和工程”，在弹出的窗口左侧选择“其他项目”，继续在右侧选择“空的 Qt 项目”，点击“选择”，设置工程名，然后点击“下一步”，由于之前已经设置了 Qt Creator 构建和运行配置项，直接在弹出的窗口上点击“下一步”即可。然后点击“完成”，出现如图 11.19 所示的工程 test1。

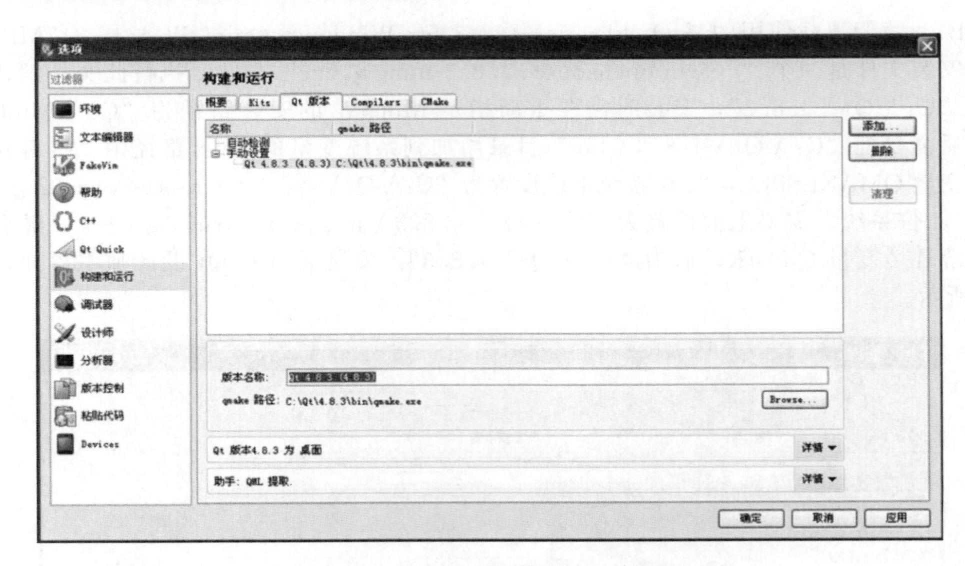

图 11.18　Qt Creator 构建和运行配置

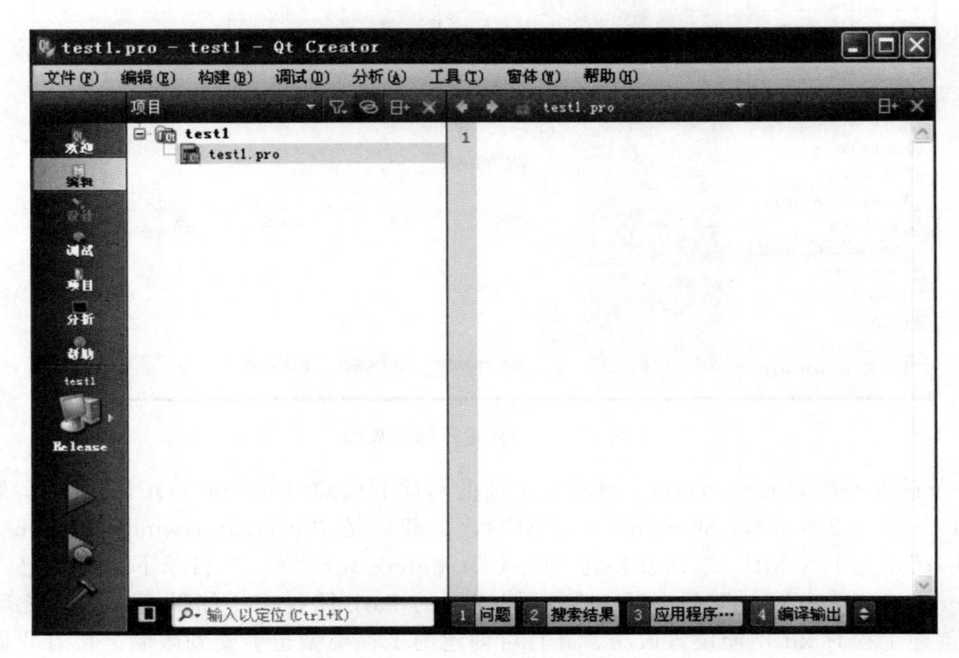

图 11.19　Qt Creator 创建示例工程

安装过程有几个注意事项需要重视：

① 需要把“C：\ Qt \ qtcreator-2. 6. 0 \ bin”目录添加到系统变量的 Path 路径中。如果不设置系统环境变量，则创建工程时 kit 不能设置成功，并且可创建的工程类型也会受到限制。

② 安装完 Qt libraries 后需要把“C：\ Qt \ 4. 8. 3 \ bin”目录添加到系统变量的 Path 路径中。新建系统环境变量 QMAKESPEC 时，32 位系统应把值设置为“C：\ Qt \ 4. 8. 3 \ mkspecs \ win32-g＋＋”；如果是 64 位系统，需要把值设置为“C：\ Qt \ 4. 8. 3 \ mkspecs \ tru64-g＋＋”。还要新建系统环境变量 QTDIR，值为“C：\ Qt \ 4. 8. 3”。

③ 不要忽略安装地址与系统变量的添加。

11.5.3 系统界面程序设计

主程序界面分为八个子菜单，分别为通知信息、故障诊断、计价器模式、车辆导航、订单信息、语音通话、多媒体、系统维护，如图 11.20 所示。通知信息实现调度功能；故障诊断是 OBDⅡ读取的相应内容；计价器模式是进入合租合乘的计量模式；订单信息处理的是电召抢答等内容；语音通话是启用手机模块的语音功能实现车载电话功能；多媒体实现音视频播放等娱乐功能；系统维护实现例如 IP 地址设定等设置查询工作。

图 11.20 智能终端主程序界面

接下来介绍终端部分子系统界面，点击相应的触摸屏图标可进入相应的子系统界面。点击语音通话按钮可以进入语音通话界面，在语音通话界面可以进行拨号，查看通话记录、电话本等操作，点击通话记录可以查看已拨电话、已接来电、未接来电等信息，点击电话本可以显示终端本地电话本信息，包括呼入联系人，呼出联系人以及呼入呼出联系人。这个操作界面和我们通常使用的手机操作方式类似，具体界面设计见图 11.21。

图 11.21 语音通话界面

在语音通话界面点击“拨号”进入拨号通话界面，在此界面（图 11.22）可进行拨号和通话。

在主界面点击多媒体进入多媒体界面（图 11.23），在多媒体界面点击音乐播放，可以显示本地歌曲列表以及选中播放本地存储音乐，点击视频播放可以播放 gif 格式动画短片，点击

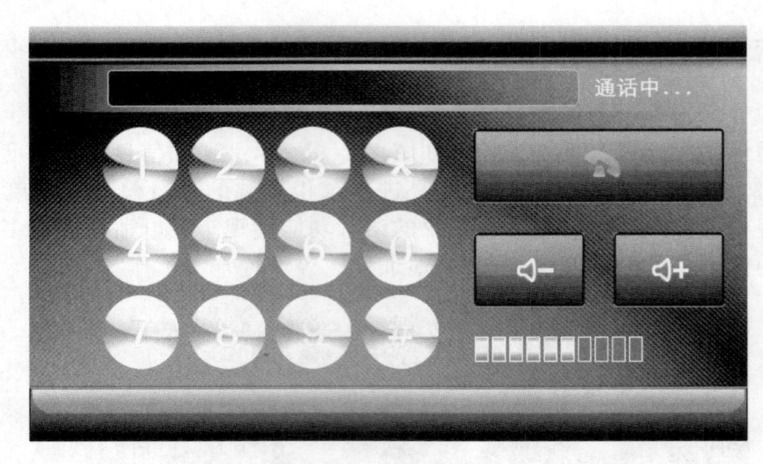

图 11.22 拨号通话界面

图片浏览可以显示本地存储的图片文件，也可以显示本地智能终端摄像头拍摄的图片资源。

图 11.23 多媒体界面

在主界面点击计价器模式进入出租营运空车界面（图 11.24）。

图 11.24 出租营运空车界面

出租营运界面作为出租车的主要界面，通常在上电无其他操作的情况下自动进入，且在此界面下断电后下次上电也会直接进入此界面。出租营运界面分为重车和空车两种，在空车状态下终端显示为空车界面（图 11.24），空车界面显示当前驾驶员的信息，包括照片、姓名等；乘客上车后驾驶员按下空车开关终端显示进入重车界面（图 11.25），在开通合租合乘运价模式的市场，重车界面同时显示四路独立的租金、运营里程、等候时间等运价信息。通过操作重车界面上的图标可以控制某一个乘客结束营运。在结束营运的时候驾驶员可以根据乘客要求选用现金支付或者电子货币支付，当所有乘客都下车后终端显示屏再次进入空车显示界面。

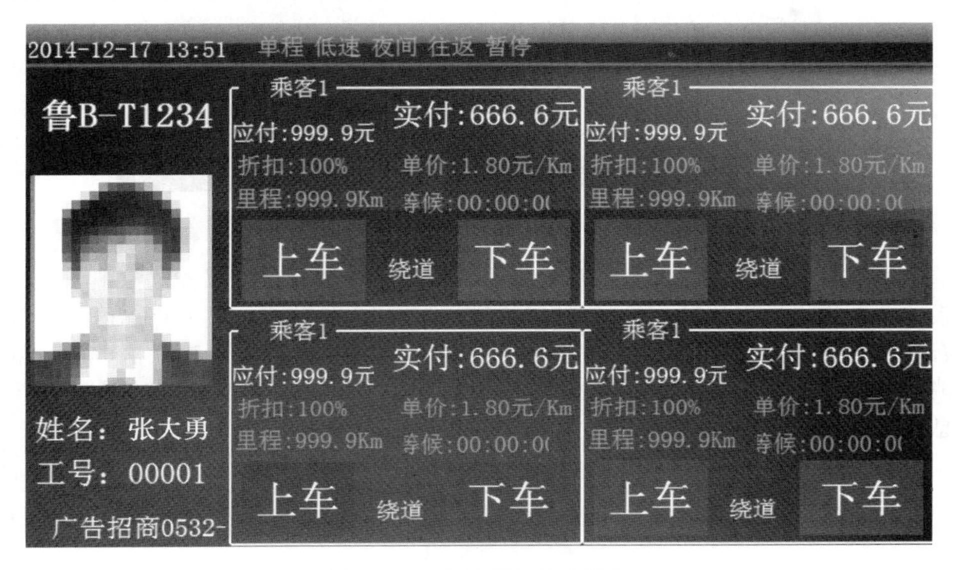

图 11.25 出租营运重车界面

每次营运结束时乘客可以选择现金或者电子支付，在确定支付方式后乘客使用所持 IC 卡完成扣款流程。使用电子支付成功后，终端会自动弹出支付成功界面（图 11.26）。支付成功界面显示卡片剩余金额、上车时间、现在时间、营运金额以及附加费信息。同时启动打印机打印乘客所需发票以及消费小票和存根。终端在完成消费流程后会生成带安全认证的消费数据，此数据要求冗余存储。存储的同时终端向数据中心发送消费报文，数据中心经安全认证后返回正确应答，终端的消费流程结束，数据中心通常使用“T＋1”或“T＋0”方式完成数据的清分。

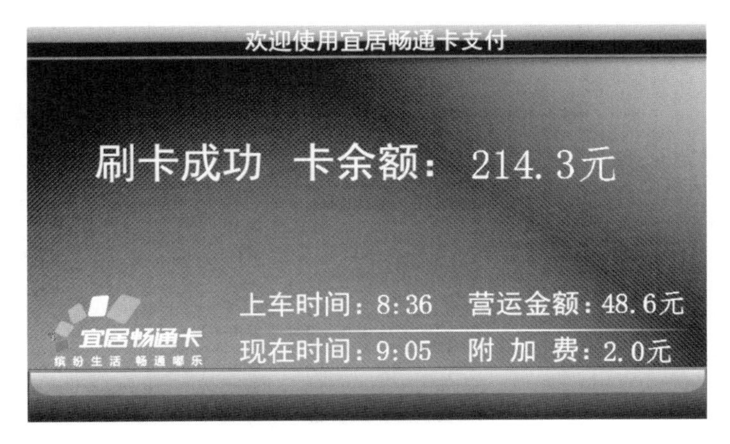

图 11.26 IC 卡支付成功界面

在主界面点击订单信息进入订单信息界面（图 11.27）。

图 11.27 订单信息界面

订单信息由电召抢答生成，非电召情况下不存在订单信息。当服务监控中心发送电召信息时，系统自动弹出通知信息，然后点击是否抢单，如果抢单成功进入订单内容方可显示刚才的电召信息，如果此时驾驶员因为某种原因而不能接送乘客时，可以点击申请订单取消按钮，取消当前订单，如果对该订单内容有疑问可以点击联系中心按钮与服务中心联系，确认订单信息内容。

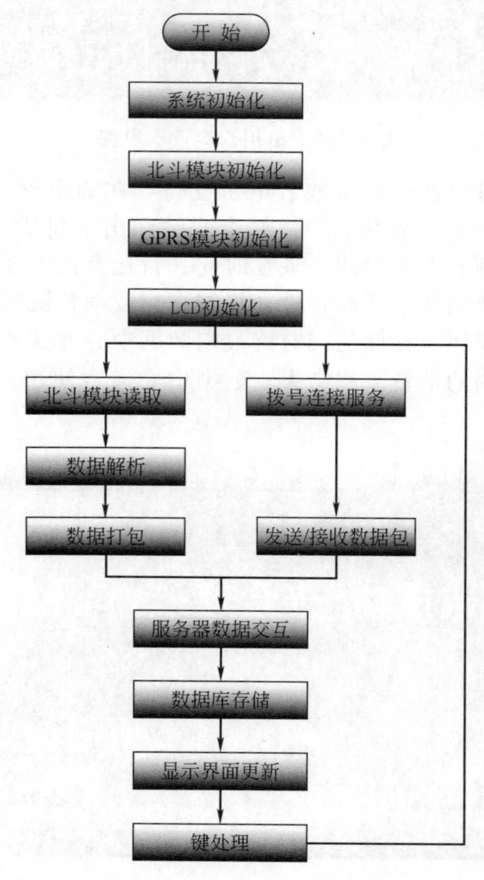

图 11.28 主程序流程图

11.5.4 智能终端程序设计

(1) 设计流程图

智能终端开机各线程系统初始化，北斗模块初始化，GPRS 模块初始化，GPRS 模块拨号连接服务器端，成功连接后开始发送心跳链路数据以及基本的位置信息。具体流程图见图 11.28。

(2) GPRS 数据发送功能部分程序设计

在无线网络传输方面，我们定义了智能终端和服务器端的通信协议。下面给出一个通过 GPRS 通道向服务器发送 GPS 信息的例子。

```
void C_GPRSSendThread::DataBaseInit()
{
bool ok;
if(sharingFunInGPRSSend.gbkGoToString(fileFunctionInGPRSSend.readSettingData
("0001")).length() != 0){
strFixedTimeOfSending.uiLinkingTim=
sharingFunInGPRSSend.gbkGoToString(fileFunctionInGPRSSend.readSettingData("
0001")).toInt(&ok,16);
}
else{
strFixedTimeOfSending.uiLinkingTim=strMyDataBaseParameter.iHeartBeat;
    }
if(sharingFunInGPRSSend.gbkGoToString(fileFunctionInGPRSSend.readSettingData
("0024")).length() != 0)
    {
strSendingTimVal.uiLocatMesTim=
sharingFunInGPRSSend.gbkGoToString(fileFunctionInGPRSSend.readSettingData("
0024")).toInt(&ok,16);
    }
else{
strSendingTimVal.uiLocatMesTim=strMyDataBaseParameter.iLocatMesTim;
    }
}
```

本段程序主要完成智能终端中 GPRS 的心跳和位置信息的发送处理，将已经打包的心跳数据和位置信息填充到 GPRS 数据发送结构体中，等待 GPRS 发送数据。数据的打包规则和服务器端已事先约定好了，下面简单介绍一下打包规则和打包程序的编制。

GPRS 通信包的消息结构：每条消息由标识位、消息头、消息体、校验码和结束标识位组成。

① 标识位采用 0x7e 表示，若校验码、消息头以及消息体中出现 0x7e，则要进行转义处理，转义规则定义如下：

0x7e↔0x7d 后紧跟一个 0x02；

0x7d↔0x7d 后紧跟一个 0x01。

转义处理过程如下：

发送消息时：消息封装→计算并填充校验码→转义；

接收消息时：转义还原→验证校验码→解析消息。

转义示例：发送一包内容为 0x30 0x7e 0x08 0x7d 0x55 的数据包，则经过封装如下：0x7e 0x30 0x7d 0x02 0x08 0x7d 0x01 0x55 0x7e。

② 消息头内容包括消息 ID（1 WORD）、消息体属性（1 WORD）、终端手机号（6 BCD）、消息流水号（1 WORD）、消息包封装项。

③ 消息体：不同类型的信息包含不同的消息体。

根据通信包消息结构和基本位置信息消息体的规则，我们编制了数据打包函数，该函数功能是打包一包 GPRS 数据包，传入参数为该包数据的参数 ID 和需要发送打包的数据。

```
bool C_GPRSSendThread::gprsSendOnePacketOfDataToGPRS(int    i_ID,QByteArray qbBodyBytes)
{
#ifdef  __GPRSSending_Test
    qDebug()<<"gprsSendOnePacketOfDataToGPRS----come in"<<endl;
#endif
    QByteArray  qbSendBytes=strMessageHead.qbMessHeadSigal;//消息头
    int n=qbSendBytes.length();
    if(n<13){
#ifdef  __GPRSSending_Test
        qDebug()<<"gprsSendOnePacketOfDataToGPRS----wrong:the length is less 13"<<endl;
#endif
        return false;
    }
    int  count=qbBodyBytes.length();
    if(count!=0){
        qbSendBytes.append(qbBodyBytes);
    }
    // www_www 取消全局 ID
    qbSendBytes[1]=(i_ID/0x100)&0xff;
    qbSendBytes[2]=(i_ID%0x100)&0xff;
    qbSendBytes[3]=(count/0x100)&0x03;
    qbSendBytes[4]=(count%0x100)&0xff;
    qbSendBytes[11]=(strMessageHead.ulSendEntryNum/0x100)&0xff;
    qbSendBytes[12]=(strMessageHead.ulSendEntryNum%0x100)&0xff;
    int iEnd=qbSendBytes.length();
    int xorr=0;
    for(int i=1;i<iEnd;i++){
        int xorA=qbSendBytes.at(i);
        xorA&=0xff;
        xorr^=xorA;
    }
    qbSendBytes.append(xorr);
```

```
    qbSendBytes.append(0x7E);
    sharingFunInGPRSSend.transCode(qbSendBytes);
    strMessageHead.ulSendEntryNum+=1;
    emit  sigToGPRSForSending(qbSendBytes);
    if( strMessageHead.ulSendEntryNum>0xffff){
        strMessageHead.ulSendEntryNum-=0xffff;
    }
    return true;
}
```

11.6 结论

本设计是在智能交通蓬勃发展的背景之下，结合目前出租汽车的实际营运状态，在对交通管理部门、出租公司、出租驾驶员进行了实地调研的基础上，结合嵌入式系统、卫星定位等技术设计的一款应用于出租汽车的车载智能终端。从研究分析出租车的智能管理总体方案入手，对终端整体结构进行了设计，明确了终端要实现的具体功能，完成了车载智能终端硬件电路设计，主要包括主控模块、液晶屏显示、无线通信模块、语音模块以及接口电路等。软件设计部分实现 Linux 嵌入式开发环境和 Qt GUI 开发环境的搭建、根文件系统以及 Qt 等源码编译与移植。在嵌入式 Linux 系统下成功编写了基于 AM1808 Linux Qt 下车载智能终端整套嵌入式程序，在 Qt 图形化框架下编写了智能车载终端界面程序。程序能显示平台的各种通知、文本等信息，还可显示终端本身的各种状态指示，可以通知用户终端的最新动态数据。

设计完成的智能终端具有功能全面、集成度高的特点。通过对出租行业的深入了解，结合目前国内技术应用现状，我们对智能终端的功能涵盖了目前出租车进入行业需要安装的设备的功能：出租车计价器、卫星定位、汽车行驶记录仪、驾驶员管理终端、车载 POS 等。在功能的集成基础上，结合智能交通平台的建设为使用者提供更好的使用体验。设计的终端成了一个完善的车载信息中心，在为车辆安全驾驶提供保障的前提下，提供人性化、简捷的互动操作。我们使用北斗卫星导航和 GPS 导航兼容模块，使得终端在卫星定位端灵敏度高，功耗低，搜星速度快，定位精度高。使用模块化设计思想使得产品在实际应用中可以实现功能取舍，灵活满足不同的客户需求，解决了批量生产和客户定制之间的矛盾，提高了产品的竞争力。

当然，车载智能终端还有很多不足之处，很多地方需要加以改进，有待于进一步的深入研究。问题主要表现在以下几个方面。

① 由于受主控芯片功能的限制，在视频处理上采用的是外接数字摄像头的方案。此方案增加了终端的成本，在实时性、稳定性方面也有一定的问题，因此我们考虑将主控芯片升级，满足视频采集部分的功能需求。

② 设计中根据实际工作经验对智能终端的抗干扰做了一定的考虑，从抑制干扰源、切断干扰途径、保护敏感器件方面做了一些设计。从硬件和软件两方面做了一些抗干扰工作，例如外部所有开关量输入输出都经过了光耦隔离。但由于实际车载电磁环境相对较差，对终端的要求也更高，实际测试中也发现了问题的存在。在将来的工作中需要不断地测试和实验，改进和提高终端的抗电磁干扰能力。

③ 数据的安全性方面考虑不足。作为利用公共网络传递信息的系统，出于对数据安全性的考虑，应当使用一定的信息效验和加密技术。不但要防止非系统内的用户侵入系统，杜绝误报信息，还要防止系统的数据被非法窃听。因此需要研究目前移动通信中存在的数据安全隐患和解决方法，采用有效措施保证数据安全。

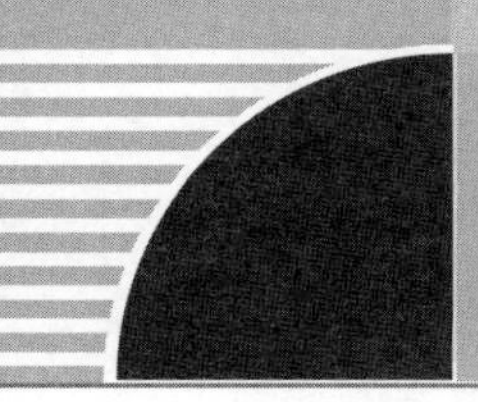

参考文献

[1] 蒋宇静,谭云亮．实用矿山压力理论与实践论文集：庆贺宋振骐院士八十寿辰［M］．北京:科学出版社,2014.

[2] 张艳博，于光远，刘祥鑫等．多场前兆信息辨识粉砂岩巷道突水模拟实验研究［J］．采矿与安全工程学报，2016，33（5）：886-893.

[3] 刘德峰，刘长武，张飞等．基于应力分析的微震监测系统构建与应用研究［J］．采矿与安全工程学报，2016，33（5）：932-93.

[4] 王连国,陆银龙,孙小康．软岩巷道锚注支护智能设计专家系统及应用［J］．采矿与安全工程学报，2016，33（1）：1-6.

[5] 齐跃明,李民族,许进鹏．复杂地质条件下的突水疏放试验及水文地质意义［J］．采矿与安全工程学报，2016，33（1）：140-145.

[6] 特厚煤层下山煤柱区巷道冲击危险性实时监测预警研究［J］．采矿与安全工程学报，2015，32（4）：530-536.

[7] 贾瑞生,闫相宏,孙红梅等．基于多源信息融合的冲击地压态势评估方法［J］．采矿与安全工程学报，2014，31（2）：187-195.

[8] 刘增辉,娄嵩,孟祥瑞等．近距离煤层开采对卸压区采场围岩应力演化过程研究［J］．采矿与安全工程学报，2016，33（1）：102-108.

[9] 武强，李博．煤层底板突水变权评价中变权区间及调权参数确定方法［J］．煤炭学报，2016，41（09）：2143-2149.

[10] 谭云亮,吴士良,宁建国．矿山压力与岩层控制［M］．北京:煤炭工业出版社,2008.

[11] 潘自强．辐射安全手册精编［M］．北京：科学出版社,2014.

[12] 洪阳,谢晋东．医用放射防护学［M］．北京:人民卫生出版社,2011.

[13] 仝华梓．无线自组网辐射剂量监测系统研究［D］．青岛：青岛科技大学,2014.

[14] 张良均，云伟标，王路等．R 语言数据分析与挖掘实战作者［M］．北京:机械工业出版社，2015.

[15] 张勇．顶板动态监测监控及信息融合技术研究［M］．北京：煤炭工业出版社，2013.

[16] 张勇，蔡辉，杨永杰．基于信息融合技术的冲击地压算法模型研究［J］．中国安全生产科学技术，2013,9（3）:40-45.

[17] ZHANG Yong，YAN Xianghong，SONG Yang. The computer bracket pressure monitor system of fully mechanized coalface in coal mine based on CAN Bus：Proceedings of the SNPD［C］．QingDao，2007：317-322.

[18] ZHANGYong，YAN Xianghong，ZHU Hongmei,et al. Ethernet-based Computer Monitoring the Roof Abscission Layer With Experts Forecasting System：Proceedings of the 5th International Conference on Fuzzy Systems and Knowledge Discovery ［C］. JiNan,2008：622-62.

[19] 张勇,闫相宏,张德新．基于双 CPU 的吊管机智能监控仪的开发和研制［J］．工业控制计算机，2005，18（01）：58-59.

[20] 张勇，矿用乳化液自动配比装置研究［D］．泰安：山东科技大学，2005.

[21] 李明亮,蒙洋康,辉英．例说 ZigBee［M］．北京：北京航空航天大学出版社,2013.

[22] 张祥龙．UML 与系统分析设计［M］．北京：人民邮电出版社，2008.

[23] 拉曼．UML 和模式应用［M］．李洋等译．北京：机械工业出版社,2006.

[24] 惠腾，本特利．系统分析与设计方法［M］．肖刚，孙慧等译．北京：机械工业出版社,2007.

[25] 张金城，柳巧玲．管理信息系统［M］．第 2 版．北京：清华大学出版社,2016.

[26] 李波,杨弘平．UML 2 基础、建模与设计实战［M］．北京:清华大学出版社,2014.

[27] 杨正洪．智慧城市：大数据、物联网和云计算之应用［M］．北京:清华大学出版社,2014.

[28] 徐立冰．腾云：云计算和大数据时代网络技术揭秘［M］．北京：人民邮电出版社,2013.

[29] 弗兰克斯．驾驭大数据［M］．黄海等译．北京：人民邮电出版社,2013.

[30] （英）迈尔-舍恩伯格，库克耶．大数据时代［M］．盛杨燕，周涛，译．杭州:浙江人民出版社,2013.

[31] 迈尔-舍恩伯格．删除 & 大数据时代［M］．袁杰译．杭州：浙江人民出版社,2014.

[32] 李翠平，李仲学,赵怡晴．数字矿山理论、技术及工程［M］．北京:科学出版社出版社，2012.

[33] 刘文杰，郑玉，刘志昊．Java 7实用教程［M］．北京：清华大学出版社，2013.

[34] 软件开发技术联盟．MySQL自学视频教程［M］．北京：清华大学出版社,2014.

[35] 周志华．机器学习［M］．北京：清华大学出版社,2016.

[36] 牟乃夏．ArcGIS 10 地理信息系统教程：从初学到精通［M］．北京：测绘出版社,2012.

[37] 张丰，杜震洪，刘仁义．GIS程序设计教程：基于ArcGIS Engine的C#开发实例［M］．杭州:浙江大学出版社,2012.

[38] 程朋根，文红．三维空间数据建模及算法［M］．北京：国防工业出版社,2011.

[39] 汤国安,杨昕．ArcGIS地理信息系统空间分析实验教程［M］．第2版．北京：科学出版社,2016.

[40] 吴德胜，赵会东．SQL Server入门经典［M］．北京:机械工业出版社,2013.

[41] 彭震．51菜鸟到ARM（STM32）高手进阶之旅［M］．北京:航空航天大学出版社,2014.

[42] 赵国栋，易欢欢，糜万军等．大数据时代的历史机遇：产业变革与数据科学［M］．北京:清华大学出版社,2013.

[43] 郭天祥．新概念51单片机C语言教程：入门、提高、开发、拓展［M］．北京:电子工业出版社,2009.

[44] 求是科技．单片机通信技术与工程实践［M］．北京:人民邮电出版社,2005.

[45] 宋雪松,李冬明,崔长胜．手把手教你学51单片机（C语言版）［M］．北京:清华大学出版社，2014.

[46] 宋维源，潘一山．煤层注水防治冲击地压的机理及应用［M］．沈阳:东北大学出版社,2009.

[47] 周辉，杨凡杰，张传杰等．岩爆和冲击地压数值模拟与评估预测方法［M］．北京:科学出版社,2016.

[48] 徐聪．大数据应用在云计算平台的优化部署与调度策略研究［D］．北京:清华大学,2015.

[49] 李文．互联网+废弃煤矿隐蔽灾害综合防治技术研究［J］．煤炭科学技术,2016,44（07）:86-91.

[50] 顾大钊．煤矿地下水库理论框架和技术体系［J］．煤炭学报，2015，40（2）：239-246.

[51] 董书宁．对中国煤矿水害频发的几个关键科学问题的探讨［J］．煤炭学报，2010，35（1）：66-71.

[52] 王珊，王会举，覃雄派等．架构大数据：挑战、现状与展望［J］．计算机学报，2011，34（10）：1741-1752.

[53] 程久龙，潘冬明，李伟等．强电磁干扰区灾害性采空区探地雷达精细探测研究［J］．煤炭学报，2010，35（2）：227-231.

[54] 解鹏飞，刘玉安，赵辉等．基于大数据的海洋环境监测数据集成与应用［J］．海洋技术学报，2016，35（01）：93-101.

[55] 程孝龙，孙斌．智慧城市重大危险源安全监控开发设计［M］．武汉:华中科技大学出版社,2013.

[56] SuperMap图书编委会．GIS工程师训练营：Super Map GIS二三维一体化开发实战［M］．北京:清华大学出版社,2013.

[57] 王德文，杨力平．智能电网大数据流式处理方法与状态监测异常检测［J］．电路系统自动化,2016，40（14）：122-128.

[58] 孟小峰,慈祥．大数据管理：概念、技术与挑战［J］．计算机研究与发展，2013，50（1）:146-169.

[59] 张坤鳌,李俊,方欣．基于STM32的凝结水液位监控系统的设计与实现［J］．计算机测量与控制，2016,24（8）:60.

[60] 邵鹏飞,赵燕伟,杨明霞．城市内涝监测预警信息系统研究［J］．计算机测量与控制,2016，24（2）:49-52.

[61] 任晓莉．基于GPS的车辆定位监控系统［J］．计算机测量与控制,2016,24（2）:74-76.

[62] 陈勇,许亮,于海阔等．基于单片机的温度控制系统的设计［J］．计算机测量与控制，2016,24（2）:77-79.

[63] 郝生武．出租车车载智能终端设计［D］．青岛：青岛科技大学,2015.

[64] 谢文杰,周晓凡,栾晓文等．航天测控网实时数据流量监控与分析技术［J］．计算机测量与控制，2016,24（2）：84-87.

[65] 梁吉业,冯晨娇,宋鹏．大数据相关分析综述［J］．计算机学报,2016,39（01）:1-18.

[66] 王德超，王琦，李术才等．基于微震和应力在线监测的深井综放采场支承压力分布特征［J］．采矿与安全工程学报，2015，32（3）：382-388.

[67] 尹永明，姜福兴，谢广祥等．基于微震和应力动态监测的煤岩破坏与瓦斯涌出关系研究［J］．采矿与安全工程学报，2015，32（2）：325-330.

[68] 杨纯东，巩思园，马小平等．基于微震法的煤矿冲击危险性监测研究［J］．采矿与安全工程学报，2014，31（6）：863-868.

[69] 姜志海,杨光．浅埋特厚煤层小窑采空区瞬变电磁探测技术研究及应用［J］．采矿与安全工程学报，2014，31（5）：769-774.

[70] 孔令海．煤矿采场围岩微震事件与支承压力分布关系［J］．采矿与安全工程学报，2014，31（4）：525-531.

[71] 姜福兴，尹永明，朱权洁等．基于微震监测的千米深井厚煤层综放面支架围岩关系研究［J］．采矿与安全工程学报，2014，31（2）：167-174.

[72] 秦伟．道路运输车辆数据采集系统设计与实现［D］．吉林：吉林大学，2013.

[73] 李培林．wLAN协议测试及网络监测系统［J］．机械工业信息与网络，2005,14（10）:56-57.

[74] 周立功．ARM嵌入式系统基础教程［M］．北京:北京航空航天大学出版社，2005.

[75] 罗苑棠．嵌入式Linux驱动程序和系统开发［M］．北京:电子工业出版社，2008.

[76] 杨水清．ARM 嵌入式 Linux 系统开发技术详解 [M]．北京:电子工业出版社，2008.
[77] KÜHNHAUSER WE. Root kits:An Operating systems view Point [J]. ACM SIGOPS Operating Systems Review, 2004, 38(1):12-23.
[78] 丁林松,黄丽琴．Qt4 图形设计与嵌入式开发 [M]．北京:人民邮电出版社,2009.
[79] 曾云．基于 ARM+ QT 平台的嵌入式宾馆客服系统软件设计 [D]．上海：东华大学，2010.
[80] 龙小华．城市公交监管系统中多功能终端控制器的研发 [D]．长沙：湖南师范大学，2012.
[81] 龚进峰．电子技术武装未来的先进安全汽车 [J]．电子产品世界，2008（4）：157.
[82] 余冰．城市交通拥堵问题研究综述 [J]．物流技术，2011(6):4-6.
[83] 王震．基于图像识别和 GPRS 网络技术的植物生长速率检测系统的研究 [D]．山东:山东农业大学,2011.
[84] 贾明．汽车行驶记录仪数据采集分析与管理系统的设计实现 [D]．成都：电子科技大学，2011.
[85] SCHMIDT COTTA R R. Accident and event data recording:A European perspective. Journal of Transportation Law Logistics and Policy, 2004.
[86] HE Hongjiang, ZHANG Yamin. Research on Vehicle Traveling Data Recorder [C]. icicta, 2009 Second International Conference on Intelligent Computation Technology and Automation,Changsha, Hunan, China. 2009,3:736-738.
[87] GB/T 19056—2012. 汽车行驶记录仪 [S]．2012.
[88] 高玉民．中外汽车黑匣子的现状与发展动态 [J]．汽车电器,2004(1):60-61.
[89] 朱兆优，王耀南，林刚勇．非接触 IC 卡应用系统设计 [J]．计算机自动测量与控制，2001,9(5):59-66.
[90] 曲洪权，周立俭，周玉学．用单片机实现自动报警系统 [J]．石油仪器，2001,15(3):47-51.
[91] 王浩．接触式智能卡读写器设计研究 [J]．山东电子，2000(1):24-25.
[92] 汤素英，周国梁．IC 卡读/写器的设计 [J]．微型机与应用，1997(2):19-29.
[93] 王毅，张娟．基于智能卡的访问控制系统的设计与实现 [J]．南昌工程学院学报，2006,25(5):24-27.
[94] GU Qinghua, Lu Caiwu, Li Faben, et al. Mining production information management system in an open pit based on GIS/GPS/GPRS/RFID [J]. Journal of coal science and engineering (China), 2010, 16(2):176-181.
[95] 张庆峰．车载 GPS 导航系统的设计与实现 [D]．苏州:苏州大学，2006.
[96] 巧益惠，耿相铭．GPS/GPRS 在汽车行驶记录仪中的应用 [J]．自动化与仪表，2007(6):17-19.
[97] CHEN Shihuang, WEI Yuru. A Study on Speech Control Interface for Vehicle On-Board Diagnostic System: Genetic and Evolutionary Computing (ICGEC), 2010 Fourth International Conference on [C]. Shenzhen, China: IEEE Computer Society, 2010,614-617.
[98] CHEN S, WANG J, WEI Y R, et al. The implementation of real-time on-line vehicle diagnostics and early fault estimation system [C]. Xiamen, China: IEEE Computer Society, 2011.
[99] CHEN Y, XIANG Z, JIAN W, et al. Design and implementation of multi-source vehicular information monitoring system in real time: Proceedings of the 2009 IEEE International Conference on Automation and Logistics [C]. ICAL 2009, Shenyang, China: IEEE Computer Society, 1771-1775.
[100] LIN C E, LI C, YANG S, et al. Development of on-line diagnostics and real time early warning system for vehicIes [C]. Houston, TX, United states: Inst, of Elec and Elec Eng Computer Society, 2005.
[101] LIN C E, SHIAO Y, LI C, et al. Real-time remote on board diagnostics using embedded GPRS surveillance technology [J]. IEEE Transactions on Vehicular Technology, 2007, 56(3): 1108-1118.
[102] 刘兆明．汽车行驶记录仪的电路设计 [D]．武汉:武汉理工大学,2010.
[103] 晏双鹤．汽车运行状态远程监测与故障预测系统 [D]．重庆：重庆交通大学,2009.
[104] 王伟珣．GPS 与 GPRS 在汽车行驶记录仪中的应用 [D]．长春：吉林人学,2009.
[105] 郭嘉俭，我国 GPS 车辆定位管理系统的现状与发展方向探讨 [J]．全球定位系统，2001，26(4)：16-22.
[106] 周少华．智能交通系统的发展与思考 [J]．河南科技，2004，(3):40-41.
[107] 王丰元．智能公交系统技术及其功能 [J]．城市交通系统，2005，(6)：39-40.
[108] 杨兆升,胡坚明．中国智能公共交通系统框架与实施方案研究 [J]．交通运输系统工程与信息，2001，(1)：39-43.
[109] 全海强．基于 ARM 的公交车载终端系统设计开发 [D]．西安：西安电子科技大学，2012.
[110] 李春青．嵌入式数据终端平台设计与研发（硬件设计） [D]．南京:南京理工大学，2006.
[111] 李令举．汽车微控制系统可靠性问题的探讨 [J]．汽车技术，1995，(1)：2-3.
[112] 游皓麟．R 语言预测实战 [M]．北京:电子工业出版社,2016.
[113] 明日科技．Java 从入门到精通（第四版）[M]．北京:清华大学出版社,2016.
[114] 缪协兴，王长申，白海波等．神东矿区煤矿水害类型及水文地质特征分析 [J]．采矿与安全工程学报，2010，27(3)：285-291，298.
[115] 高勇，张敬凯，韩春建等．天然电场选频物探法在煤矿水文地质中的应用-以河南永安煤矿为例 [J]．科技创新导报，2012，(29):105-106.
[116] 刘矿伟，鲁亚楠，唐建成等．资源整合煤矿水文地质类型划分的实践 [J]．煤，2012，21(12)：18-20，22.
[117] 郭天辉．宁东枣泉煤矿矿井水文地质类型划分探讨 [J]．中国煤炭地质，2011，23(9):34-37.